數位邏輯設計與晶片實務
(Verilog)

劉紹漢　編著

全華圖書股份有限公司

國家圖書館出版品預行編目資料

數位邏輯設計與晶片實務(Verilog) / 劉紹漢編著.
-- 三版. -- 新北市：全華圖書,2019.07
　　面　；　公分
ISBN 978-986-503-164-0(平裝附影音光碟)

1.CST: 積體電路　2.CST: 晶片　3.CST:
Verilog(電腦硬體描述語言)

448.62　　　　　　　　　　　　108009501

數位邏輯設計與晶片實務(Verilog)

(附範例光碟)

作者 / 劉紹漢

發行人 / 陳本源

執行編輯 / 葉書瑋

出版者 / 全華圖書股份有限公司

郵政帳號 / 0100836-1 號

印刷者 / 宏懋打字印刷股份有限公司

圖書編號 / 06241027

三版六刷 / 2023 年 08 月

定價 / 新台幣 600 元

ISBN / 978-986-503-164-0 (平裝附光碟)

全華圖書 / www.chwa.com.tw

全華網路書店 Open Tech / www.opentech.com.tw

若您對本書有任何問題，歡迎來信指導 book@chwa.com.tw

臺北總公司(北區營業處)
地址：23671 新北市土城區忠義路 21 號
電話：(02) 2262-5666
傳真：(02) 6637-3695、6637-3696

南區營業處
地址：80769 高雄市三民區應安街 12 號
電話：(07) 381-1377
傳真：(07) 862-5562

中區營業處
地址：40256 臺中市南區樹義一巷 26 號
電話：(04) 2261-8485
傳真：(04) 3600-9806(高中職)
　　　(04) 3601-8600(大專)

序 言

　　隨著時代的進步，消費大眾對電子產品的要求日益嚴苛，譬如：功能要強、速度要快、耗電量要小、體積要輕巧、更新速度要快…等，導致產品的研發週期大於產品的生命週期，這些趨勢上的改變，使得在產品技術研發上捨去傳統的設計方式，採用以電子自動設計 EDA 為輔助工具的硬體描述語言(如 VHDL、verilog …等)，以祈達到 Time to Market。本書的目的是提供初學者對於 verilog 語言特性的了解，進而利用它們設計出各種電子消費產品的控制電路…等，我們將整個 verilog 硬體描述語言依其特性與前後順序總共分成七個章節，前面六個章節主要在介紹系統與指令敘述的特性與用法，第七個章節則以實際控制電路的規劃設計為主，每個章節主要內容分別為：

第一章　介紹整個數位邏輯電路設計的發展歷史，從早期的 SSI→MSI→LSI→VLSI→ULSI，從傳統的邏輯閘階層→PLD→FPGA 晶片設計的概念與原理；FPGA晶片內部的結構與規劃方式；硬體描述語言的晶片設計流程；verilog 語言的程式結構以及程式內部每個單元所代表的意義與特性；每個物件所具有的資料型態；撰寫程式時的數值表示法；verilog 語言的四種描述風格；系統的保留字與使用者識別字的限制…等。

第二章　介紹於 verilog 語言內可以合成出邏輯電路的各種運算，諸如算術運算、移位運算、邏輯位元運算、邏輯精簡運算、關係運算、邏輯事件運算、條件運算、連結與複製運算…等，最後討論它們之間的優先順序。

第三章　介紹資料流描述與各種組合電路的設計，其間我們討論了共時性(concurrent)的特性；以持續指定方式來描述真值表；以條件敘述來實現各種組合電路…等。

第四章　介紹行為模式敘述與各種序向電路的設計，其間我們討論了具有 always 區塊、if、case、程序指定…等敘述的特性，並利用它們設計出各種序向電路，諸如上、下算二進制與 BCD 計數器；向左、向右的旋轉及移位記錄器，早期SN74XXX 系列晶片…等。

第五章　　　　介紹結構化、模組化的元件設計；重覆性敘述的電路設計；函數與任務的特性與設計方式…等

第六章　　　　介紹編譯器指令（compiler directives）的特性與使用方法，方便我們依不同的工作環境選取不同的程式進行編譯；接著討論如何建立元件庫以方便將來設計電路時叫用；最後討論如何以 verilog 語言撰寫 moore 與 mealy 兩種狀態機器…等。

第七章之一　　首先設計一組十六個 LED 的顯示電路 (如果您手上有任何控制板則不用)，再以它們為顯示裝置，設計六種常用的控制電路，包括除頻電路；標準 1HZ 的頻率產生器；有規則、沒有規則變化且旋轉移位速度、方向可以自動改變的廣告燈、霹靂燈…等驅動電路。

第七章之二　　首先設計一組六位數掃描式七段顯示電路 (如果您手上有任何控制板則不用)，再以它們為顯示裝置，設計七個常用的控制電路，包括一個、二個、六個顯示的上算、下算計數顯示掃描電路；精準 24 小時時鐘顯示電路；計數多工顯示電路；下算計數並控制 LED 閃爍電路；廣告燈旋轉移位方向速度顯示電路、唯讀記憶體位址、內容顯示電路…等驅動電路。

第七章之三　　首先設計一組八位元指撥開關電位控制電路 (如果您手上有任何控制板則不用)，再以它們為高、低電位產生器設計五個常用的控制電路，包括以指撥開關的電位控制廣告燈旋轉移位的速度與方向；計數器的上算與下算；計數器開始的計數值；將指撥開關的電位向右邊移入暫存器內，並顯示在 LED 上…等驅動電路。

第七章之四　　首先設計一個 8×8 的彩色 LED 點矩陣顯示電路 (如果您手上有任何控制板則不用)，再以它們為顯示裝置，設計五個常用的控制電路，包括顯示一個紅色字型；16 個黃色字型；14 個由下往上移位的黃色字型；走路速度可以改變的小綠人；多樣變化的動態畫面…等驅動電路。

第七章之五　首先設計一個 4×4 的鍵盤硬體電路 (如果您手上有任何控制板則不用)，再以它們為輸入裝置，設計五個常用的控制電路，包括將我們所鍵入的按鍵鍵碼以一個，六個的方式顯示在七段顯示器上；顯示在彩色 LED 點矩陣上；設定 LED 的顯示數量；設定八種廣告燈的顯示方式…等驅動電路。

為了提升學習效果，我們在前面六個章節後面都有 "自我練習與評量" 供讀者練習，同時也提供單數題解答供大家參考(附書光碟內含單、雙數題解答)。

書本後面附上所有內文範例與練習題的原始程式 (source progrom)，如果讀者想要在系統內 (Xilinx 或 Altera) 進行電路的合成、模擬、電路實現，甚至載入到晶片內部時，可以直接將它們加入 (ADD) 或拷貝即可，不需重新 key in 非常方便，當然這些程式都是經過我們實際合成與模擬 (前面六章)，甚至載入晶片實際控制電路 (第七章)，其可信度不用懷疑，正如內文所討論的，第七章的控制程式在進行電路的實現之前必須額外加入配合所使用控制板與晶片的"接腳指定 (Pin assignment) 檔案"。

劉紹漢　謹識

編輯部序

　　「系統編輯」是我們的編輯方針，我們所提供給您的，絕不只是一本書，而是關於這門學問的所有知識，它們由淺入深，循序漸進。

　　本書主要為幫助初學者加深對 Verilog 語言的特性了解，進而利用它們設計出各種電子消費產品的控制電路等。本書將整個硬體描述語言依其特性與前後順序編寫成七個章節；第一章：介紹整個數位邏輯電路設計的發展過程，第二章：介紹 Verilog 語言能合成出邏輯電路的各種運算及討論其優先順序，第三章：敘述資料流描述與各種組合電路的設計，第四章：介紹行為模式敘述與各種序向電路的設計，第五章：介紹結構化、模組化的元件設計，第六章：介紹編譯器指令的特性與使用方法，第七章：各種控制電路設計的電路與實例。本書適用於科大資工、電子及電機系「數位邏輯設計」、「數位邏輯設計實習」、「晶片設計」課程使用。

　　同時，為了使您能有系統且循序漸進研習相關方面的叢書，我們以流程圖方式，列出各有關圖書的閱讀順序，以減少您研習此門學問的摸索時間，並能對這門學問有完整的知識。若您在這方面有任何問題，歡迎來函連繫，我們將竭誠為您服務。

相關叢書介紹

書號：06149017
書名：數位邏輯設計－使用 VHDL
　　　(第二版)(附範例程式光碟)
編著：劉紹漢
16K/408 頁/420 元

書號：06202007
書名：數位邏輯設計－使用 Verilog
　　　(附範例程式光碟)
編著：劉紹漢
16K/496 頁/550 元

書號：06226007
書名：數位邏輯設計與晶片實務
　　　(VHDL)(附範例程式光碟)
編著：劉紹漢
16K/560 頁/580 元

書號：06001016
書名：數位模組化創意實驗(第二版)
　　　(附數位實驗模組 PCB)
編著：盧明智、許陳鑑、王地河
16K/328 頁/490 元

書號：06170027
書名：Verilog 硬體描述語言實務
　　　(第三版)(附範例光碟)
編著：鄭光欽.周靜娟.黃孝祖.
　　　顏培仁.吳明瑞
16K/320 頁/350 元

書號：06425017
書名：FPGA 可程式化邏輯設計實
　　　習：使用 Verilog HDL 與 Xilinx
　　　Vivado(第二版)(附範例光碟)
編著：宋啓嘉
16K/328 頁/380 元

書號：06395
書名：FPGA 系統設計實務入門
　　　－使用 Verilog HDL:
　　　Intel/Altera Quartus 版
編著：林銘波
16K/336 頁/380 元

◎上列書價若有變動，請以
　最新定價為準。

流程圖

書號：0526304
書名：數位邏輯設計
　　　(第五版)
編著：黃慶璋

書號：0529202
書名：最新數位邏輯電路
　　　設計(第三版)
編著：劉紹漢

書號：04F25106
書名：數位邏輯設計全一冊
　　　(附鍛練本)
編著：黃慶璋

書號：0544803
書名：數位邏輯電路實習(第四版)
編著：周靜娟、鄭光欽、
　　　黃孝祖、吳明瑞

書號：06241027
書名：數位邏輯設計與晶片實務
　　　(Verilog)(第三版)
　　　(附範例程式光碟)
編著：劉紹漢

書號：06170027
書名：Verilog 硬體描述語言實務
　　　(第三版)(附範例光碟)
編著：鄭光欽.周靜娟.黃孝祖
　　　顏培仁.吳明瑞

書號：06395
書名：FPGA 系統設計實務入
　　　門－使用 Verilog HDL:
　　　Intel/Altera Quartus 版
編著：林銘波

書號：06425017
書名：FPGA 可程式化邏輯設
　　　計實習：使用 Verilog
　　　HDL 與 Xilinx Vivado
　　　(第二版)(附範例光碟)
編著：宋啓嘉

書號：03838036
書名：數位 IC 積木式實驗
　　　與專題製作(附數位
　　　實驗模板 PCB)
　　　(第四版)
編著：盧明智

目 錄

數位邏輯電路設計的沿革與實現；verilog 的程式結構、資料型態、描述風格、識別字與保留字

1-1 數位邏輯電路設計的沿革

因應快速變遷的市場需求，數位產品的功能除了日益複雜多元之外，其研發週期也必須大幅縮短 (甚至比產品的生命週期還要短) 以確保其競爭力，因此以往單純以人工的電路設計方式已經無法滿足市場的需求，目前於數位家電、消費性產品的控制電路大都透過可程式化邏輯裝置 PLD (Programmable Logical Device)、可現場規劃的邏輯閘陣列晶片 FPGA (Field Programmable Gate Array)，系統晶片 SOC (System On Chip)⋯⋯等，並以電腦為輔助工具進行規劃完成。綜觀數位邏輯電路設計的發展過程，我們可以將它們區分成下面幾個階段。

1. 小型積體電路 (SSI 即 Small Scale Integrated Circuit)。
2. 中型積體電路 (MSI 即 Medium Scale Integrated Circuit)。
3. 大型積體電路 (LSI 即 Large Scale Integrated Circuit)。

4. 超大型積體電路 (VLSI 即 Very Large Scale Integrated Circuit)。

5. 極大型積體電路 (ULSI 即 Ultra Large Scale Integrated Circuit)。

底下我們就概略的談談這些發展過程的關聯性。

小型積體電路 SSI

數位邏輯電路設計的最早期，我們利用電晶體、二極體、電阻……等各種電子元件，設計成各種基本邏輯閘 (如 NOT、AND、OR、NAND、NOR、XOR、EX-NOR……等) 的小型積體電路，之後再將它們設計成各種常用的邏輯 IC (如加法器、解碼器、多工器、解多工器、計數器、移位暫存器……等)，其設計流程請參閱下面範例。

範例

設計一個 2 對 4 高態動作的解碼器 (SSI)。

---

1. 描述：

　　輸入端 AB = "00" 時，輸出端 Y0 = 1，其餘皆為 0。

　　輸入端 AB = "01" 時，輸出端 Y1 = 1，其餘皆為 0。

　　輸入端 AB = "10" 時，輸出端 Y2 = 1，其餘皆為 0。

　　輸入端 AB = "11" 時，輸出端 Y3 = 1，其餘皆為 0。

2. 方塊圖：

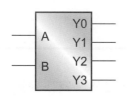

3. 真值表：

A	B	Y0	Y1	Y2	Y3
0	0	1	0	0	0
0	1	0	1	0	0
1	0	0	0	1	0
1	1	0	0	0	1

4. 卡諾圖化簡 (此處不需要)：

$$Y0 = \overline{A}\,\overline{B} \quad Y1 = \overline{A}B$$
$$Y2 = A\overline{B} \quad Y3 = AB$$

5. 電路：

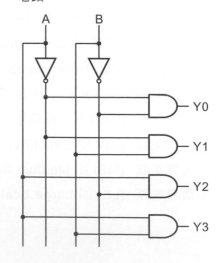

中型積體電路 MSI

從上面的範例可以發現到，利用 SSI 元件來實現數位邏輯電路時，它的缺點為：

1.　設計過程較為煩雜。

2.　電路的組成體積龐大、耗電量高、穩定度低、成本高、速度慢……等。

由於一個解碼器的每一個輸出皆為其輸入所對應的最小項 (minterm)，因此我們只要在一個解碼器的輸出端再加入一個多輸入 OR 閘即可實現我們所需要的任何組合控制電路，其設計原理即如下面範例所示。

範例

利用一個 2 對 4 高態動作解碼器，設計一個半加器電路 (MSI)。

1.　由前面的範例得知，2 對 4 高態動作解碼器的特徵為：

$Y0 = \overline{A}\overline{B}$　(m0)　$Y1 = \overline{A}B$　(m1)

$Y2 = A\overline{B}$　(m2)　$Y3 = AB$　(m3)

2.　半加器的布林代數為：

$S (A, B) = \Sigma (1, 2)$

$S = m1 + m2$

$= \overline{A}B + A\overline{B}$

$C (A, B) = \Sigma (3)$

$C = m3$

$= AB$

3.　合併上面兩個敘述我們可以得到如下的等效電路 (詳細的設計原理請參閱本人所著作 "最新數位邏輯電路設計" 的書籍，本書的重點並非在此，故不做詳細的敘述)：

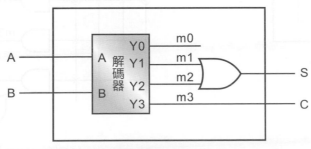

半加器電路

大型 LSI、超大型 VLSI、極大型 ULSI 積體電路

於上面的範例我們得到一個很重要的結論，如果一個元件其輸出端擁有輸入端所對應的全部 minterm 時，只要再加入一個多輸入的 OR 閘，即可將它規劃成任何一種組合控制電路，如果我們在 OR 閘的後面再加入正反器時就可以實現各種序向電路，居於這種理念，可程式化邏輯裝置 (Programmable Logic Device) 元件 (簡稱 PLD) 即應運而生，硬體工程師拿到這些元件時，可以透過電子設計自動化 (Electronic Design Automation 簡稱 EDA) 平台，將它們規劃成自己所需要的控制電路，目前於市面上我們時常看到及使用的 PLD 元件，依其內部結構可以區分成：

1.   AND + OR 結構。
2.   FPGA 記憶體結構。

AND + OR 結構

AND + OR 結構就是我們前面所介紹的解碼器再加 OR 閘，這種 PLD 產品從早期的 PROM、PLA、PAL、GAL 到 PEEL，於結構上皆大同小異，只是在特性上隨著科技的進步，其燒錄方式、燒錄次數、動作速度、電路的複雜度……等皆獲得長足的進步，底下為一個將小型 AND + OR 結構的元件規劃成半加器的方塊圖與內部結構：

方塊圖：

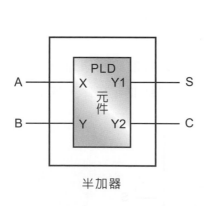

半加器

內部結構：

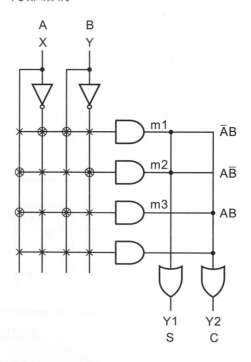

其中：

⊗：代表保留 $\qquad$ $S = \overline{A}B + A\overline{B}$ (m1 + m2)

×：代表燒斷 $\qquad$ $C = AB$ (m3)

因應控制電路日趨複雜，PLD 元件內部電路也就愈做愈大，從初期簡單的 PLD (Simple PLD，簡稱 SPLD) 到後期複雜的 PLD (Complex PLD，簡稱 CPLD，其內部擁有很多數量的 SPLD 元件)，不管如何，它們的基本結構都是 AND + OR。

FPGA 記憶體結構

正如前面我們所討論的，只要電路所有輸入與輸出的對應關係符合半加器的要求，不管其內部電路的結構是由普通的邏輯閘或由 AND + OR 所組成，我們都可以將它當成半加器電路，除了上述兩種設計方式之外，我們也可以利用底下的方式來實現一個半加器：

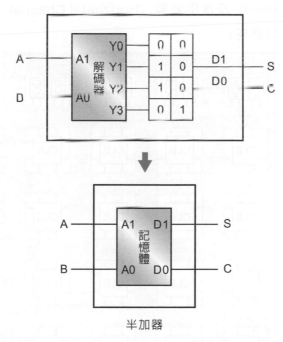

半加器

上圖前面為一個 4×2 的記憶體元件，其中：

1. A，B 為位址線 (2^2 = 4)。

2. S，C 為資料線。

3. 記憶體內部前面為解碼電路。

4. 記憶體內部後面為兩個位元的資料儲存區。

5. 儲存區內部分別儲存著半加器的真值表內容。

如果我們只觀察其輸入 A，B 與輸出 S，C 的對應電位，它就是一個半加器，換句話說只要我們有能力把所要設計電路的真值表寫入記憶體內部，再利用查表 (Look Up Table) 方式將其輸入 (記憶體的位址線) 與輸出 (記憶體的儲存內容) 的對應關係讀出來，如此記憶體也可以拿來設計我們所需要的任何組合邏輯電路，當然只要在記憶體後面再加入正反器 (Flip Flop) 時，它們就可以用來實現設計師所需要的任何序向電路了，由於記憶體的結構比前面我們所敘述的 AND + OR 結構簡單很多，因此在需要功能很強大的電子產品時一定會用到這種結構，利用此原理所設計出來的元件就是眾所皆知的現場可規劃邏輯陣列 (Field Programmable Gate Array 簡稱 FPGA)，工程師們在 FPGA 內部配置了相當數量的可程式化邏輯元件 (帶有正反器的記憶體)，這些元件我們簡稱為 CLB (Configurable Logic Block)，於 IC 內這些 CLB 是經由可程式化的垂直通道 (Vertical Channel) 及水平通道 (Horizontal Channel) 的連線所包圍，其架構即如下圖所示 (陣列型結構)：

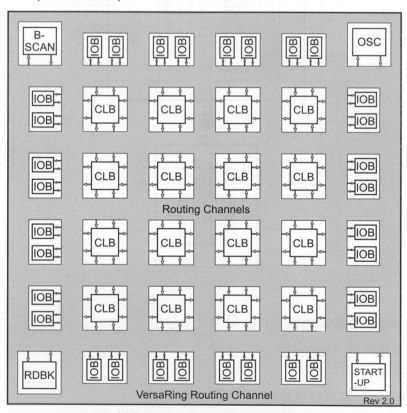

基本 FPGA 的內部方塊結構圖

於上圖中廠商將為數不少的 CLB (數量由 IC 的編號及規模決定) 以陣列型結構 (如 Xilinx、Quick Logic 公司的產品) 或列向量型結構 (將 CLB 模組緊密的排成一列，而列與列中間為繞線通道，如 Actel 公司的產品) 排列，並在其四周製造了無數的輸入／輸出緩衝器 (Input Output Buffer 簡稱為 IOB)，以便和外部控制電路連接，介於每個 CLB 中間的連線皆為可以規劃的接線，以便我們規劃連接，而其詳細的接線狀況即如下圖所示：

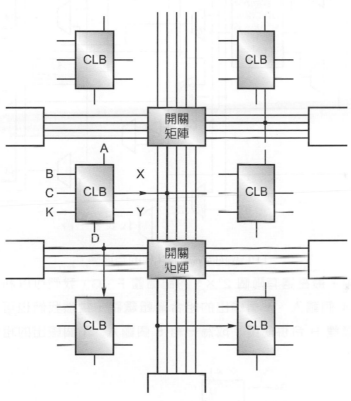

硬體設計師可以將每一個 CLB 規劃成自己所需要的控制電路，再利用每個 CLB 的水平及垂直接線將每個控制電路連接起來，如此即可完成一個功能龐大的數位控制電路。

居於上面的描述，我們可以將一個 FPGA 的 IC 元件視為一個插滿電子元件的麵包板，設計師可以在麵包板上以導線連接它們所要的控制電路 (藉由軟體完成)，下圖為每個 CLB 的內部結構方塊：

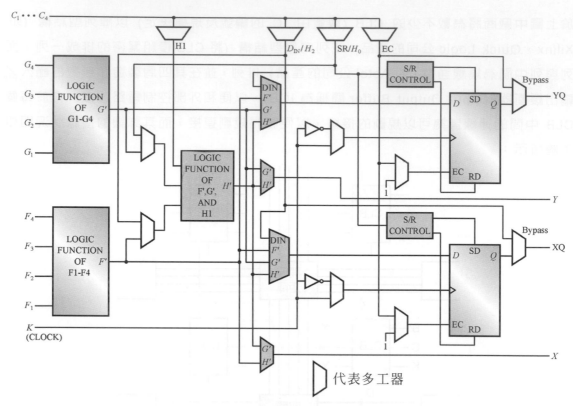

FPGA 內部每個 CLB 的方塊圖

於上面的方塊圖中,最左邊有兩個 $2^4 \times 1$ 的記憶體 F、G,我們可以利用建表的方式將它們規劃成兩組 4 個輸入、1 個輸出的組合邏輯電路,當然我們也可以將它們與後面一組 $2^3 \times 1$ 的記憶體 H 合併使用,成為一組 5 個輸入、1 個輸出的組合電路,其電路方塊如下圖所示:

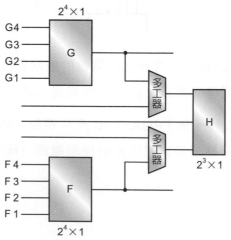

輸入數量的擴展

最後，我們在每個記憶體後面加入一個可以預置 PRESET 或清除 RESET 的 D 型正反器，如此一來即可完成任何動作的序向電路。

隨著晶片製程的快速精進，在一片矽晶圓上可以容納的電晶體數量及運作速度不斷的上升 (幾乎是每兩年提升一倍)，因此不管是 PLD 或 FPGA 的 IC 已經從 LSI、VLSI 進入到 ULSI 的領域，這就是為什麼系統晶片 SOC (**System On a Chip**) 能快速崛起的重要因素。

1-2　數位邏輯控制電路的實現方式

當我們使用 VLSI 或 ULSI 元件來實現數位邏輯控制系統時，基本上可以分成下面三大類：

1. 全訂製 IC
2. 半訂製 IC
3. 現場規劃 IC

全訂製 Full Customize IC

全訂製 IC 之設計是完全以顧客所要求的功能去設計，由於大部分的電路模組及邏輯閘元件都是以人工方式調校設計出來，因此它們需要的設計時間很長，但電路的性能較佳 (如晶片面積較小、速度較快……等)，這種設計方式並不適合功能必須快速更新的電了產品。

半訂製 Semi Customize IC

半訂製 IC 之設計是由廠商事先製作大部分的電路結構，只留下電路連接線以便往後顧客自行燒錄，依連接線的製作方式我們又將它們分成：

1. 標準雛型電路　Standard Cells。
2. 邏輯閘陣列　Gate Array。

雖然上述兩種皆可以依使用者自己的需求確定 IC 規格，但其最後的雛型 IC 還是要由 IC 製程工廠完成，所以在控制系統設計完成之後還必須等上 2～3 個月的時間才可以拿到雛型 IC，並做最後的測試與修改，因此它也不適合功能必須不斷更新，具有較短生命週期的電子產品。

現場規劃 IC

現場規劃 IC，顧名思義它就是一種可以讓我們透過廠商所提供的硬體 IC 與電子設計自動化平台 (EDA)，將它規劃成任何一種數位邏輯控制電路，此類 IC 就如同前面我們所討論的：

1. PLD (AND + OR 結構)
2. FPGA (記憶體結構)

當我們拿到上述兩種 IC 時，即可借由硬體 IC 廠商所提供的軟體 (如 Xilinx 公司的 ISE 系統，Altera 公司的 MAXPLUS II 與 QUARTUS II 系統……等)，以電腦為輔助工具將它們規劃成自己所要的數位邏輯控制電路，如此可以縮短電子產品的雛型系統製作時間，進而達到 "快速雛型化"(Fast Prototyping) 的目的，居於這種優勢，在現今電子消費產品更新速度極快的環境中，上述兩種元件備受大家的喜愛與歡迎，當然如果為了控制電路的執行速度，或晶片面積的節省，我們也可以將其雛型電路改成全訂製 (Full Customize) IC 電路的方式，進而大量的生產以達到降低成本的目的。

1-3　晶片規劃方式

一般而言由廠商所提供，用來規劃晶片 IC 的 EDA 平台都會提供多種以上的規劃方式，於市面上最常見到的有：

1. 電路圖 (Schematics) 設計方式。
2. 有限狀態機器 (Finite State Machine) 設計方式。
3. 訊號波形 (Waveform) 輸入方式。
4. 硬體描述語言 HDL 設計方式。

電路圖設計方式

電路圖設計方式為最早且最直接的設計方式，硬體設計師只要透過系統所提供的繪圖軟體及電子元件資料庫，將所需要的邏輯控制圖繪出來即可 (系統的軟體會將其轉換成實際的硬體電路)，電路圖設計方式的缺點為設計進度緩慢、維修困難且不適合使用在大型的硬體電路上，因為在我們要得到控制的電路圖之前，必須透過前面所提過繁雜的設計步驟來取得 (先畫出方塊圖、決定輸入及輸出、將輸入與輸出的關係轉換成真值表、以卡諾圖化簡後得到布林代數，最後再將其轉換成邏輯控制圖)，因此以這種方式設計出來的控制電路除了進度慢之外，它也比較適合小型的控制電路。

有限狀態機器 FSM

使用有限狀態機器 FSM (Finite State Machine) 的設計方式較為單純，我們只要將所要設計電路的工作狀態圖繪入系統即可，系統會將此狀態圖轉換成邏輯控制圖，再將其發展成實際的控制電路，通常使用 FSM 設計的步驟為：

1.　找出所要設計電路的狀態圖 (state graphic)。
2.　將找出的狀態圖繪入系統。
3.　轉換成實際控制電路。

當然我們也可以利用硬體描述語言 IIDL 直接設計完成，其詳細的敘述請參閱後面範例說明。

訊號波形輸入方式

訊號波形輸入方式是將輸入的波形及希望得到的輸出波形在系統內繪出來，系統會依據輸入及輸出的波形關係合成出所需要的邏輯函數或布林代數，並將其發展成實際的電路，當我們於系統中繪入下面的輸入及輸出波形時，系統就會將其合成為一個 OR Gate。

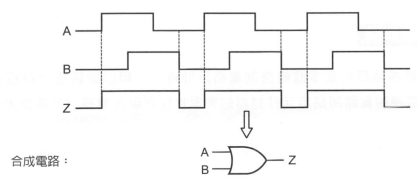

合成電路：

於上述中我們可以體會到，此種輸入方式只能適合於某一小型的控制電路，對於較複雜的控制電路則有可能無法合成出來。

硬體描述語言 HDL

硬體描述語言 HDL 是一種以指令敘述方式來描述電路的工作行為，並進一步將其轉換成實際硬體控制電路的高階語言，硬體工程師可以利用此種語言的特性，很快速的將所需要的硬體控制電路設計出來。目前於市面上我們常看到的硬體描述語言有 VHDL與 verilog 兩種，本書的討論以 verilog 語言為主。

1-4 verilog 硬體描述語言

正如前面所提到的，硬體描述語言 HDL 是以指令敘述方式來描述電路的工作行為，並進一步將其合成出實際的硬體控制電路，由於 EDA (Electronic Design Automation) 工具的不斷進步，這種 Language_base 的設計方式，對於消費性電子產品開發時程的縮短與品質的提升更是無法被取代，一般來講使用硬體描述語言進行控制電路設計的優點如下。

簡單易學

硬體描述語言的特性與普通高階語言十分相似，因此初學者很容易進入狀況 (本書所要介紹的 verilog 硬體描述語言，它的特性與語法就與 C 語言十分相似)。

與硬體製程無關

當我們以硬體描述語言從事邏輯控制電路設計時，大都以電路的行為模式來撰寫程式，它與實際控制電路所使用元件材料的物理特性與製程無關 (不需要太多的硬體背景)。

電路可以分工平行設計

以 HDL 語言從事電路設計時，我們可以將一個龐大而複雜的控制電路，細分成或多或少的獨立控制模組，並由數十個工程師同時設計、測試後，再將它們合併成一個龐大且完整的控制電路。

電路容易擴展

設計師可以利用硬體描述語言，事先以模組方式設計出各種常用的控制電路，並將它們依特性建立一個完整的元件庫，以方便往後需要時進行元件的叫用與擴接。

容易發展與維護

由於硬體描述語言的特性與一般我們所熟悉的高階語言相似，撰寫程式時並不需要太多硬體及物理特性的背景，再加上它是一種結構化語言，工程師們可以將一個規模龐大的控制電路，依其特性分割成數十個獨立控制的小模組，同時以分工平行方式進行設計，於電路設計過程，又可以叫用儲存在元件庫內的所有資源，因此我們可以很容易的發展、擴展及維護所要設計的電子產品。

目前於市面上我們常看到的硬體描述語言有 VHDL 與 verilog 兩種，這兩種語言都各自擁有龐大的愛用者，其中 VHDL 語言是由美國國防部所推出，也是最早通過國際電機電子工程師學會 (IEEE) 標準認證，它在北美與歐洲地區廣泛的被使用；而本書所要介紹的 verilog 語言是由 Gateway 公司所推出 (此公司已被 Cadence 公司併購)，並得到 SYNOPSYS 公司的全力支持，最後也通過 IEEE 的標準認證，它在美國、日本與台灣地區廣泛的被使用。

1-5 晶片設計流程

當我們使用硬體描述語言進行電路的設計時，它的基本流程即如下面所示：

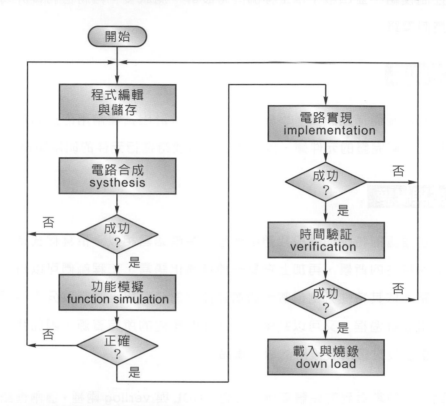

程式編輯與儲存 edit and save

將所設計的硬體描述語言程式進行編輯、修改後再加以儲存，以便產生來源程式 (source program)，由於是用 verilog 語言所撰寫，因此系統通常會在檔案名稱後面自動加入 ".v" 的附加檔名，譬如檔名為 test 時，它的檔案名稱為 test.v。

電路合成 synthesis

將設計師所設計完成的 verilog 來源程式轉換成由邏輯閘、正反器……等各種邏輯元件所組成的邏輯電路 (即 RTL 電路圖)，並將它們作最佳化 (optimize) 的處理，以期得到最簡化的電路，當合成器在進行電路的合成工作時，首先必須對 verilog 來源程式作語法檢查 (syntax check)，如果發現錯誤則會發出錯誤訊息以方便設計師回到編輯器修改，如果語法正確則進一步進行電路的合成工作，並產生合成後的報告 (synthesis report) 與邏輯電路圖……等檔案。

功能模擬 function simulation

將合成器所合成出來的邏輯電路進行功能測試，以便了解電路功能是否符合我們的要求。注意！此處只測試功能是否正確，並不考慮電路內部的時間延遲，而其測試流程通常是以檔案方式儲存所要測試電路的輸入電位 (直接以繪圖方式或以 verilog 語言來描述)，模擬器會將它們依順序輸入到所要測試的電路內部，並將其輸出結果建立檔案或直接顯示在螢幕上，其狀況如下：

電路實現 implementation

配合晶片接腳的指定，將合成器所合成出來的邏輯電路圖轉換成我們所指定 SPLD、CPLD 或 FPGA 晶片內部的元件，並將它們連接成完整的控制電路，而其過程可以分成三大步驟：

1. translate：將合成器所合成的相關邏輯電路圖…等進行轉換與合併。
2. map：將 translate 所產生的檔案轉換成實際對應到我們所指定 SPLD、CPLD 或 FPGA 晶片的內部元件。
3. place and route：將 map 所產生檔案內部的元件放置到我們所指定的晶片上，並進行繞線 (連線) 以便得到一個完整控制電路的檔案。

時間驗證 verification

對已經完成控制電路進行時間驗證，以確保電路動作能夠滿足我們所預期的時脈要求，必竟電路的放置地點、接腳位置的指定、繞線的長短……等都與電路的延遲時間有關。

載入與燒錄

將功能符合要求且時間驗證完畢的電路直接載入到我們所指定的 SPLD、CPLD 或 FPGA 晶片內進行燒錄，一旦燒錄完成我們就可以得到一顆立即可以使用的雛型 IC。

1-6 verilog 語言的程式結構

前面我們討論過，要設計一個硬體控制電路時，首先要將控制電路的方塊圖繪出，並定出它們的輸入與輸出接腳；接著再依其輸入及輸出的對應關係進行電路設計。硬體描述語言 verilog 的程式結構也是如此，於系統中我們將所要設計的控制電路統稱為一個模組 (module)，控制電路的名稱就是模組的名稱，一個控制模組的主要結構包含模組名稱、連接埠的宣告、資料型態的宣告以及電路內部的描述……等，其基本語法如下 (皆以分號 "；" 代表一個敘述的結束)：

```
module 模組名稱 (連接埠名稱表列);
        連接埠方向 長度與名稱宣告;
                ⋮
        資料型態 長度與名稱宣告;
                ⋮
        電路內部描述;
endmodule;
```

1. module：代表所要設計電路模組的開始，為保留字。

2. 模組名稱：目前所要設計電路的名稱。

3. 連接埠名稱表列：目前所要設計電路模組的所有對外接線埠 (port) 名稱，每個接線埠名稱中間以 "，" 隔開。

4. 連接埠方向、長度與名稱：目前所設計電路全部對外接線的工作方向、長度與名稱，每個接線埠名稱中間以 "，" 隔開，連接埠方向與長度中間以空白隔開，而其工作方向可為 (詳細說明請參閱後面的程式)：

   > input ：代表輸入埠。
   >
   > output：代表輸出埠。
   >
   > inout ：代表輸入輸出埠 (雙向)。

5. 資料型態、長度與名稱：目前所設計電路各物件之間，數位訊號的資料種類，長度與名稱，格式與第 4 點相同 (詳細說明請參閱後面的程式)。

6. 電路內部描述：真正電路設計的內容，於 verilog 語言中，我們可以利用下面四種不同層次的描述，混合使用來實現硬體控制電路 (詳細說明請參閱後面的敘述)。

電晶體層次 (transistor mode)。

邏輯閘層次 (gate level mode)。

資料流層次 (data flow mode)。

行為模式層次 (behavior mode)。

7. endmodule：代表所要設計電路模組的結束，為保留字。

底下我們就舉一個模組結構最簡單的 verilog 程式來說明 (檔名：module_structure)：

```
1   /*************************
2    *    module structure    *
3    *  two input and gate    *
4    * Filename : AND_GATE.v   *
5    *************************/
6
7   module AND_GATE(A, B, F);     // 模組名稱與對外接線
8
9     input  A, B;                // A, B 為輸入埠
10    output F;                   // F 為輸出埠
11
12    wire A, B;                  // A, B, F 的資料型態為接線
13    wire F;
14
15    assign F = A & B;           // 模組的內容描述
16
17  endmodule                     // 模組結束
```

上面為一個我們用來實現及閘 (AND gate) 的 verilog 程式，整個程式所代表的意義分別為：

1. 行號 1~5 為多行的註解 (comment)，它告訴我們本程式的功能以及儲存在硬碟內的檔案名稱 (它們可以省略)。

2. 行號 7 用來宣告本硬體電路的模組名稱為 AND_GATE，硬體對外的接腳共有三隻，名稱分別為 A、B 及 F，後面以雙斜線 "//" 所帶領的字串為單行的註解。

3. 行號 9~10 用來宣告於行號 7 內所表列，本硬體模組對外三隻接腳 A、B、F 的工作方向為：

A：一條線的輸入接腳。

B：一條線的輸入接腳。

F：一條線的輸出接腳。

綜合行號 7～10 的敘述可以知道，目前我們所要設計硬體電路的方塊圖如下：

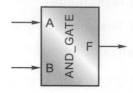

4. 行號 12～13 宣告連接埠 A、B、F 的資料型態為接線 wire (詳細說明請參閱後面的敘述)。

5. 行號 15 用來描述目前所要規劃的硬體電路，將輸入接腳 A 與 B 作 and 運算後指定給輸出接腳 F，因此合成器會將此敘述合成出一個如下的邏輯 AND 閘：

6. 行號 17 代表模組結束。

功能模擬 (function simulation)

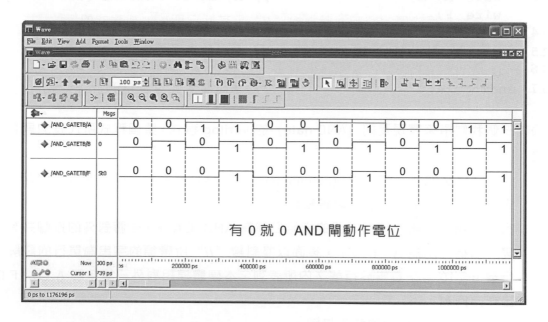

從上面輸入與輸出電位的對應關係可以知道，它是一個 AND 閘。

1-7　註解欄 comment

就像普通的電腦語言一樣，註解欄的目的在於提高程式的可讀性 (readable)，以方便將來程式的維護與發展，因為它只是用來提醒人類，目前的程式到底在做什麼，或者目前應該注意什麼……等，當合成器進行硬體電路合成時，會自動跳過本欄位，於 verilog 語言中，註解欄的敘述可以分成下面兩種：

多行敘述

當我們所要敘述的註解內容超過一行時 (即兩行以上)，即可採用多行敘述，此種敘述必須以 "/*" 開始，當敘述結束時也必須以 "*/" 結尾，它比較適合在程式中須要一大段的說明時，其狀況就如上述程式的行號 1～5。

單行敘述

當我們所要敘述的註解內容不是很長時 (一行以內)，即可採用單行敘述，此種敘述必須以雙斜線 "//" 開始，直到一行結束；如果註解內容超過一行時，也可以使用單行敘述，但必須在每一行的開始都加上雙斜線 "//"，其狀況即如上述程式的行號 7、9、10、12、15、17 後面的敘述。

1-8　連接埠 port

所要設計電路模組與外界電路溝通的接腳我們都稱之為連接埠 (port)，於 verilog 語言中，連接埠的工作方向可以分成輸入、輸出與輸入輸出雙向埠三種。

輸入埠 input

訊號由外界電路送入電路模組，其基本語法如下：

```
input [長度] 名稱1, 名稱2, …, 名稱n;
```

1. input：代表輸入埠，為保留字。

2. [長度]：代表接腳數量，它的表示方式是以中括號 " [ ] " 括起來，其內容可以由高到低或由低到高，中間以冒號 " ： " 隔開，冒號左邊為 MSB，右邊為 LSB，其狀況如下 (其機定值為 1)：

   [高：低]：高為 MSB，低為 LSB。

   [低：高]：低為 MSB，高為 LSB。

3. 名稱：輸入埠名稱，每個名稱中間以逗號 " ， " 隔開，最後以分號 " ； " 結束，命名方式只要符合識別字的要求即可 (參閱後面識別字的敘述)。

輸出埠 output

訊號由電路模組送到外界電路，其基本語法如下：

> **output [長度] 名稱1, 名稱2, …, 名稱n；**

1. output：代表輸出埠，為保留字。

2. [長度]：與輸入埠相同。

3. 名稱：與輸入埠相同。

輸入輸出雙向埠 inout

訊號可以由外界電路送入電路模組，也可以由電路模組送到外界，其基本語法如下：

> **inout [長度] 名稱1, 名稱2, …, 名稱n；**

底下我們就舉幾個範例來說明有關連接埠的敘述。

範例一

說明下面連接埠敘述所代表的電路意義：

input [3:0] I;
input [1:0] S;
output F;

代表意義為：

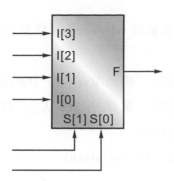

範例二

說明下面連接埠敘述所代表的電路意義：

input CLK, RESET;
output [3:0] Q;

代表意義為：

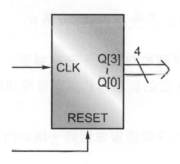

但 CLK 與 RESET 的工作電位未定 (完整敘述請參閱後面的敘述)。

1-9　資料型態 data type

與一般的高階語言相同，verilog 語言也有訂定屬於它自己的資料型態 (data type)，其目的是用來描述電路內部各物件 (如硬體元件、儲存體、接線……等) 之間，數位訊號與變數的資料種類，它們都是從事程式設計之前必須知道的基本常識，底下我們就逐一的加以介紹。

verilog 的四種數值準位

穿梭於硬體控制模組之間的數位訊號，於 verilog 語言內提供了下面四種基本的數值準位：

    0：代表邏輯 0 電位、低電位、接地 V_{SS}、假 (false)。

    1：代表邏輯 1 電位、高電位、電源 V_{DD} 或 V_{CC}、真 (true)。

    x：代表未知電位 (unknown)。

    z：代表高阻抗、浮接、第三態 (tri-state)。

連接線 net

硬體內部元件與元件之間的連線我們稱之為連接線，連接線依其屬性的不同可以區分為單一接線 (一個位元) 或向量 (vector) 接線 (兩個位元以上，於實際硬體電路中我們稱為匯流排 bus)，於 verilog 語言中機定值 (default) 為單一接線 (可以不用宣告)，底下為單一元件所驅動接線的基本語法：

> **wire [長度] 名稱1, 名稱2, …, 名稱n;**

1. wire ：代表單一元件所驅動的接線，為保留字。
2. [長度]：代表接線數量，它的表示方式與連接埠相同，請自行參閱前面有關輸入埠的敘述。
3. 名稱 ：接線的名稱、特性與連接埠相同，請自行參閱前面有關輸入埠的敘述。

上述接線的內部電位，在未指定之前其機定值為高阻抗 z，如要改變它的內容，則必須以 "assign" 敘述來指定，請注意！ "assign" 敘述不可以出現在 "always" 的描述區塊內(參閱後面有關 "always" 的敘述)，底下我們就舉個範例來說明：

範例	檔名：XOR_GATE_WIRE
於 verilog 語言中，互斥或的位元運算符號為 "^"，請說明下面程式中，每一行敘述的功能。	

原始程式 (source program)：

```
1   /***************************
2    *   two input xor gate     *
3    * Filename : XOR_GATE.v   *
4    ***************************/
5
6   module XOR_GATE(A, B, F);
7
8     input   A, B;
9     output  F;
10
11    wire    A, B, F;
12
13    assign F = A ^ B;
14
15  endmodule
```

重點說明：

1. 行號 1～4 為程式註解。

2. 行號 6～9 代表目前所要設計控制模組的名稱、方塊圖，以及它所對應輸入、輸出埠的狀況如下：

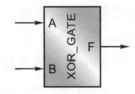

3. 行號 11 宣告 A、B、F 的資料型態皆為一條接線。

4. 行號 13 以 assign 敘述，將輸入接線 A 與 B 的電位作互斥或運算後，指定給輸出接線 F。

功能模擬 (function simulation)：

從上面功能模擬的輸入、輸出電位可以看出，它們的對應關係與兩個輸入的互斥或完全相同，因此可以確定合成器所合成的電路是正確的。

輸出並接 wand 與 wor

於實際的邏輯電路中，電路的輸出絕對不可以並接，如果一定要並接，就必須使用具有三態 (tri-state) 或集極開路 (open collector) 的元件，於 verilog 語言中也是如此，我們不可以把兩條以上的輸出並接到 wire 型態的接線上 (wire 只能單一驅動)，如果一定要並接時，系統提供 wand (wire_and) 與 wor (wire_or) 兩種接線型態供我們使用，其中 wand 就是開集極 (open collector) 元件，wor 就是射極隨耦器 (emitter couple) 元件，它們的特性分別為：

wand 真值表：

B\A	0	1	x	z
0	0	0	0	0
1	0	1	x	1
x	0	x	x	x
z	0	1	x	z

wor 真值表：

B\A	0	1	x	z
0	0	1	x	0
1	1	1	1	1
x	x	1	x	x
z	0	1	x	z

於上面的真值表可以看出，wand 的特性與一般的 and 閘相同 (有 0 就 0)，wor 的特性
與一般的 or 閘相同 (有 1 就 1)，但於實際電路中，它們是以輸出並接方式來完成，其
詳細狀況請參閱下面的範例程式。

範例	檔名：WAND_WOR_GATE

設計一程式，以輸出並接方式 wand、wor 來實現及閘 AND 與或閘
OR 兩個邏輯電路。

原始程式 (source program)：

```
1  /********************************
2  *    two input wand, wor gate    *
3  *    Filename : WAND_WOR_GATE.v  *
4  ********************************/
5
6  module WAND_WOR_GATE(A, B, WAND, WOR);
7
8    input  A, B;
9    output WAND, WOR;
10
11   wand  WAND;
12   wor   WOR;
13
14   assign  WAND = A;
15   assign  WAND = B;
16   assign  WOR  = A;
17   assign  WOR  = B;
18
19  endmodule
```

重點說明：

1. 行號 1~4 為註解欄。

2. 行號 6~9 所代表的意義為：

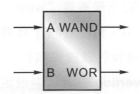

3. 行號 11 宣告 WAND 為一條 wire_and 的並接線 (有 0 就 0)。

4. 行號 12 宣告 WOR 為一條 wire_or 的並接線 (有 1 就 1)。

5. 行號 14～15 以 "assign" 敘述，將輸入接線 A、B 以 wire_and 方式將它們指定給輸出線 WAND。

6. 行號 16～17 以 "assign" 敘述，將輸入接線 A、B 以 wire_or 方式將它們指定給輸出線 WOR。

功能模擬 (function simulation)

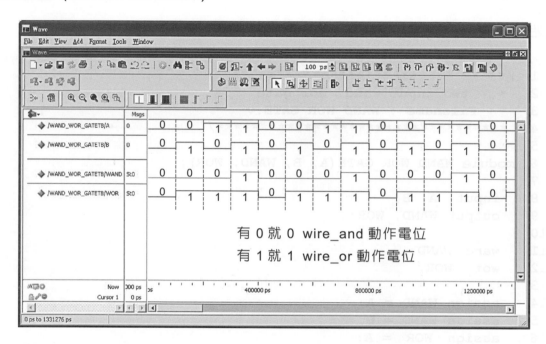

從上面功能模擬的輸入、輸出電位可以看出，它們的對應關係與兩個輸入的 AND 閘與 OR 閘完全相同，因此可以確定合成器所合成的電路是正確的。

暫存器 register

暫存器顧名思義，它可以用來暫時儲存資料，其保留字為 "reg"，以硬體的觀點來看，它就像正反器 (Flip Flop)，因此它不像接線 "wire"，一定要被驅動才會有內函值，此處要特別強調，於 verilog 語言中，暫存器除了具備上述的硬體功能之外，它還具有高階語言的變數功能，也就是說當我們宣告資料型態為暫存器時，經合成後的電路內未必會出現正反器，那是因為在 verilog 的語言中規定，凡是在 "always" 的描述區塊內，所有被設定物件的資料型態都必須宣告成暫存器 "reg"，注意！暫存器的內容在未指定之前為未知值 x，我們必須以 "=" 來指定它的內容 (不同於接線 "wire"，必須加入 "assign" 敘述，而且不可以出現在 "always" 的區塊敘述內)，其基本語法如下：

> reg [長度] 名稱1, 名稱2, …, 名稱n;

而其每個欄位的特性與前面所討論的接線 wire 相同，請自行參閱前面的敘述，底下我們就舉個範例來說明。

範例	檔名：OR_GATE_REG

於 verilog 語言中，或閘的位元運算符號為 "|"，請說明下面程式中，每一行敘述的功能。

原始程式 (source program)：

```
1   /****************************
2   *      two input or gate     *
3   *      Filename : OR_GATE.v  *
4   ****************************/
5
6   module OR_GATE(A, B, F);
7
8     input  A, B;
9     output F;
10
11    wire  A, B;
12    reg   F;
13
14    always @(A or B)
15      F = A | B;
16
17  endmodule
```

重點說明：

1. 行號 6～9 所代表的意義為：

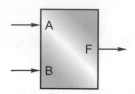

2. 行號 12 宣告 F 的資料型態為暫存器 reg，因為它出現在 always 敘述的區塊內 (行號 14～15)。

3. 行號 14 為 always 敘述區塊的開始 (詳細說明請參閱後面的敘述)。

4. 行號 15 將輸入埠 A 與 B 的電位作 OR 運算後，將它的結果以 "=" 指定給輸出埠 F (注意！此處不可以使用 "assign" 敘述來指定)。

功能模擬 (function simulation)：

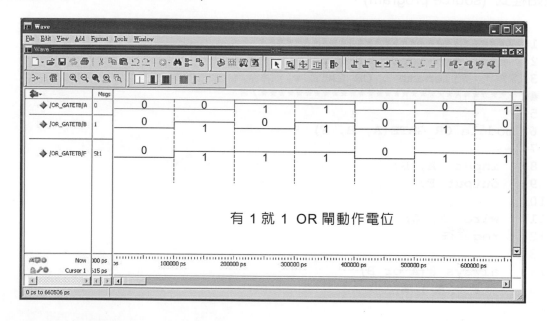

從上面功能模擬的輸入、輸出電位可以看出，它們的對應關係與兩個輸入的 OR 閘完全相同，因此可以確定合成後的電路是正確的。

整數與實數

與一般的高階語言相同，verilog 語言於數值方面也提供不帶小數的整數 (integer) 與帶有小數的實數 (real) 供我們使用，整數的內定值 (default) 為 32 bit，其儲存格式如下：

符號

整數可以儲存正、負資料，負值採用 2 的補數表示法，它的保留字為 integer，其狀況如下：

```
integer SEED;        // 亂數種子 SEED 為整數。
initial SEED = 2;    // 亂數種子 SEED 內容為 2。
```

帶有小數的實數 (real)，其儲存格式如下：

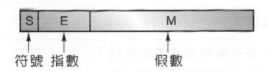

符號 指數　　　　假數

它的保留字為 real，內定值為 0，我們可以用帶有小數的數值 (如 3.18) 或以科學型態 (3e10) 的方式來設定它的內容，其狀況如下：

```
real    PI              // 變數 PI 為實數。
initial PI = 3.1416     // PI 的內容為 3.1416。
```

當我們使用硬體描述語言從事控制電路的設計時，必須時常想到程式與電路的對應關係，因此上述高階語言資料型態的使用機會不高，它們大都出現在系統的描述上面。

時間 time

它是一個不帶符號 (unsigned) 的 64 位元資料，其儲存格式如下：

0   63

時間

時間型態的保留字為 time，當我們在進行電路模擬 (simulation) 時，可以配合系統指令 "$time" 來取得目前的系統時間，其狀況如下：

```
time     start;              // start 為時間型態。
initial start = $time;       // 取回目前系統時間。
```

參數 parameter

為了方便程式的修改與閱讀，verilog 語言也提供參數的資料型態，它的保留字為 parameter，我們可以利用它去宣告 "一個常數名稱 = 一筆常數 (constant) 資料"，當系統進行編譯時，它會以參數所指定的常數值去取代參數名稱，注意！參數 (parameter) 所宣告的常數是可以被覆蓋的 (override)，它不像後面我們所要介紹，以 "'define" 宣告的常數內容是不可以被覆蓋的 (參閱後面的敘述)，底下我們就舉個範例來說明。

範例	檔名：FULL_ADDER_4BITS_PARAMETER
說明下面程式的功能，並了解參數敘述的特性。	

原始程式 (source program)：

```
1   /*****************************
2   *    parameter statement    *
3   * Filename : FULL_ADDER.v   *
4   *****************************/
5
6   module FULL_ADDER(A, B, SUM);
7
8     parameter LENGTH = 4;
9
10    input  [LENGTH-1:0] A, B;
11    output [LENGTH:0] SUM;
12
13    assign SUM = A + B;
14
15  endmodule
```

重點說明：

1. 行號 8 以參數 parameter 宣告一個常數名稱 LENGTH，並將其內容設定成 4。

2. 行號 10～11 經編譯後的結果為 (以常數 4 取代 LENGTH)：

> input　　[3:0] A, B;
> output　[4:0] SUM;

3. 行號 13 以"assign"敘述，將兩組 4 位元資料 A 與 B 相加後的和指定給 5 位元的 SUM。

功能模擬 (function simulation)：

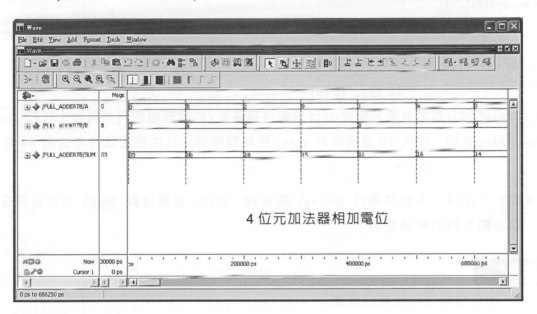

4 位元加法器相加電位

從上面功能模擬的電位可以看出，系統所合成的硬體電路是正確的。

陣列 array

verilog 語言亦提供一維陣列 (array) 的裝置，而其內容可以為整數 (integer)、暫存器資料 (register) 與時間 (time)，但不可以為實數 (real)，它的基本語法如下 (在新版本的 system verilog 才有支援多維陣列)：

> <資料型態> <名稱> [長度]；

1. 資料型態：代表陣列內容的資料型態。
2. 名稱：代表陣列名稱。
3. [長度]：代表陣列的空間大小。

底下我們就舉個範例來說明。

範例一

說明下面陣列宣告所代表的意義：

```
integer value[19:0];
reg    data[7:0];
time   delay[9:0];
```

---

integer value[19:0]：宣告 20 個名稱為 value 的整數陣列，其內部每個元素皆為
　　　　　　　　　　32 位元 (bits)。

reg　data[7:0]：宣告 8 個名稱為 data 的暫存器陣列，其內部每個元素皆為 1 位元 (bit)。

time　delay[9:0]：宣告 10 個名稱為 delay 的時間陣列，其內部每個元素皆為 64 位元
　　　　　　　　(bits)。

此處要特別留意！不要將陣列 (array) 與接線 (wire) 及暫存器 (reg) 的宣告混在一
起，請參閱下面的範例說明。

範例二

說明下面兩種宣告所代表的意義。

```
reg    A[3:0];
reg    [3:0] A;
```

---

reg　A[3:0]：宣告 4 個名稱為 A 的暫存器陣列，其內部每個元素皆為 1 位元
　　　　　　(4 個 1 位元的暫存器)。

reg　[3:0] A：宣告一個 4 位元，資料型態為暫存器，且名稱為 A 的暫存器或
　　　　　　變數 (1 個 4 位元的暫存器或變數)。

與一般的高階語言相同，我們都以註標 (subscript) 或索引 (index) 做為存取陣列內
部元素的依據 (從 0 開始)，當我們宣告：

integer　A[0:3] 時，其代表意義為：

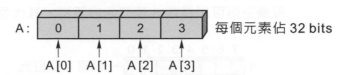

記憶體 memory

於 verilog 語言中，記憶體就是一種暫存器陣列的延伸，當我們將暫存器陣列內，每個元素的儲存長度再加以規範時，它就變成記憶體 (memory)，工程師們可以利用它去描述 ROM、RAM 及暫存器檔案 (register file)，如同陣列一樣，當我們要去存取記憶體的內容時，可以利用註標或索引充當記憶體的位址，宣告記憶體的基本語法如下：

> **<資料型態> [資料長度] <記憶體名稱> [位址範圍] ;**

1. 資料型態：代表記憶體所儲存的資料型態。
2. 資料長度：代表每個位址內部所儲存的資料長度。
3. 記憶體名稱：代表目前記憶體的名稱。
4. 位址範圍：代表記憶體的大小 (所擁有的位址數量)。

底下我們就舉個範例來說明。

範 例
說明下面記憶體宣告所代表的意義：   reg　data[7:0];   reg　[7:0] MEM[511:0];

reg　data[7:0]：宣告 8 個名稱為 data 的暫存器陣列，內部每個元素皆為一位元，其代表意義為：

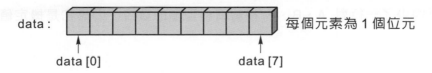

reg　[7:0] MEM[511:0]：宣告名稱為 MEM 的記憶體，總共有 512 個記憶體空間，
　　　　　　　　　　　每個空間可以儲存 8 個位元的資料，其代表意義為：

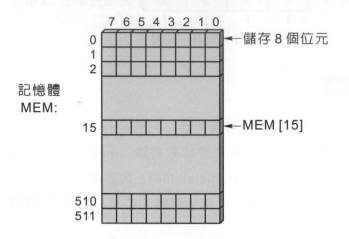

於 verilog 語言中，資料型態 (data type) 的機定值為接線 wire，因此當我們所使用物
件的資料型態為單一接線 wire 時可以不用宣告，其狀況即如下面程式 (檔名：
XOR_GATE)：

```
1   /***************************
2    *   two input xor gate     *
3    * Filename : XOR_GATE.v    *
4    *************************** */
5
6   module XOR_GATE(A, B, F);
7
8     input  A, B;
9     output F;
10
11    assign F = A ^ B;
12
13  endmodule
```

上述程式的功能與前面接線範例中，檔名為 XOR_GATE_WIRE 的程式完全相同，但
於程式敘述中少了一行對 A、B、F 接線資料型態的宣告，因為它是機定值 (default)
可以省略。

1-10　數值資料表示法

於 verilog 語言中，我們可以用二進制 (binary)、八進制 (octal)、十進制 (decimal)、十六進制 (hexadecimal) 的格式表達一筆數值資料，這些進制的機定值為十進制，在資料表達的同時，可以在前面加入一個十進制數值來設定此筆資料的長度 (稱為固定長度)，如果沒有加入資料的長度時 (稱為非固定長度)，通常其機定值 (default) 為 32 位元，固定長度的基本語法如下：

> <長度>＇<基本格式> <數值>

1. 長度：代表數值資料的長度，只能以十進制表達，省略時資料長度為 32 位元。
2. ＇：用來隔開長度與基本格式兩個欄位，為保留字。
3. 基本格式：代表資料以何種進制表達，其中：

    二進制 (binary)：以 b 或 B 表示。

    八進制 (octal)：以 o 或 O 表示。

    十進制 (decimal)：以 d 或 D 表示。

    十六進制 (hexadecimal)：以 h 或 H 表示。

    由於機定值 (default) 為十進制，因此當資料為十進制時，d 或 D 可以省略。
4. 數值：所要表達的數值，其內容必須配合前面所指定進制的設定，數字與數字中間不可以有空白出現。

如果所要表達的資料為負值時 (系統會以 2 的補數來處理)，負號 "-" 必須加在長度的前面 (如 -16'd32)，為了增加資料的可讀性 (readable)，我們可以在資料內加入底線 "_" (如 8'b1001_0101)，當資料的電位為未知值時以 "x" 表示；為高阻抗時以 "z" 或 "?" 表達，此時要留意的是，一個 "x" 或 "z" 或 "?" 在二進制時代表一個位元，在八進制時代表三個位元，在十六進制時代表四個位元，而它們的詳細特性請參閱下面範例的說明。

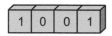 範例一

說明下面每個固定長度表示式資料所代表的意義：

4'b1001	8'h5A
9'o123	8'd32
4'b1x?0	8'64
9'o6?3	16'h5??2
6'b011_101	-8'd12

4'b1001：資料長度為 4 位元的二進制資料，其電位分布狀況如下：

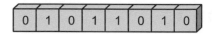

8'h5A：資料長度為 8 位元的十六進制資料，其電位分布狀況如下：

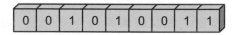

9'o123：資料長度為 9 位元的八進制資料，其電位分布狀況如下：

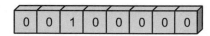

8'd32：資料長度為 8 位元的十進制資料，其電位分布狀況如下：

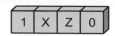

4'b1x?0：資料長度為 4 位元的二進制資料，其電位分布狀況如下：

8'64：資料長度為 8 位元的十進制資料，其電位分布狀況如下：

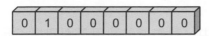

9'o6?3：資料長度為 9 位元的八進制資料，其電位分布狀況如下：

16'h5??2：資料長度為 16 位元的十六進制資料，其電位分布狀況如下：

6'b011_101：資料長度為 6 位元的二進制資料，其電位分布狀況如下：

-8'd12：資料長度為 8 位元的十進制資料，其電位分布狀況如下：

範例二
說明下面每個非固定長度表示式資料所代表的意義：
322　　　　　　　　　'b101_110
'o377　　　　　　　　'hab32

322：資料長度為 32 位元的十進制資料，電位分布請參閱範例一。

'b101_110：資料長度為 32 位元的二進制資料，電位分布請參閱範例一。

'o377：資料長度為 32 位元的八進制資料，電位分布請參閱範例一。

'hab32：資料長度為 32 位元的十六進制資料，電位分布請參閱範例一。

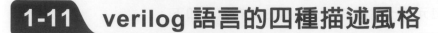

1-11 verilog 語言的四種描述風格

前面我們曾經提過，於 verilog 語言中，我們可以利用下面四種不同層次的描述風格，混合使用來實現所要設計的控制電路。

電晶體層次 (transistor mode)。
邏輯閘層次 (gate level mode)。
資料流層次 (data flow mode)。
行為模式層次 (behavior mode)。

設計師可以依所要設計電路的需要，採取不同層次的方式來描述，由於一個大型電路內部的每個小模組電路，都可視為一個獨立的控制電路，因此不管我們使用何種層次來實現，都不會影響到整個電路特性，底下我們就簡要的談談它們的基本特性。

電晶體層次 transistor mode

電晶體層次也可以稱為開關準位模式 (switch level mode)，它是 verilog 語言中最低階的描述層次，當我們使用這種描述方式時，必須要清楚明白電晶體元件的基本特性，因此我們不在此討論。

邏輯閘層次 gate level mode

使用邏輯閘層次的描述，它的基本觀念為，控制模組是由一些最基本的邏輯閘組合而成，我們可以利用 verilog 語言所提供的最基本邏輯閘元件，如 not、and、or、nand、nor、xor、xnor……等 (參閱後面的敘述) 來實現所要完成的控制電路，其狀況即如下面範例所示。

範例	檔名：HALF_ADDER_GATE_LEVEL_MODE

以邏輯閘層次的描述風格，設計一個半加器電路。

1. 描述：

```
    X
 +  Y
-------
 C  S
```

2. 方塊圖：

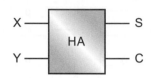

3. 真值表：

X	Y	S	C
0	0	0	0
0	1	1	0
1	0	1	0
1	1	0	1

4. 布林代數：

$S = \overline{X}Y + X\overline{Y}$
$ = X \oplus Y$
$C = XY$

5. 電路：

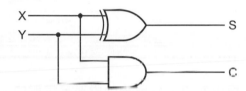

原始程式 (source program)：

```
1   /***************************
2   *         half adder       *
3   *    using gate level mode  *
4   *  Filename : HALF_ADDER.v *
5   ***************************/
6
7   module HALF_ADDER(X, Y, C, S);
8
9     input  X, Y;
10    output C, S;
11
12    xor SUM   (S, X, Y);
13    and CARRY (C, X, Y);
14
15  endmodule
```

功能模擬 (function simulation)：

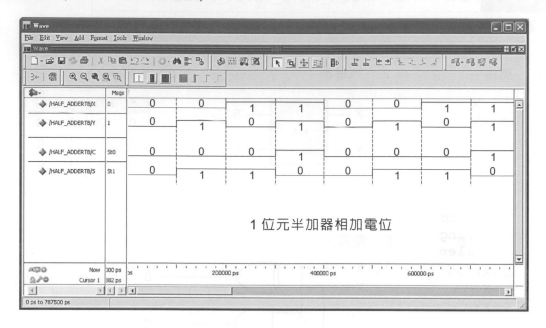

從上面功能模擬的電位可以知道，合成後的電路是正確的。

經由上面範例的敘述可以發現到，邏輯閘層次的描述與我們前面介紹的傳統設計方式相差無幾，它是先設計電路圖，然後再依電路圖內容建立所需要的邏輯閘元件並加以連線，其優點為電路較為精簡，缺點是過程十分繁雜、耗時，很不適合大型控制電路的設計，尤其它可以被後面我們所要介紹的資料流描述所取代，因此本書後面也不再介紹。

資料流層次 data flow mode

資料流層次又稱為暫存器轉移層次 (register transfer level)，它是以指定 (assignment) 方式去描述訊號在電路內部的傳送，其詳細狀況請參閱下面範例。

範例	檔名：MUL2_1_DATA_FLOW_MODE
於 verilog 語言中，反相閘、及閘與或閘的位元運算符號依序為 " ~ "、" & " 與 "	"，試以資料流描述的風格，設計一個 1 位元 2 對 1 多工器。	

1.　方塊圖：

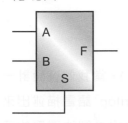

2.　布林代數：

當 S = 0 時，F = A

當 S = 1 時，F = B

$F = \overline{S}A + SB$

原始程式 (source program)：

```
1   /***************************
2   *    2 to 1 MULTIPLEXER    *
3   *   using data flow mode   *
4   *   Filename : MUL2_1.v    *
5   ***************************/
6
7   module MUL2_1(A, B, S, F);
8
9     input  A, B, S;
10    output F;
11
12    assign F = ~S & A | S & B;
13
14  endmodule
```

重點說明：

電路內部訊號的流向與指定 (assign) 極為單純，請讀者自行參閱輸出端 F 的布林代
數與行號 12 中間的描述即可明白。

功能模擬 (function simulation)：

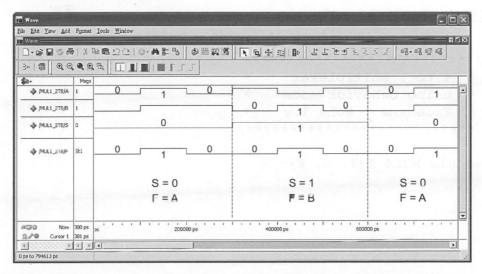

從上面功能模擬的電位可以知道，經過合成後的電路是正確的。

行為模式層次 behavior mode

行為模式的描述風格就如同一般的高階語言一樣 (尤其像 C 語言)，當我們在設計一個電路模組時，只要將電路的實際動作狀況 (即行為模式)，以 verilog 語言描述出來即可，它與電路所使用硬體元件的物理特性毫無關係，設計師只要找尋解決問題的演算法，根本不需要太多的硬體基礎，很適合拿來設計複雜的大型電路模組，而其缺點為合成器所合成的電路會佔用較大的晶片面積，效率較不理想，詳細狀況請參閱下面的範例。

範例	檔名：MUL4_1_BEHAVIOR_MODE

於 verilog 語言中，反相閘、及閘、或閘的位元運算符號依序為 "~"、"&"、"|"，試以行為模式描述的風格，設計一個 1 位元 4 對 1 多工器。

1. 方塊圖：

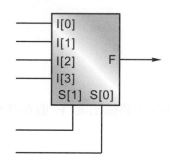

2. 布林代數：

當 $S = 0$，$F = I[0]$
$\quad S = 1$，$F = I[1]$
$\quad S = 2$，$F = I[2]$
$\quad S = 3$，$F = I[3]$

$$F = \overline{S[1]}\ \overline{S[0]}\ I[0] + \overline{S[1]}\ S[0]\ I[1] + S[1]\ \overline{S[0]}\ I[2] + S[1]\ S[0]\ I[3]$$

原始程式 (source program)：

```
1  /***************************
2   *  4 to 1 multiplexer     *
3   *  using behavior mode    *
4   *  Filename : MUL4_1.v    *
5   ***************************/
6
7  module MUL4_1(I, S, F);
8
```

```
 9    input   [3:0] I;
10    input   [1:0] S;
11    output F;
12
13    reg F;
14
15    always @(I or S)
16      F = ~S[1] & ~S[0]  & I[0] |
17          ~S[1] &  S[0]  & I[1] |
18           S[1] & ~S[0]  & I[2] |
19           S[1] &  S[0]  & I[3];
20
21    endmodule
```

功能模擬 (function simulation)：

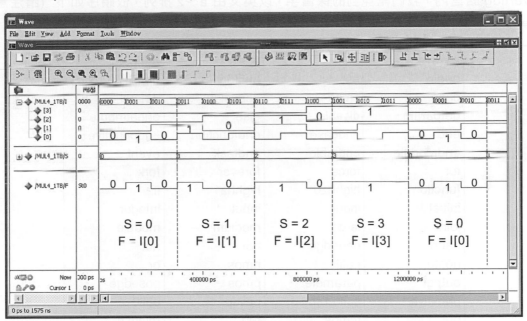

從上面功能模擬的電位可以知道，經過合成後的電路是正確的。

1-12　識別字與保留字

不論是前面所介紹的模組(module)、輸入埠 (input)、輸出埠 (output)、輸入輸出埠 (inout)、接線 (wire)、暫存器 (reg)；或是往後所要介紹的任務 (task)、函數

(function)……等都有自己的名稱，這些由設計師所命名的名稱我們稱之為識別字 (identifier)；反之凡是系統所使用的名稱 (如邏輯閘、資料流、行為模式……等指令敘述) 我們稱它為保留字 (reversed word)，由於這些名稱 (幾乎都是小寫) 系統已經使用過，因此設計師所採用的識別字，絕對不可以跟它們完全相同，於 verilog 語言中，一個識別字的命名必須要有下面幾點的限制：

1. 只能是英文 (A～Z 或 a～z)、數字 (0～9)、底線 (_) 或錢號 ($)。
2. 第一個字必須為英文或底線。
3. 不可以為保留字，但保留字可以是名稱的一部分。
4. 英文大小寫所代表的意義不同。
5. 選用有意義的名稱 (提高可讀性)。

於 verilog 語言內，我們常見到的保留字，以英文由 a～z 排列，依順序如下 (請注意！皆為英文小寫)：

always	and	assign	attribute
begin	buf	bufif0	bufif1
case	cmos	deassign	default
defparam	disable	else	endattribute
end	endcase	endfunction	endprimitive
endmodule	endtable	endtask	event
for	force	forever	fork
function	highhz0	highhz1	if
initial	inout	input	integer
join	large	medium	module
nand	negedge	nor	not
notif0	notif1	nmos	or
output	parameter	pmos	posedge
primitive	pulldown	pullup	pull0
pull1	rcmos	reg	release
repeat	rnmos	rpmos	rtran
rtranif0	rtranif1	scalared	small
specify	specparam	strong0	strong1
supply0	supply1	table	task
tran	tranif0	tranif1	time
tri	triand	trior	trireg
tri0	tri1	vectored	wait
wand	weak0	weak1	while
wire	wor		

第一章　自我練習與評量

1-1　數位邏輯電路的發展過程為何？

1-2　晶片規劃可經由那四種方式完成。

1-3　用來規劃電路的可程式化邏輯裝置(PLD)，依內部結構可分成那兩大類？

1-4　目前最常用的兩種硬體描述語言是什麼？

1-5　晶片設計的流程為何？

1-6　何謂電路合成？

1-7　何謂功能模擬？

1-8　何謂電路圖設計方式？

1-9　使用硬體描述語言設計電路的優點為何？

1-10　verilog 語言對外連接埠，依工作方向可分為幾種？它們的保留字為何？

1-11　verilog 語言的註解欄可分為幾種？

1-12　下面連接埠敘述所代表電路的意義為何？

```
input   CLK, RESET, LOAD;
output [3:0]Q;
```

1-13　下面連接埠敘述所代表電路的意義為何？

```
input   DIN;
input   [1:0]S;
output  [3:0]Y;
```

1-14　電路名稱為 UP_DOWN_COUNTER，方塊圖如下，請以 verilog 語言進行宣告。

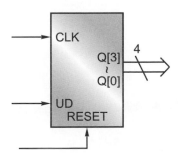

1-15 電路名稱為 DECODER，方塊圖如下，請以 verilog 語言進行宣告。

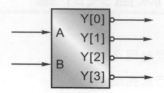

1-16 verilog 語言有哪四種描述風格？

1-17 verilog 語言資料表示法可以用何種進制表示？它們各自的保留字為何？

1-18 verilog 語言的識別字有哪些限制？

1-19 何謂識別字與保留字？

第一章　自我練習與評量解答

1-1　數位邏輯電路設計的發展過程可以分成下面五個階段：

1. 小型積體電路 SSI。

2. 中型積體電路 MSI。

3. 大型積體電路 LSI。

4. 超大型積體電路 VLSI。

5. 極大型積體電路 ULSI。

1-3　用來規劃電路的可程式化邏輯裝置 (PLD)，依內部結構可以分成下面兩大類：

1. AND＋OR 結構。

2. FPGA 記憶體結構。

1-5　晶片設計的流程如下：

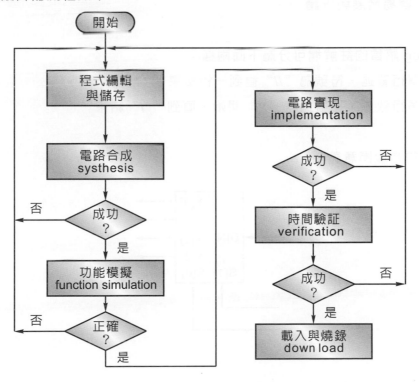

1-7 所謂的功能模擬就是將合成器所合成出來的邏輯控制電路進行功能測試，以便了解電路的功能是否符合我們的要求 (注意！此處並不考慮電路內部的延遲時間)，而其測試流程是以檔案方式儲存所要測試電路的輸入電位，模擬器會依順序將它們加入邏輯控制電路，並將其輸出結果建立檔案儲存或顯示在螢幕上供設計師判別，其狀況下如：

1-9 以硬體描述語言 HDL 設計電路的優點為：

1. 簡單易學。

2. 與硬體製程無關。

3. 電路可以分工平行設計。

4. 電路容易擴展。

5. 容易發展與維護。

1-11 verilog 語言的註解欄可分為下面兩種：

1.單行敘述，符號為 "//" 直到一行結束。

2.多行敘述，符號為以 "/*" 開始，直到 "*/" 結束。

1-13 電路的方塊圖意義為：

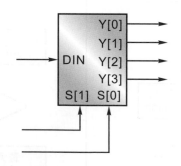

1-15　其宣告方式如下：

```
module DECODER(A, B, Y);

   input   A, B;
   output [3:0] Y;
```

1-17　verilog 語言資料表示法可以有：

二進制，保留字為 B 或 b。

八進制，保留字為 O 或 o。

十六進制，保留字為 H 或 h。

十進制，保留字為 D 或 d 或省略 (機定值)。

1-19　凡是系統所使用的名稱皆稱為保留字 (reversed word) 或關鍵字 (keyword)，
使用者自行命名的名稱皆稱為識別字 (identifier)。

可以用於電路合成的 verilog 運算

2-1 持續指定 continuous assignment

在每一種語言程式中，我們時常會看到各式各樣的表示式 (expression)，這些表示式通常是由或多或少的運算元 (operand) 與運算子 (operator) 所組合而成，其中運算元指的是用來運算的對象，運算子指的是對運算元所要執行的運算工作，譬如 F = A + B 就是一個表示式，其中 A 與 B 就是運算元；+ 就是運算子，而其動作為將右邊的 A 加上 B 所產生的結果指定給左邊的 F，於 verilog 語言中，系統所提供的運算子，依其運算特性可以分成下面幾大類：

1. 算術運算 (arithmetic)。
2. 移位運算 (shift)。
3. 邏輯位元運算 (logical bitwise)。

4.　邏輯精簡運算　(logical reduction)。

5.　關係運算　(relation)。

6.　邏輯事件運算　(logical event)。

7.　條件運算　(condition)。

8.　連結與複製運算　(concatenation and duplicate)。

當上述運算子在執行運算時，依它們所需要的運算元數量，可以分成下面三大類：

1.　單一運算子 unary operator，如 -data、~A……等。

2.　二元運算子 binary operator，如 A & B、A ^ B……等。

3.　三元運算子 ternary operator，如 F = SEL ? A : B……等。

請注意！於 verilog 語言中，系統所提供的運算子 (operator) 與一般語言最大的不同點為，這些運算子大部分都可以經由合成器，合成出它們所要執行的硬體電路，譬如運算子加 "+" 就會被合成出一個實際的加法器 (adder)、乘 "*" 就會被合成出一個實際的乘法器……等，這些現象我們後面都會有詳細的範例與說明。在還沒有敘述它們之前，我們先來介紹 "持續指定" 敘述，其保留字為 "assign"，於資料流 (data flow) 描述風格內，我們時常會用它來驅動某個訊號到 wire、wand、wor 或 tri 上，本敘述最常用且最基本的語法如下：

> **assign**　*表示式*;

它是將一個經過運算後的訊號 (表示式右邊)，以 "持續指定 assign" 的敘述，直接指定給某一接線 wire (表示式左邊)，因此表示式右邊的電位發生改變時，於表示式左邊接線上的訊號會 "立刻" 產生變化 (不像 "always" 敘述需要有額外的感應列訊號來觸發驅動，這就是為什麼 assign 敘述不可以放在由 always 敘述所帶領區塊敘述之內的原因，其詳細狀況請參閱後面的說明)，因此當合成器進行電路合成時，絕對不會出現具有正反器 (f/f) 或栓鎖 (latch) 等記憶元件的硬體電路，講明白一點就是持續指定敘述 "assign" 只會合成出組合電路，在表示式左邊的資料型態只能是接線 wire、wand、wor、tri；表示式右邊的資料型態可以是接線 wire 或暫存器 reg。當我們以持續指定 "assign" 直接做訊號的指定時，如果表示式兩邊運算元的位元長度不相同時：

1.　右邊的位元長度比左邊的位元長度短時，則右邊運算元的長度將擴充到與左邊的位元長度等長。

2. 右邊的位元長度比左邊的位元長度長時，則右邊運算元的較高位元部分會被截掉。

底下我們就舉個範例來說明持續指定 "assign" 的語法與特性。

| 範例 | 檔名：HALF_ADDER_ASSIGN_WIRE |

於 verilog 語言中，邏輯位元運算及閘與互斥或閘的符號依次為 "&" 與 "^"，試以持續指定 assign 敘述設計一個半加器。

1. 描述：　　2. 方塊圖：　　　　　3. 真值表：　　　4. 布林代數：

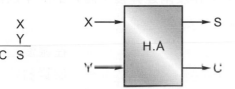

X	Y	S	C
0	0	0	0
0	1	1	0
1	0	1	0
1	1	0	1

$S = \bar{X}Y + X\bar{Y}$
$\quad = X \oplus Y$
$C = XY$

原始程式 (source program)：

```
1  /****************************
2  *        half adder        *
3  *    using assign (wire)   *
4  *  Filename : HALF_ADDER.v *
5  ****************************/
6
7  module HALF_ADDER(X, Y, C, S);
8
9    input  X, Y;
10   output C, S;
11
12   wire X, Y, C, S;
13
14   assign S = X ^ Y;
15   assign C = X & Y;
16
17 endmodule
```

重點說明：

1. 行號 7～10 所代表的意義為：

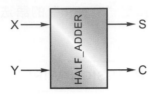

2. 行號 12 宣告 X、Y、C、S 的資料型態為接線 wire。
3. 行號 14 將表示式右邊的輸入訊號 X 與 Y 作互斥或運算後，將它的結果以持續指定方式指定給表示式左邊的輸出線 S。
4. 行號 15 將表示式右邊的輸入訊號 X 與 Y 作及閘運算後，將它的結果以持續指定方式指定給表示式左邊的輸出線 C。

功能模擬 (function simulation)

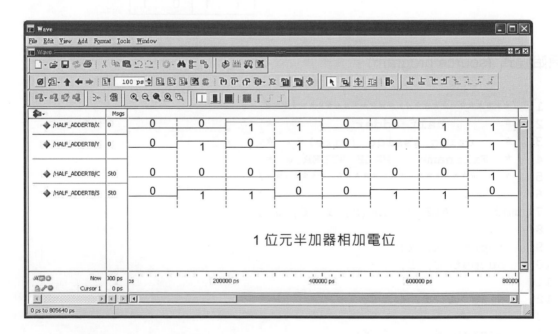

由上面功能模擬的輸入與輸出電位可以知道，系統合成之後的電路是正確的。

合成電路：

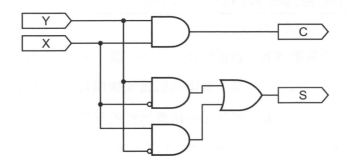

從上面的範例可以發現到，由於表示式的資料型態都是接線 wire，因此系統提供另外一種以接線 wire 取代 assign 的描述方式 (在指定的過程，同時宣告資料型態)，而其基本語法如下：

> **wire** 表示式;

如果我們採用此種方式重新撰寫上述範例的程式時，其內容即如下面所示 (檔名：HALF_ADDER_WIRE)：

原始程式 (source program)：

```
1  /***************************
2   * half adder (using wire)  *
3   * Filename : HALF_ADDER.v  *
4   ***************************/
5
6  module HALF_ADDER(X, Y, C, S);
7
8    input  X, Y;
9    output C, S;
10
11   wire  S = X ^ Y;
12   wire  C = X & Y;
13
14  endmodule
```

從上面的程式內容可以發現到，我們在行號 11、12 內直接以接線 wire 宣告，並同時執行指定的工作，而其合成的硬體電路與前面範例完全相同，在此不再贅述。

2-2 算術運算 arithmetic

verilog 語言所提供的算術運算，包括負號 " - "、 加 " + "、 減 " − "、 乘 " * "、 除 " / "、 除法取餘數 " % " ……等，其中可以合成實際電路的運算有單一運算子的負號、二元運算子的加、減、乘，如果在一個表示式內同時出現上述的運算子時，它們之間的優先順序為負號 " - " 最高；乘 " * " 次之；加 " + "、 減 " − " 最低，其詳細特性與用法請參閱下面的範例。

範例一	檔名：NEGATIVE_OPERATION

設計一個將 4 位元資料取負號的硬體電路，也就是取 2 的補數電路 (全部反相之後再加 1)。

原始程式 (source program)：

```
1   /********************************
2   *     negative (2's complement)    *
3   *        using  "-"  operator      *
4   *      Filename : COMPLEMENT.v     *
5   ********************************/
6
7   module COMPLEMENT(A, NEGATIVE);
8
9     input  [3:0] A;
10    output [3:0] NEGATIVE;
11
12    assign NEGATIVE = -A;
13
14  endmodule
```

功能模擬 (function simulation)：

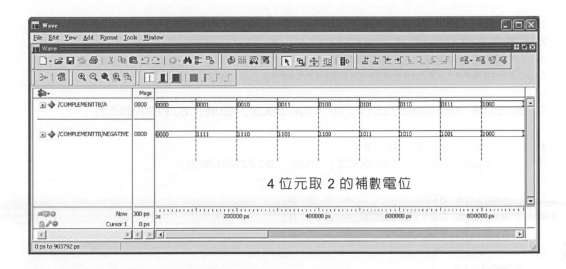

4 位元取 2 的補數電位

從上面功能模擬的輸入與輸出電位可以知道，系統合成之後的電路是正確的。

合成電路：

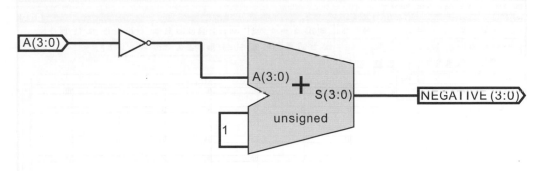

因為電路較複雜，故系統以方塊圖來表達。

範例二	檔名：ARITHMETIC_OPERATION

設計一個將兩筆 4 位元資料分別作加 " + "、 減 " - "、 乘 " * "
運算，並將其結果以八位元輸出的硬體電路。

原始程式 (source program)：

```
1  /****************************
2   *   arithmetic operation   *
3   * Filename : ARITHMETIC.v  *
4   ****************************/
5
6  module ARITHMETIC(A, B, PRODUCT, SUM, DIFFERENCE);
7
8    input  [3:0] A, B;
9    output [7:0] PRODUCT, SUM, DIFFERENCE;
10
11   assign SUM        = A + B;
12   assign DIFFERENCE = A - B;
13   assign PRODUCT    = A * B;
14
15 ndmodule
```

功能模擬 (function simulation)：

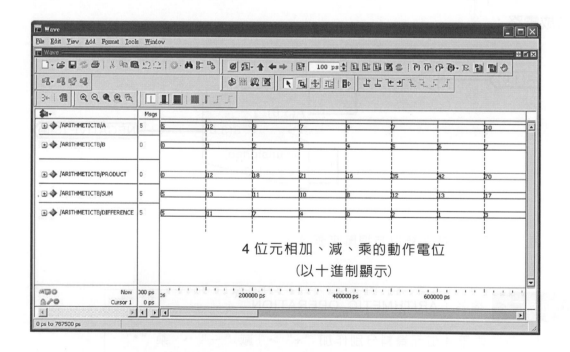

4 位元相加、減、乘的動作電位
(以十進制顯示)

從上面功能模擬的輸入與輸出電位可以看出，系統所合成的硬體電路是正確的。

合成電路：

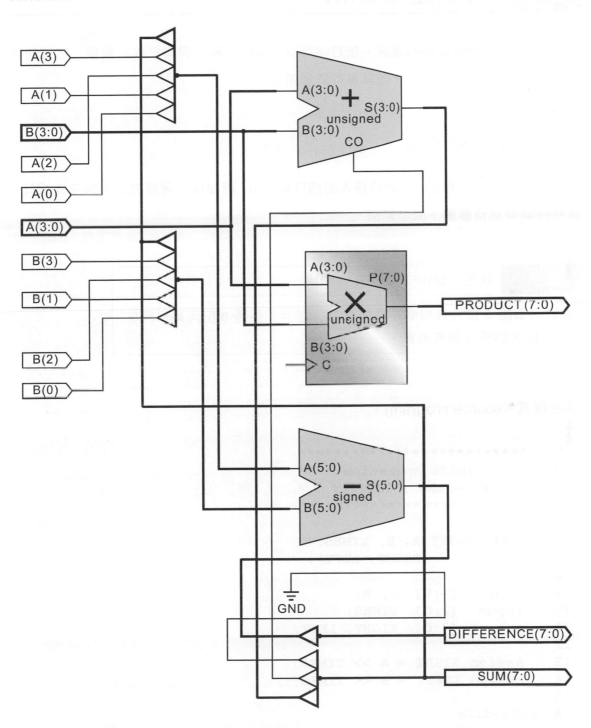

因為電路較複雜，故系統以方塊圖來表達。

2-3 移位運算 shift

verilog 語言所提供的移位運算，依方向可以分成向右移位與向左移位兩種，它們的符號分別為 "`>>`"、"`<<`"，而其基本語法如下：

> 運算元 >> 次數;
> 運算元 << 次數;

不管是向右或向左移位，它們所移入的內容皆為 0，兩種移位運算的優先順序皆相同，其特性與用法請參閱下面的範例。

範例	檔名：SHIFT_OPERATION

設計一個將 8 位元資料向右移位 N 次，以及一個將 8 位元資料向左移位 N 次的移位硬體電路。

原始程式 (source program)：

```
 1  /**************************
 2   *      shift operation    *
 3   *     Filename : SHIFT.v   *
 4   **************************/
 5
 6  module SHIFT(A, B, TIMES,
 7               RIGHT, LEFT);
 8
 9    input   [7:0]  A, B;
10    input   [2:0]  TIMES;
11    output  [7:0]  RIGHT, LEFT;
12
13    assign RIGHT = A >> TIMES;
14    assign LEFT  = B << TIMES;
15
16  endmodule
```

功能模擬 (function simulation)：

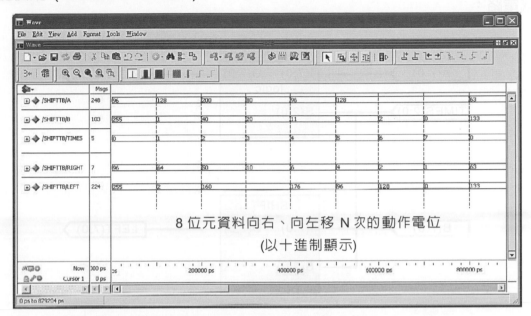

8 位元資料向右、向左移 N 次的動作電位
(以十進制顯示)

從上面功能模擬的輸入與輸出電位可以知道，系統所合成出來的電路是正確的。由於電腦內部為二進制系統，每一個位元的加權為 2，因此當我們把不帶符號的資料向右邊移位一次時代表除以 2，以上面的模擬電位為例：

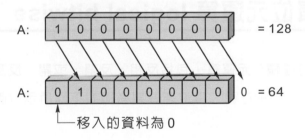

向左邊移位一次時，代表乘以 2，以上面的模擬電位為例：

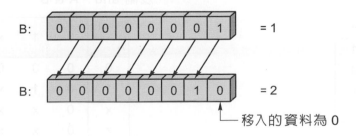

由於乘法器會佔用較大的硬體面積，因此讀者可以善用上述方法來改善。

合成電路：

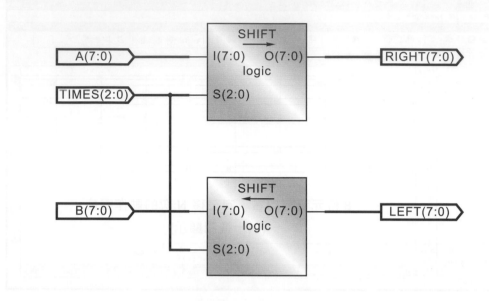

因為電路較複雜，因此系統以方塊圖來表達。

2-4 邏輯位元運算 logical bitwise

verilog 語言所提供的邏輯位元運算，包括反相、及閘、或閘、反及閘、反或閘、互斥或閘、反互斥或閘，它們的符號、電位運算關係即如下面所示 (假設它們只有兩個輸入 A 與 B)：

反相 not：~A

A	F
0	1
1	0
x	x
z	x

及閘 and：A & B

A＼B	0	1	x	z
0	0	0	0	0
1	0	1	x	x
x	0	x	x	x
z	0	x	x	x

或閘 or：A | B

A \ B	0	1	x	z
0	0	1	x	x
1	1	1	1	1
x	x	1	x	x
z	x	1	x	x

反及閘 nand：~(A & B)

A \ B	0	1	x	z
0	1	1	1	1
1	1	0	x	x
x	1	x	x	x
z	1	x	x	x

反或閘：~(A | B)

A \ B	0	1	x	z
0	1	0	x	x
1	0	0	0	0
x	x	0	x	x
z	x	0	x	x

互斥或閘 xor：A ^ B

A \ B	0	1	x	z
0	0	1	x	x
1	1	0	x	x
x	x	x	x	x
z	x	x	x	x

反互斥或閘 xnor：~(A ^ B) 或 (A ^~ B)

A \ B	0	1	x	z
0	1	0	x	x
1	0	1	x	x
x	x	x	x	x
z	x	x	x	x

上述各種邏輯位元運算，它們之間的優先順序依次為反相 ~ 最高；及閘 &、反及閘 ~& 其次；互斥或 ^、反互斥或 ~^ 再其次；或閘 |、反或閘 ~| 最低。

底下我們就舉個範例來說明上述這些邏輯位元運算的特性與用法。

範例	檔名：LOGICAL_BITWISE_OPERATION
以 verilog 語言，設計一個反相器、及閘、或閘、互斥或閘、反及閘、反或閘、反互斥或閘的硬體電路。	

原始程式 (source program)：

```
 1  /*********************************
 2  *    logical bitwise operation   *
 3  *       Filename : BITWISE.v      *
 4  *********************************/
 5
 6  module BITWISE(A, B, NOT_OP, AND_OP,
 7                 OR_OP, XOR_OP, NAND_OP,
 8                 NOR_OP, XNOR_OP);
 9
10   input  A, B;
11   output NOT_OP, AND_OP, OR_OP,
12          XOR_OP, NAND_OP, NOR_OP,
13          XNOR_OP;
14
15  assign NOT_OP  = ~ A;
16  assign AND_OP  =   A & B;
17  assign OR_OP   =   A | B;
18  assign XOR_OP  =   A ^ B;
19  assign NAND_OP = ~(A & B);
20  assign NOR_OP  = ~(A | B);
21  assign XNOR_OP =  (A ^~ B);
22
23  endmodule
```

功能模擬 (function simulation)：

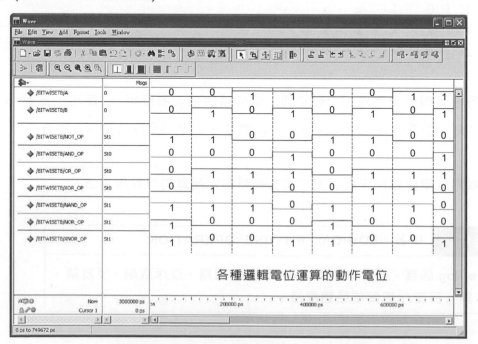

各種邏輯電位運算的動作電位

出上向功能模擬的輸入與輸出電位可以知道，系統所合成的電路是正確的。

合成電路：

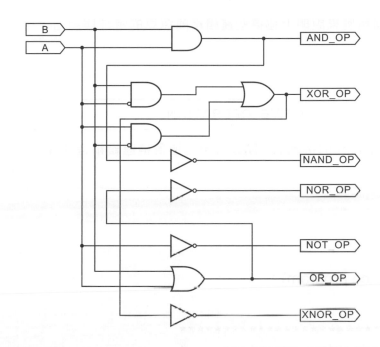

2-5　邏輯精簡運算 logical reduction

所謂邏輯精簡運算 (logical reduction)，就是將指定運算元內，所有位元逐一做某種指定的邏輯位元運算，它的動作與前面所介紹的邏輯位元運算一樣，甚至連符號都相同，而其唯一不同之處為，本運算是針對單一運算元內部的所有位元作運算 (即單一運算子)，而邏輯位元運算是兩個運算元之間作運算，於 verilog 語言中，系統提供邏輯精簡運算的符號及特性如下 (假設運算元為 A，長度為 4 位元，運算結果為 F，長度為 1 位元)：

表示式	代表意義
F = &A	A 運算元的所有位元中，只要有一個為 0，結果 F 就為 0。
F = |A	A 運算元的所有位元中，只要有一個為 1，結果 F 就為 1。
F = ^A	A 運算元的所有位元中，1 的總數為奇數個，結果 F 就為 1。
F = ~&A	A 運算元的所有位元中，只要有一個為 0，結果 F 就為 1。
F = ~|A	A 運算元的所有位元中，只要有一個為 1，結果 F 就為 0。
F = ~^A 　　^~A	A 運算元的所有位元中，1 個總數為偶數個，結果 F 就為 1。

上述各種邏輯精簡運算的優先順序皆相同 (即由左向右)。

底下我們就舉個範例來說明上述這些邏輯精簡運算的特性與用法。

範例	檔名：REDUCTIVE_OPERATION
假設輸入端有 3 位元的接線 A，請設計出上述各種邏輯精選運算的硬體電路。	

原始程式 (source program)：

```
1   /*****************************
2    *    reductive operation    *
3    *  Filename : REDUCTION.v   *
4    *****************************/
5
6   module  REDUCTION(A, AND_OP, OR_OP,
7                     XOR_OP,  NAND_OP,
8                     NOR_OP,  XNOR_OP);
9
10    input   [2:0] A;
11    output AND_OP, OR_OP, XOR_OP,
12           NAND_OP, NOR_OP, XNOR_OP;
13
14    assign AND_OP  =  &A;
15    assign OR_OP   =  |A;
16    assign XOR_OP  =  ^A;
17    assign NAND_OP = ~&A;
18    assign NOR_OP  = ~|A;
19    assign XNOR_OP = ^~A;
20
21  endmodule
```

功能模擬 (function simulation)：

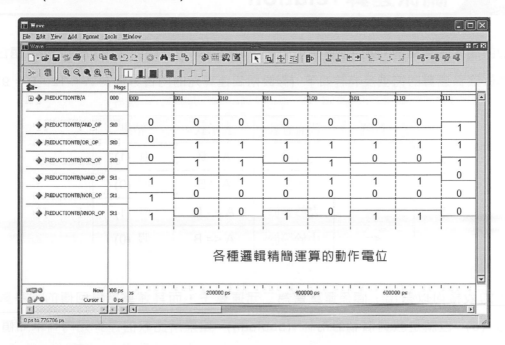

從上面的輸入與輸出電位可以知道，系統所合成的電位是正確的。

合成電路：

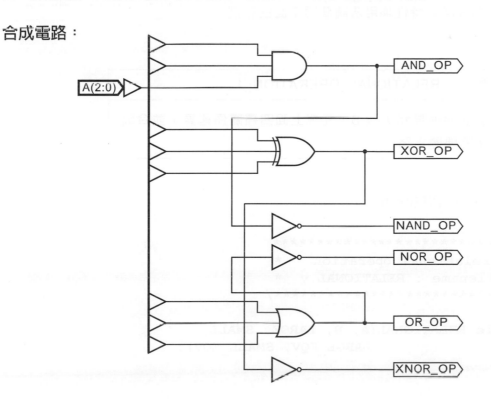

2-6 關係運算 relation

與一般的高階語言相同，關係運算是用來描述兩個運算元之間的關係，於 verilog 語言中，系統提供關係運算的符號及特性如下 (假設兩個運算元的內容分別為 A = 12，B = 9)：

符號	代表意義	表示式	結果
>	大於	A > B	真 (1)
<	小於	A < B	假 (0)
>=	大於等於	A >= B	真 (1)
<=	小於等於	A <= B	假 (0)

從上面的表格可以看出，關係運算皆為二元運算子，而其運算結果回傳的不是真 (1) 就是假 (0)，也就是我們俗稱的布林 (boolean)，如果所比較的運算元內有未知值 x 或高阻抗 z 時，因為無法比較，因此回傳未知值 x，上述四種關係運算的優先順序皆相同 (由左向右)，而其詳細特性與用法請參閱下面的範例。

範例	檔名：RELATIONAL_OPERATION_1

試以兩組 4 位元的運算元 A 與 B，完成上面四種關係運算，並合成出它們所對應的硬體電路。

原始程式 (source program)：

```
1  /*****************************
2   *   relational operation   *
3   * Filename : RELATIONAL.v  *
4   *****************************/
5
6  module RELATIONAL(A, B, LARGE, SMALL,
7                    LARGE_EQV, SMALL_EQV);
```

```
 8
 9   input   [3:0] A, B;
10   output LARGE, SMALL, LARGE_EQV, SMALL_EQV;
11
12   assign LARGE     = (A > B);
13   assign SMALL     = (A < B);
14   assign LARGE_EQV = (A >= B);
15   assign SMALL_EQV = (A <= B);
16
17 endmodule
```

功能模擬 (function simulation)：

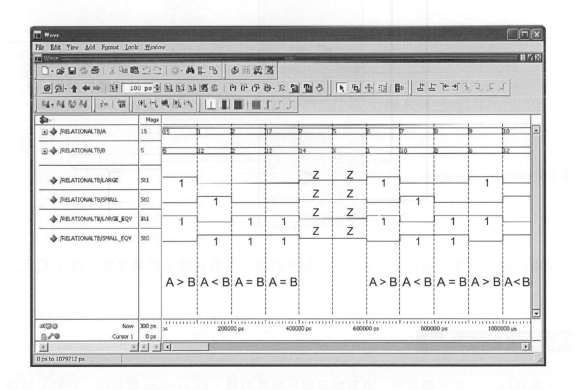

從上面輸入與輸出的電位可以看出，系統所合成的電路是正確的。

2-19

合成電路：

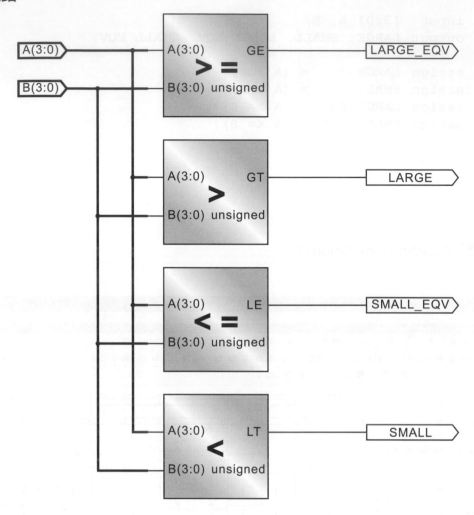

因為電路較為複雜，因此系統皆以方塊圖來表達，而其實際電路請參閱後面 1 位元比較器。

相等與不相等運算

關係運算除了上述四種之外，還有相等與不相等兩種，於 verilog 語言中，它們又被區分成狹義的相等 (= =)、不相等 (!=) 與廣義的相等 (= = =)、不相等 (! = =)，此兩種運算最大的差別為對於 x 或 z 電位的處理方式，當狹義的相等、不相等運算在進行兩個運算元位元資料的逐一比對時，如果遇到 x 或 z 電位時，它會回傳一個未知值 x (除非前面位元比較時，資料的大小已經確立)，廣義的相等、不相等的資料比較過程，它會處理未知值 x 與 z 電位的比對，因此當資料比較完畢時，它只會回傳真 (1) 或假 (0) 兩種電位 (參閱後面範例的敘述)，狹義與廣義運算的符號與特性即如下表所示 (兩個運算元的內容 A = 10xz，B = 10xz)：

項目	符號	結果
狹義的相等	= =	x
狹義的不相等	! =	x
廣義的相等	= = =	1
廣義的不相等	! = =	0

上面四種運算的優先順序皆相同，但比前面所介紹 >、<、>=、<= 的優先順序低，其詳細特性與用法請參閱下面的範例。

範例	檔名：RELATIONAL_OPERATION_2

試以兩組 4 位元的運算元 A 與 B，完成上面四種關係運算，並詳細觀察它們合成之後的硬體電路。

原始程式 (source program)：

```
1   /***************************
2    *    relational operation    *
3    *  equality, not equality   *
4    *   Filename : RELATIONAL.v *
5    ***************************/
6
7   module RELATIONAL(A, B, EQV, NOT_EQV,
8                     CEQV, CNOT_EQV);
9
10    input  [3:0] A, B;
11    output EQV, NOT_EQV, CEQV, CNOT_EQV;
12
```

```
13    assign EQV       = (A == B);
14    assign NOT_EQV   = (A != B);
15    assign CEQV      = (A === B);
16    assign CNOT_EQV  = (A !== B);
17
18  endmodule
```

功能模擬 (function simulation)：

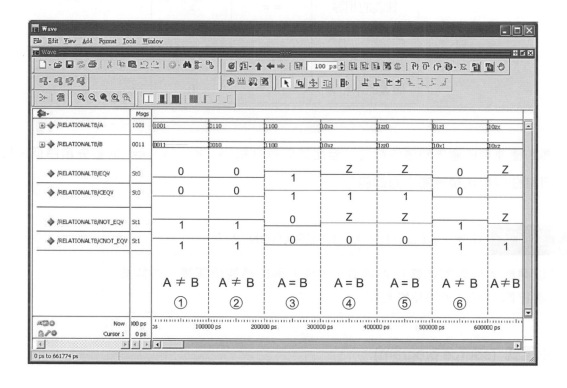

於上面的輸入與輸出電位中：

1. ①～② 的電位為 A ≠ B。

2. ③ 的電位為 A = B。

3. ④～⑤ 的電位，由於在遇到 x 或 z 電位之前，無法明確判別它們是否不相等，因此狹義的相等與不相等皆回傳未知值 x，廣義的相等回傳真 (1)、不相等則回傳假 (0)。

4. ⑥ 的電位，由於在遇到 x 或 z 電位之前已明確判別出 A ≠ B，因此不管廣義或狹義的比較，不相等則回傳真 (1)，相等則回傳假 (0)。

合成電路：

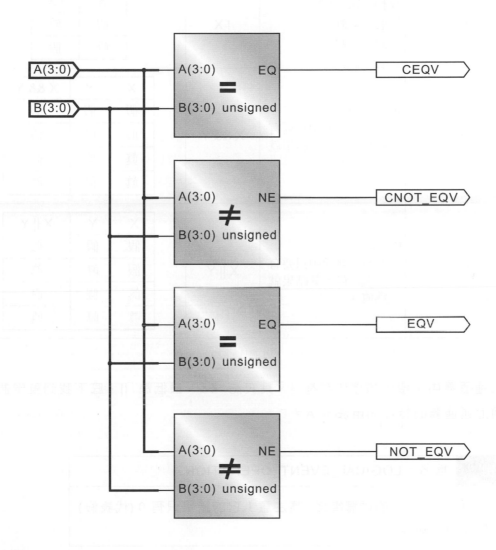

2-7　邏輯事件運算 logical event

邏輯事件運算通常是用來連結兩個以上關係運算的結果 (布林的真、假)，以便做一些更複雜的條件判斷，於 verilog 語言中，系統所提供邏輯事件運算的符號與特性即如下表所示 (假設目前有兩個關係運算的結果 X 與 Y)：

邏輯運算子符號	代表意義	運算式	執行結果
!	反相 not 運算： 假 → 眞 眞 → 假	!X	<table><tr><td>X</td><td>!X</td></tr><tr><td>假</td><td>眞</td></tr><tr><td>眞</td><td>假</td></tr></table>
&&	and 運算： 所有運算元中只要有一個爲假，其結果就爲假。	X && Y	<table><tr><td>X</td><td>Y</td><td>X && Y</td></tr><tr><td>假</td><td>假</td><td>假</td></tr><tr><td>假</td><td>眞</td><td>假</td></tr><tr><td>眞</td><td>假</td><td>假</td></tr><tr><td>眞</td><td>眞</td><td>眞</td></tr></table>
||	or 運算： 所有運算元中只要有一個爲眞，其結果就爲眞。	X || Y	<table><tr><td>X</td><td>Y</td><td>X || Y</td></tr><tr><td>假</td><td>假</td><td>假</td></tr><tr><td>假</td><td>眞</td><td>眞</td></tr><tr><td>眞</td><td>假</td><td>眞</td></tr><tr><td>眞</td><td>眞</td><td>眞</td></tr></table>

上述三種運算中，優先順序依次為 !、其次為 &&、最低為 ||，底下我們就舉個範例來說明上述運算的特性與用法。

範例	檔名：LOGICAL_EVENT_OPERATION

觀察下面程式合成後的硬體電路，請注意！它的結果只有 0 (代表假) 與 1 (代表眞) 兩種。

原始程式 (source program)：

```
1  /*****************************
2   * logical event operation  *
3   *  Filename : LOGICAL.v     *
4   *****************************/
5
6  module LOGICAL(A, B, C, NOT_OP,
```

```
 7                 AND_OP, OR_OP);
 8
 9    input   [3:0] A, B, C;
10    output NOT_OP, AND_OP, OR_OP;
11
12    assign NOT_OP = !A;
13    assign AND_OP = (A > B) && (A < C);
14    assign OR_OP  = (A > B) || (A < C);
15
16  endmodule
```

功能模擬 (function simulation)：

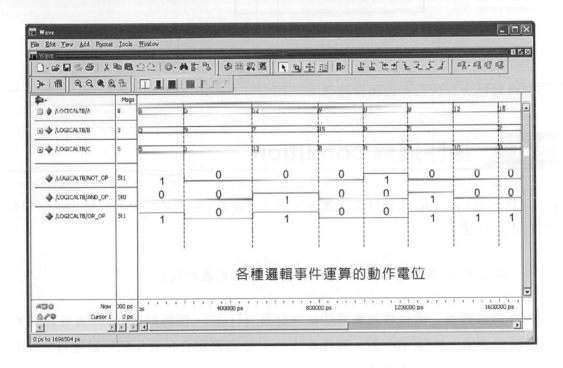

各種邏輯事件運算的動作電位

從上面輸入與輸出的電位可以知道，系統所合成的電路是正確的。

合成電路：

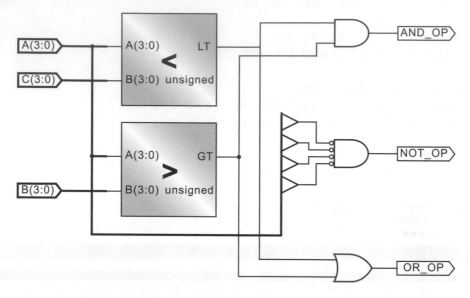

電路較複雜部分系統以方塊圖來表達。

2-8 條件運算 condition

與 C 語言一樣，verilog 也提供三元運算子的條件運算，它們所採用的符號也完全相同，而其基本語法如下：

> 設定值 = 條件運算式 ? 真的表示式 : 假的表示式;

它所代表的意義為，當條件運算式的結果為真 (1) 時，則將問號 "?" 後面真的表示式指定給設定值；為假 (0) 時，則將冒號 ":" 後面假的表示式指定給設定值，如果我們以流程圖來表示時，其狀況如下：

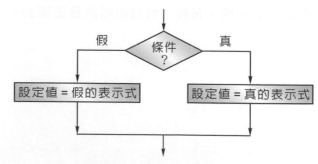

而其詳細特性與用法請參閱底下的範例。

範例	檔名：CONDITIONAL_OPERATION

試以條件運算 "？:" 設計一個三個輸入的及閘，並觀察合成之後的
硬體電路。

原始程式 (source program)：

```
1  /****************************
2   *    conditional operation    *
3   *     using  ?:  operator     *
4   *  Filename : CONDITION.v   *
5   ****************************/
6
7  module CONDITION(A, B, C, F);
8
9    input   A, B, C;
10   output  F;
11
12   assign F = (A & B & C) ? 1'b1 : 1'b0;
13
14 endmodule
```

重點說明：

行號 12 內，當輸入電位 A、B、C 皆為高電位 1 時，輸出端 F 為高電位 1；當 A、B、
C 電位中有一個為低電位 0 時，輸出端 F 為低電位 0。

功能模擬 (function simulation)：

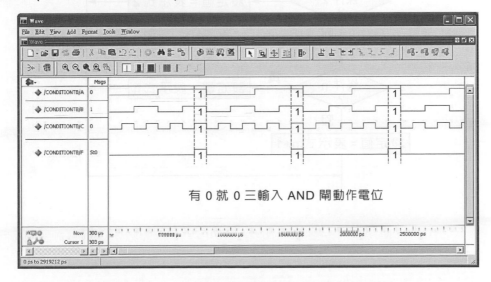

有 0 就 0 三輸入 AND 閘動作電位

從上面的輸入與輸出電位可以知道，系統所合成的電路是正確的。

合成電路：

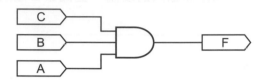

我們也可以利用巢狀的條件運算來實現所要完成的硬體電路，而其基本語法如下：

設定值 = 條件運算1 ? 真的表示式1 :
　　　　 條件運算2 ? 真的表示式2 :
　　　　　　　　　⋮
　　　　 條件運算n ? 真的表示式n :
　　　　　　　　　表示式n + 1 ;

如果我們以流程圖來表示時，其狀況如下：

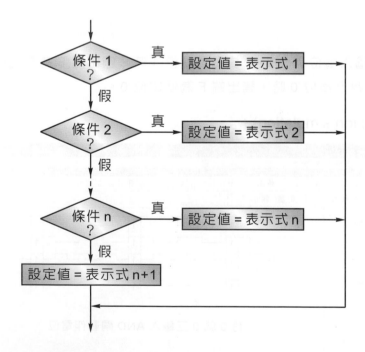

由上面流程圖可以看出：

1. 當條件運算 1 的結果為真時，則將真的表示式 1 指定給設定值，為假時則繼續往下判斷。

2. 當條件運算 2 的結果為真時，則將真的表示式 2 指定給設定值，為假時則繼續往下判斷。

3. 重覆執行上述動作。

4. 上述條件運算的結果皆為假時，則將表示式 n+1 指定給設定值。

5. 由於比對方式是由上往下逐一執行，因此巢狀條件運算具有優先順序的特性。

其詳細的特性與用法，請參閱底下的範例。

範例	檔名：CONDITIONAL_NEST_PRIORITY

檢視下面巢狀條件運算程式，並留意其合成後的硬體具有優先順序的特性。

原始程式 (source program)：

```
1   /*******************************
2    * priority condition ?: nest   *
3    *  Filename : PRIORITY.v        *
4    *******************************/
5
6   module PRIORITY(A, B, C, X, Y, F);
7
8     input  A, B, C, X, Y;
9     output F;
10
11    assign F = (X == 1'b1) ? A :
12               (Y == 1'b1) ? B :
13                             C ;
14
15  endmodule
```

重點說明：

1. 行號 11 所代表的意義為，當輸入接線 X 的輸入電位：

    (1) 為高電位時，則將輸入電位 A 指定給輸出接線 F，合成後的硬體電路為 (優先順序最高)：

    (2) 不為高電位 1 時則往下判斷。

2. 行號 12 所代表的意義為，當輸入接線 X 的輸入電位不為高電位，而 Y 的輸入電位 (優先順序比 X 低)：

    (1) 高電位 1 時，則將輸入電位 B 指定給輸出接線 F，合成後的硬體電路為：

    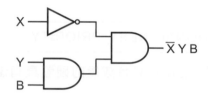

    (2) 不為高電位 1 時則往下執行。

3. 行號 13 所代表的意義為，當輸入接線 X 與 Y 都不為高電位時 (優先順序比 X、Y 低)，則將輸入電位 C 指定給輸出接線 F，合成後的硬體電路為：

    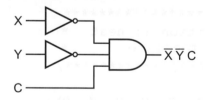

4. 於輸出接線 F 的電位為上述三種電位的全部 (以 OR 閘連接)，它們所對應的布林代數為：

$$F = XA + \overline{X}YB + \overline{X}\overline{Y}C$$

因此合成後的等效電路內容如下：

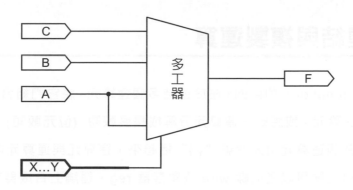

從上面的硬體電路可以發現到，系統合成後的硬體電路為一個 4 對 1 的多工器，輸入線 X、Y 為它的兩條選擇線，其動作狀況即如下面的真值表所示：

X	Y	F
0	0	C
0	1	B
1	0	A
1	1	A

1. 只要選擇線 X = 1，輸出 F = A。
2. 當 X = 0，且 Y = 1，輸出 F = B。
3. 當 X 與 Y 皆為 0，輸出 F = C。

功能模擬 (function simulation)：

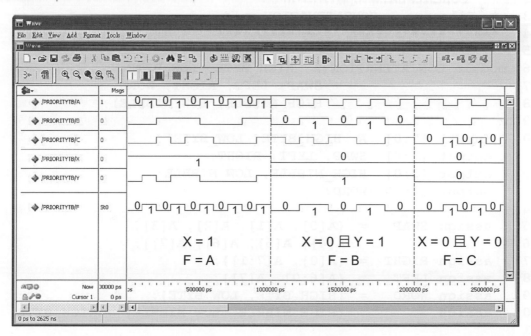

從上面輸入與輸出的電位可以知道，系統合成後的電路是正確的。

2-9　連結與複製運算

連結運算 (concatenation) 的目的,在於連結多個運算元,將它們組合成長度更長 (位元更長) 的單一運算元;或將單一運算元分解成長度較短 (位元較短) 的多個運算元,在語法上它是將數個運算元用大括號 "{ }" 括起來,運算元與運算元中間以逗號 ","隔開,它們的資料型態可以是接線 wire 或暫存器 reg,理論上合成器對於接線型 wire的連結運算 (只是將接線合併或拆解),並不會合成出邏輯電路,其詳細特性請參閱下面的範例。

範例	檔名:CONCATENATE_OPERATION
說明下面程式所描述接線的連結狀況。	

原始程式 (source program):

```
1   /*******************************
2    *   concatenate operation      *
3    *  Filename : CONCATENATION.v  *
4    *******************************/
5
6   module CONCATENATION(A, HIGH_BYTE, LOW_BYTE,
7                        SWAP, LEFT, RIGHT, WORD,
8                        HIGH_NIBBLE, LOW_NIBBLE);
9
10    input   [7:0]  A, HIGH_BYTE, LOW_BYTE;
11    output  [7:0]  SWAP, LEFT, RIGHT;
12    output  [3:0]  HIGH_NIBBLE, LOW_NIBBLE;
13    output  [15:0] WORD;
14
15    assign SWAP   =  {A[0], A[1], A[2], A[3],
16                      A[4], A[5], A[6], A[7]};
17    assign RIGHT  =  {A[0], A[7:1]};
18    assign LEFT   =  {A[6:0], A[7]};
19    assign WORD   =  {HIGH_BYTE, LOW_BYTE};
20    assign           {HIGH_NIBBLE, LOW_NIBBLE} = HIGH_BYTE;
21
22  endmodule
```

重點說明：

1. 行號 15 的硬體接線狀況如下：

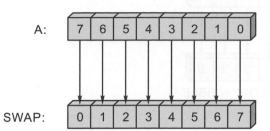

2. 行號 17 的硬體接線狀況如下：

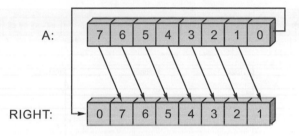

3. 行號 18 的硬體接線狀況如下：

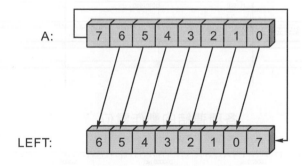

4. 行號 19 的硬體接線狀況如下 (合併)：

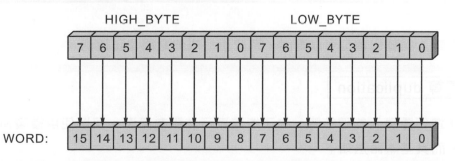

5. 行號 20 的硬體接線狀況如下 (拆解)：

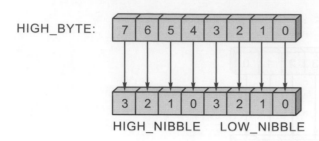

HIGH_BYTE:

7	6	5	4	3	2	1	0

3	2	1	0	3	2	1	0

　　　　HIGH_NIBBLE　　LOW_NIBBLE

功能模擬 (function simulation)：

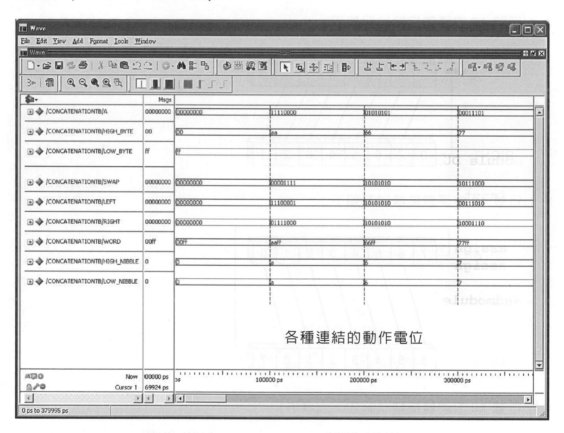

從上面的輸入與輸出電位可以看出，系統所合成的電路是正確的。

複製運算 duplication

當我們在進行運算元的連結時，為了能讓表示法更為簡潔，可以使用複製運算的敘述來完成，而其基本語法如下：

> {n {表示式1, 表示式2, ……}};

它所代表的意義為,將大括號內表示式 1 與表示式 2 …… 的內容複製 n 次,詳細狀況請參閱下面的範例。

範例	檔名:DUPLICATE_OPERATION

說明下面程式所描述接線的複製連結狀況。

原始程式 (source program):

```
1  /****************************
2   *   duplicate operation    *
3   * Filename : DUPLICATION.v *
4   ****************************/
5
6  module DUPLICATION(A, WORD, SIGN_EXTEND);
7
8    input  [7:0]  A;
9    output [15:0] WORD, SIGN_EXTEND;
10
11   assign WORD = {{2{4'h8, 3'o2}}, 2'b00};
12   assign SIGN_EXTEND = {{8{A[7]}}, A};
13
14 endmodule
```

重點說明:

1. 行號 11 的硬體接線狀況如下:

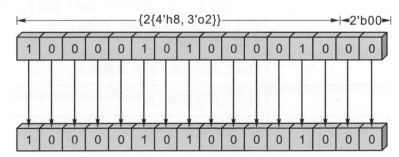

2. 行號 12 的硬體接線狀況如下：

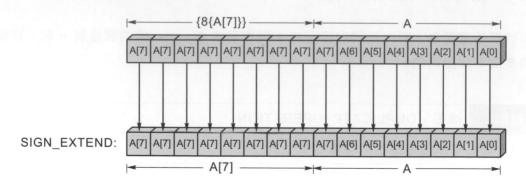

它所代表的意義為，將帶有符號的 8 位元資料 A，以符號擴展的方式將它擴展成帶有符號的 16 位元資料。

2-10 verilog 各種運算的優先順序

正如一般高階語言，當一個表示式內出現各種運算時，就會產生優先順序 (priority) 的問題，如果我們以各種運算的優先順序來分類，由高而低依次為算術運算、關係運算、邏輯運算、條件運算，於 verilog 語言中，各種運算詳細的優先順序，經我們整理後，其表列狀況如下：

運算子	代表意義	優先順序
( )	括號。	1
{ }、{{ }}	連結、複製。	2
+、-、!、~、&、~&、^、~^、|、~|	單一運算正、負，邏輯事件 not，邏輯位元 not，邏輯精簡 and、nand、xor、xnor、or、nor。	3
*、/、%	算術二元運算乘、除、取餘數。	4
+、-	算術二元運算加、減。	5
<<、>>	向左、向右移位運算。	6

< 、 > 、 <= 、 >=	關係運算小於、大於、小於等於、大於等於。	7
== 、 != 、 === 、 !==	關係運算狹義的相等、不相等 關係運算廣義的相等、不相等。	8
& 、 ~&	邏輯位元運算 and、nand。	9
^ 、 ~^	邏輯位元運算 xor、xnor。	10
| 、 ~|	邏輯位元運算 or、nor。	11
&&	邏輯事件運算 and。	12
||	邏輯事件運算 or。	13
?:	二元條件運算。	14

於上面的表格中，優先順序最高的為 1，依次下降最低的為 14，如果同一等級時 (如同樣為 3)，其執行順序為由左而右。

第二章　自我練習與評量

2-1　verilog 語言提供那幾類運算？

2-2　verilog 語言有那些算術運算？

2-3　verilog 語言移位運算的種類與特性為何？

2-4　verilog 語言提供那些邏輯位元運算？

2-5　verilog 語言提供那些邏輯精簡運算？

2-6　verilog 語言提供那些關係運算。

2-7　verilog 語言提供那些邏輯事件運算？

2-8　verilog 語言單行條件運算的語法與特性如何？

2-9　verilog 語言巢狀條件運算的語法與特性如何？

第二章　自我練習與評量解答

2-1　verilog 語言的運算包括：

1. 算術運算　(arithmetic)。

2. 移位運算　(shift)。

3. 邏輯位元運算　(logical bitwise)。

4. 邏輯精簡運算　(logical reduction)。

5. 關係運算　(relation)。

6. 邏輯事件運算　(logical event)。

7. 條件運算　(condition)。

8. 連結與複製運算　(concatenation and duplicate)。

2-3　verilog 語言的移位運算包括：

向右移位：>>，如 A >> 1，移位一次代表除以 2。

向左移位：<<，如 A << 1，移位一次代表乘以 2。

2-5　verilog 語言提供的邏輯精簡運算包括：

1. and 　：&，如　&A。

2. or 　：|，如　|A。

3. xor 　：^，如　^A。

4. nand 　：~&，如　~&A。

5. nor 　：~|，如　~|A。

6. nxor 　：~^，如　~^A。

2-7　verilog 語言提供的邏輯事件運算包括：

1. 反相：!，如　!A。

2. and 　：&&，如　(A > B) && (A < C)。

3. or 　：||，如　(A > B) || (A < C)。

2-9　　verilog 語言巢狀條件運算的語法如下：

設定值 ＝ 條件運算 1？ 真的表示式 1：

條件運算 2？ 真的表示式 2：

⋮

條件運算 n？ 真的表示式 n：

表示式 n+1；

其工作流程圖如下：

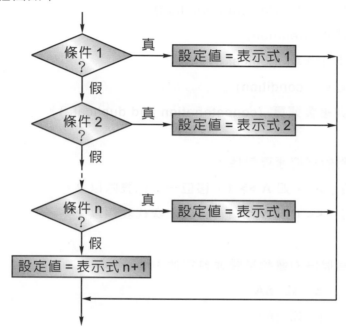

由上面流程圖可以看出，巢狀條件運算的判斷方式是由上而下依順序判別與執
行，因此它具有優先順序的特性。

Chapter 3

資料流描述與組合電路

3-1　共時性與順序性

當電腦在執行高階語言時，它是由程式的最上面依順序 (sequential) 往下執行；用來合成出邏輯控制電路的 verilog 程式就未必如此，那是因為邏輯電路依其特性可以分成：

1.　組合邏輯：共時性 (concurrent)。
2.　序向邏輯：順序性 (sequential)。

於組合邏輯電路中，訊號從輸入端加入時，此訊號就會以平行方式傳送到輸出端，在傳送過程並沒有順序產生，這種特性我們稱之為共時性 (concurrent)；因此用來描述組合邏輯電路的 verilog 語言敘述就必須具備共時性描述的特性，也就是 "在程式中敘述放置的位置 (先後順序) 並不會影響到以後它們所合成的硬體電路"，其狀況請參閱下面兩組敘述：

```
敘述 A：                        敘述 B：
assign X = ~A;                 assign Y = B & C;
assign Y = B & C;             assign Z = C ^ D;
assign Z = C ^ D;             assign X = ~A;
```

於上面兩組敘述中可以發現到，程式的敘述內容皆相同，而其不同之處在於每個敘述的順序，兩組敘述經合成之後的硬體電路皆如下面所示：

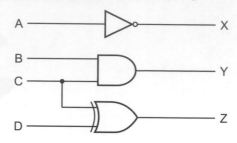

像這種具有 "敘述所放置的順序不會影響到合成之後的硬體架構" 的特性，我們稱之為共時性 (concurrent)，於 verilog 語言中，用來描述組合邏輯電路的敘述大都具備這種特性，這些敘述我們稱之為資料流 (data flow) 的敘述。

於序向邏輯電路內，正反器 (flip flop) 的輸入訊號、重置訊號 (RESET)、預置訊號 (PRESET)、時脈訊號 (CLOCK)……等，它們彼此之間就存在著優先順序；輸入與輸出之間訊號的變化又與時脈控制有關，因此用來描述序向電路的 verilog 語言敘述，除了必須具備順序性的特性之外，它還必須具有處理時脈控制的能力，具有上述這些特性的敘述我們稱之為行為模式 (behavior) 的敘述，它們的語法與特性我們會在第五章內詳細說明。

3-2　以持續指定描述真值表

於第三章內我們曾經討論持續指定 "assign" 敘述的特性與基本語法，設計組合電路最直接的方式就是遵循傳統的電路方式，先繪出所要設計電路的方塊圖，決定輸入埠與輸出埠，列出它們的對應關係 (真值表)，找出它們所對應的布林代數，最後再將布林代數以 verilog 的語法表示出來即可 (不需要化簡，為什麼？腦力激盪一下吧！)，而其詳細狀況請參閱下面幾個範例。

範例一	檔名：DECODER_2_4_HIGH_BOOLEAN

以布林代數持續指定方式，設計一個高態動作的 2 對 4 解碼器電路。

1. 方塊圖：

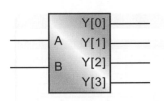

2. 真值表：

A	B	Y[0]	Y[1]	Y[2]	Y[3]
0	0	1	0	0	0
0	1	0	1	0	0
1	0	0	0	1	0
1	1	0	0	0	1

3. 布林代數：

$Y[0] = \overline{A}\,\overline{B}$

$Y[1] = \overline{A}B$

$Y[2] = A\overline{B}$

$Y[3] = AB$

原始程式 (source program)：

```
1    /********************************
2    * 2 to 4 decoder active high   *
3    *        using boolean         *
4    *    Filename : DECODER2_4.v    *
5    ********************************/
6
7    module DECODER2_4(A, B, Y);
8
9      input   A, B;
10     output [3:0] Y;
11
12     assign Y[0] = ~A & ~B;
13     assign Y[1] = ~A &  B;
14     assign Y[2] =  A & ~B;
15     assign Y[3] =  A &  B;
16
17   endmodule
```

重點說明：

我們只是將上述的布林代數以 verilog 的語法表示出來 (行號 12～15)，程式架構很簡
單，請自行參閱前面的敘述。

功能模擬 (function simulation)：

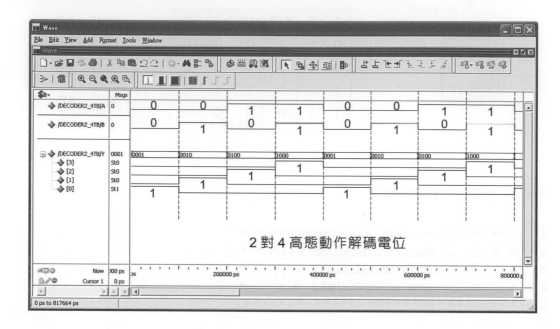

2 對 4 高態動作解碼電位

從上面的輸入與輸出電位可以知道，系統所合成的電路是正確的。

| 範例二 | 檔名：MUL4_1_BOOLEAN |

以布林代數持續指定方式，設計一個 1 位元 4 對 1 的多工器電路。

1. 方塊圖：

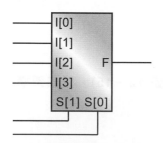

2. 真值表：

S[1]	S[0]	F
0	0	I[0]
0	1	I[1]
1	0	I[2]
1	1	I[3]

3. 布林代數：

$$F = \overline{S[1]}\ \overline{S[0]}\ I[0]\ +$$
$$\overline{S[1]}\ S[0]\ I[1]\ +$$
$$S[1]\ \overline{S[0]}\ I[2]\ +$$
$$S[1]\ S[0]\ I[3]$$

原始程式 (source program)：

```
1   /**************************
2    *     4 to 1 multiplexer    *
3    *        using boolean      *
4    *    Filename : MUL4_1.v    *
5    **************************/
6
7   module MUL4_1(I, S, F);
8
9     input    [3:0] I;
10    input    [1:0] S;
11    output F;
12
13    assign F = ~S[1]  & ~S[0]  & I[0]|
14               ~S[1]  &  S[0]  & I[1]|
15                S[1]  & ~S[0]  & I[2]|
16                S[1]  &  S[0]  & I[3];
17
18  endmodule
```

功能模擬 (function simulation)：

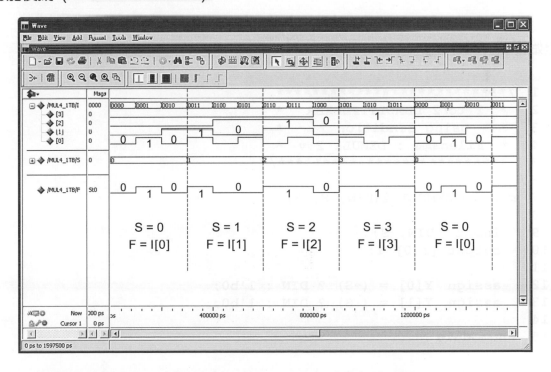

從上面的輸入與輸出電位可以知道，系統所合成的電路是正確的。

3-3　以條件敘述實現組合電路

在第三章內我們討論過三元運算子的條件運算 "?:"，依所要設計電路模組的需要，條件運算可以分成單行敘述的條件運算與多行敘述的巢狀條件運算，於本章節內我們就舉幾個範例來說明它們的特性與用法。

範例一	檔名：DEMUL1_2_CONDITION

以單行的條件敘述，設計一個 1 對 2 解多工器電路。

1. 方塊圖：

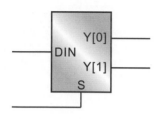

2. 真值表：

S	DIN	Y[0]	Y[1]
0	0	0	0
0	1	1	0
1	0	0	0
1	1	0	1

原始程式 (source program)：

```
1   /************************
2    *  1 to 2 DEMULTIPLEXER  *
3    *    using condition ?:   *
4    *  Filename : DEMUL1_2.v  *
5    ************************/
6
7   module DEMUL1_2(DIN, S, Y);
8
9     input   DIN, S;
10    output [1:0] Y;
11
12    assign  Y[0] = (~S) ? DIN : 1'b0;
13    assign  Y[1] = ( S) ? DIN : 1'b0;
14
15  endmodule
```

重點說明：

1. 行號 12 中，當選擇線 S = 0 時，輸入端 DIN 的電位由輸出端 Y[0] 輸出，選擇線 S = 1 時，則由輸出端 Y[0] 輸出低電位 0。

2. 行號 13 中，當選擇線 S = 1 時，輸入端 DIN 的電位由輸出端 Y[1] 輸出，選擇線 S = 0 時，則由輸出端 Y[1] 輸出低電位 0。

功能模擬 (function simulation)：

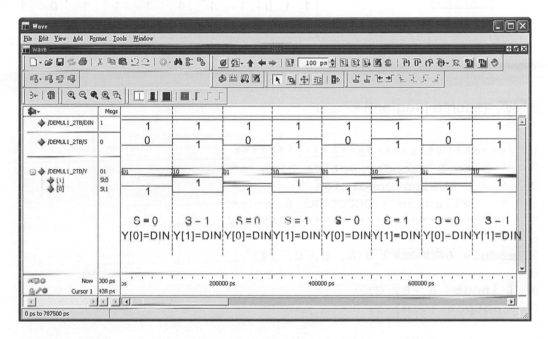

從上面輸入與輸出的電位可以知道，系統所合成的電路是正確的。

範例二	檔名：DECODER3_8_LOW_CONDITION
以單行的條件敘述，設計一個低態動作的 3 對 8 解碼器電路。	

1. 方塊圖：

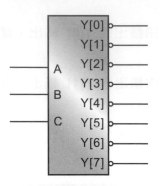

2. 真值表：

A	B	C	Y[0]	Y[1]	Y[2]	Y[3]	Y[4]	Y[5]	Y[6]	Y[7]
0	0	0	0	1	1	1	1	1	1	1
0	0	1	1	0	1	1	1	1	1	1
0	1	0	1	1	0	1	1	1	1	1
0	1	1	1	1	1	0	1	1	1	1
1	0	0	1	1	1	1	0	1	1	1
1	0	1	1	1	1	1	1	0	1	1
1	1	0	1	1	1	1	1	1	0	1
1	1	1	1	1	1	1	1	1	1	0

原始程式 (source program)：

```
1   /*******************************
2   * 3 to 8 decoder active high   *
3   *       using condition ?:     *
4   *    Filename : DECODER3_8.v   *
5   *******************************/
6
7   module DECODER3_8(A, B, C, Y);
8
9     input  A, B, C;
10    output [7:0] Y;
11
12    assign Y[0] = ({A, B, C}  == 3'o0) ? 1'b0 : 1'b1;
13    assign Y[1] = ({A, B, C}  == 3'o1) ? 1'b0 : 1'b1;
14    assign Y[2] = ({A, B, C}  == 3'o2) ? 1'b0 : 1'b1;
15    assign Y[3] = ({A, B, C}  == 3'o3) ? 1'b0 : 1'b1;
16    assign Y[4] = ({A, B, C}  == 3'o4) ? 1'b0 : 1'b1;
17    assign Y[5] = ({A, B, C}  == 3'o5) ? 1'b0 : 1'b1;
18    assign Y[6] = ({A, B, C}  == 3'o6) ? 1'b0 : 1'b1;
19    assign Y[7] = ({A, B, C}  == 3'o7) ? 1'b0 : 1'b1;
20
21  endmodule
```

重點說明：

行號 12～19 中將真值表內輸入與輸出間的對應關係，以單行敘述的 verilog 語法進行
描述，架構十分簡單，請自己參閱前面的敘述。

功能模擬 (function simulation)：

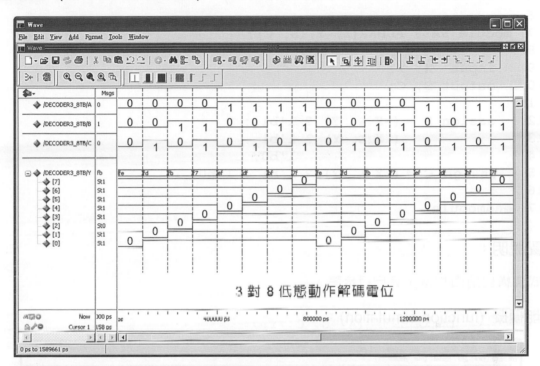

由上面輸入與輸出的電位可以知道，系統所合成的電位是正確的。

範例三	檔名：HALF_ADDER_CONDITION_NEST

以多行的條件敘述，設計一個半加器電路。

1. 方塊圖：

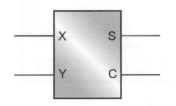

2. 真值表：

X	Y	S	C
0	0	0	0
0	1	1	0
1	0	1	0
1	1	0	1

原始程式 (source program)：

```
1   /********************************
2   *           half adder          *
3   *     using condition ?: nest   *
4   *    Filename : HALF_ADDER.v     *
5   ********************************/
6
7   module HALF_ADDER(X, Y, S, C);
8
9     input  X, Y;
10    output S, C;
11
12    assign S = (~X &  Y) ? 1'b1 :
13               ( X & ~Y) ? 1'b1 :
14                           1'b0;
15    assign C = ( X &  Y) ? 1'b1 : 1'b0;
16
17  endmodule
```

重點說明：

程式架構與前面相似，請自行參閱。

功能模擬 (function simulation)：

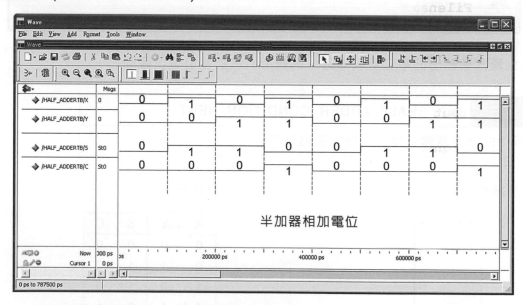

半加器相加電位

從上面輸入與輸出的電位可以知道，系統合成後的電路是正確的。

範例四　檔名：MULTIPLE_DECODER3_5_LOW_CONDITION_NEST

以多行的條件敘述，設計一個低態動作的 3 對 5 多重解碼電路。

1. 方塊圖：

2. 真值表：

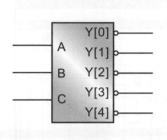

A	B	C	Y[0]	Y[1]	Y[2]	Y[3]	Y[4]
0	0	0	0	1	1	1	1
0	0	1	0	1	1	1	1
0	1	0	1	0	1	1	1
0	1	1	1	1	0	1	1
1	0	0	1	1	0	1	1
1	0	1	1	1	0	1	1
1	1	0	1	1	1	0	1
1	1	1	1	1	1	1	0

原始程式 (source program)：

```
1   /*****************************
2    *  3 to 5 multiple decoder  *
3    *  using condition ?: nest  *
4    *  Filename : DECODER3_5.v  *
5    *****************************/
6
7   module DECODER3_5(A, B, C, Y);
8
9     input  A, B, C;
10    output [4:0] Y;
11
12    assign Y = ((({A, B, C}  == 3'o0)|
13                 ({A, B, C}  == 3'o1))? 5'b11110 :
14                 ({A, B, C}  == 3'o2) ? 5'b11101 :
15                (({A, B, C}  == 3'o3)|
16                 ({A, B, C}  == 3'o4)|
17                 ({A, B, C}  == 3'o5))? 5'b11011 :
18                 ({A, B, C}  == 3'o6) ? 5'b10111 :
19                                        5'b01111 ;
20
21   endmodule
```

重點說明：

行號 12～19 以多行條件敘述 (巢狀) 的方式，分別將輸入電位解碼後指定給它們所對應的輸出 Y，程式極為簡單，不在此贅述。

功能模擬 (function stimulation)：

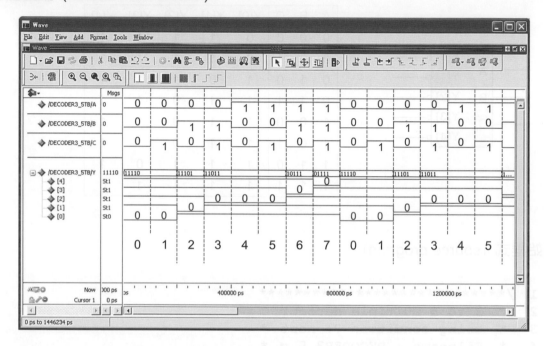

從上面輸入與輸出的電位可以知道，系統合成後的電路是正確的。

3-4 結論

從本章的討論可以知道，當我們要設計一個組合邏輯的模組電路時，可以依真值表中輸入與輸出之間的對應關係，在不需要化簡的情況下：

1. 直接以布林代數描述。
2. 以二選一的單行條件敘述描述。
3. 以多選一的多行條件敘述描述。

如果將這種資料流描述方式與傳統邏輯電路設計過程相比較，除了減少電路化簡的步驟之外實在相差無幾，它們都不適合用來設計電路架構較為複雜、功能較為強大的控制電路。當我們要設計一個架構較為複雜的控制模組時，於第四章內提供了"行為模式描述"的敘述，此種描述方式與一般的中高階語言 (如 C 語言) 十分類似，設計師只需用 verilog 語言描述出所要設計硬體模組的動作狀況 (行為模式)，也就是解決問題的演算法，其詳細內容請參閱第四章的敘述。

第三章　自我練習與評量

3-1　以布林代數持續指定方式，設計一個 3 個人投票機 (兩個人通過就算通過)，其方塊圖及真值表如下：

1. 方塊圖：

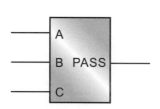

2. 真值表：

A	B	C	PASS
0	0	0	0
0	0	1	0
0	1	0	0
0	1	1	1
1	0	0	0
1	0	1	1
1	1	0	1
1	1	1	1

3-2　以布林代數持續指定方式，設計一個低態動作 2 對 4 的解碼器，其方塊圖及真值表如下：

1. 方塊圖：

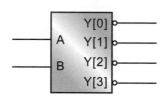

2. 真值表：

A	B	Y[0]	Y[1]	Y[2]	Y[3]
0	0	0	1	1	1
0	1	1	0	1	1
1	0	1	1	0	1
1	1	1	1	1	0

3-3　以布林代數持續指定方式，設計一個 1 位元的 2 對 1 多工器，其方塊圖及真值表如下：

1.　方塊圖：

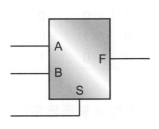

2.　真值表：

S	A	B	F
0	0	0	0
0	0	1	0
0	1	0	1
0	1	1	1
1	0	0	0
1	0	1	1
1	1	0	0
1	1	1	1

3-4　以布林代數持續指定方式，設計一個 1 對 2 解多工器，其方塊圖及真值表如下：

1.　方塊圖：

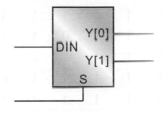

2.　真值表：

S	DIN	Y[0]	Y[1]
0	0	0	0
0	1	1	0
1	0	0	0
1	1	0	1

3-5　以布林代數持續指定方式，設計一個 1 位元的全加器，其方塊圖及真值表如下：

1.　方塊圖：

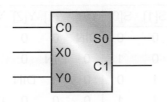

2.　真值表：

C0	X0	Y0	S0	C1
0	0	0	0	0
0	0	1	1	0
0	1	0	1	0
0	1	1	0	1
1	0	0	1	0
1	0	1	0	1
1	1	0	0	1
1	1	1	1	1

3-6　以布林代數持續指定方式，設計一個 1 位元的比較器，其方塊圖及真值表如下：

1. 方塊圖：

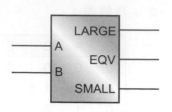

2. 真值表：

A	B	LARGE	EQV	SMALL
0	0	0	1	0
0	1	0	0	1
1	0	1	0	0
1	1	0	1	0

3-7　以布林代數持續指定方式，設計一個低態動作的 3 對 8 解碼器電路，其方塊圖及真值表如下：

1. 方塊圖：

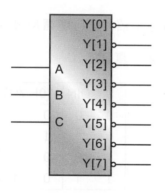

2. 真值表：

A	B	C	Y[0]	Y[1]	Y[2]	Y[3]	Y[4]	Y[5]	Y[6]	Y[7]
0	0	0	0	1	1	1	1	1	1	1
0	0	1	1	0	1	1	1	1	1	1
0	1	0	1	1	0	1	1	1	1	1
0	1	1	1	1	1	0	1	1	1	1
1	0	0	1	1	1	1	0	1	1	1
1	0	1	1	1	1	1	1	0	1	1
1	1	0	1	1	1	1	1	1	0	1
1	1	1	1	1	1	1	1	1	1	0

3-8　以布林代數持續指定方式，設計一個 1 對 4 的解多工器電路，其方塊圖及真值表如下：

1. 方塊圖：

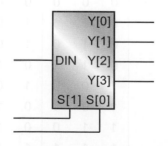

2. 真值表：

S[1]	S[0]	Y[0]	Y[1]	Y[2]	Y[3]
0	0	DIN	0	0	0
0	1	0	DIN	0	0
1	0	0	0	DIN	0
1	1	0	0	0	DIN

3-9　以單行的條件敘述，設計一個低態動作 2 對 4 解碼器電路，其方塊圖及真值表如下：

1.　方塊圖：

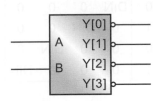

2.　真值表：

A	B	Y[0]	Y[1]	Y[2]	Y[3]
0	0	0	1	1	1
0	1	1	0	1	1
1	0	1	1	0	1
1	1	1	1	1	0

3-10　以單行的條件敘述，設計一個高態動作的 3 對 8 解碼器電路，其方塊圖及真值表如下：

1.　方塊圖：

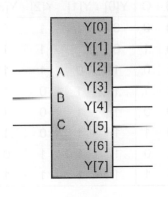

2.　真值表：

A	B	C	Y[0]	Y[1]	Y[2]	Y[3]	Y[4]	Y[5]	Y[6]	Y[7]
0	0	0	1	0	0	0	0	0	0	0
0	0	1	0	1	0	0	0	0	0	0
0	1	0	0	0	1	0	0	0	0	0
0	1	1	0	0	0	1	0	0	0	0
1	0	0	0	0	0	0	1	0	0	0
1	0	1	0	0	0	0	0	1	0	0
1	1	0	0	0	0	0	0	0	1	0
1	1	1	0	0	0	0	0	0	0	1

3-11　以單行的條件敘述，設計一個 1 位元的 2 對 1 多工器電路，其方塊圖及真值表如下：

1.　方塊圖：

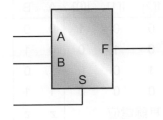

2.　真值表：

S	F
0	A
1	B

3-12 以單行的條件敘述,設計一個 1 對 4 的解多工器電路,其方塊圖及真值表如下:

1. 方塊圖:

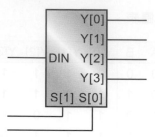

2. 真值表:

S[1]	S[0]	Y[0]	Y[1]	Y[2]	Y[3]
0	0	DIN	0	0	0
0	1	0	DIN	0	0
1	0	0	0	DIN	0
1	1	0	0	0	DIN

3-13 以單行的條件敘述,設計一個低態動作的多重位址解碼器電路,其方塊圖及真值表如下:

1. 方塊圖:

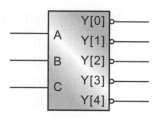

2. 真值表:

A	B	C	Y[0]	Y[1]	Y[2]	Y[3]	Y[4]
0	0	0	0	1	1	1	1
0	0	1	0	1	1	1	1
0	1	0	1	0	1	1	1
0	1	1	1	1	0	1	1
1	0	0	1	1	0	1	1
1	0	1	1	1	0	1	1
1	1	0	1	1	1	0	1
1	1	1	1	1	1	1	0

3-14 以多行的條件敘述,設計一個具有三態輸出的 4 對 2 編碼器電路,其方塊圖及真值表如下:

1. 方塊圖:

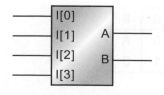

2. 真值表:

I[3]	I[2]	I[1]	I[0]	A	B
0	0	0	1	0	0
0	0	1	0	0	1
0	1	0	0	1	0
1	0	0	0	1	1
其餘電位				z	z

3-15 以多行的條件敘述,設計一個兩組 4 位元的比較器電路,其方塊圖及真值表如下:

1. 方塊圖:

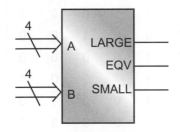

2. 真值表:

A B	LARGE	EQV	SMALL
A > B	1	0	0
A < B	0	0	1
A = B	0	1	0

3-16 以多行的條件敘述,設計一個 BCD 碼對共陽極七段顯示的解碼器電路 (小數點不要亮),其方塊圖及真值表如下:

1. 方塊圖:

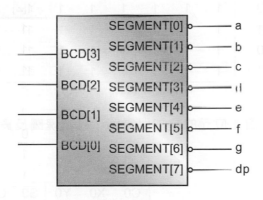

2．真值表：

BCD[3]	BCD[2]	BCD[1]	BCD[0]	dp	g	f	e	d	c	b	a	字型
0	0	0	0	1	1	0	0	0	0	0	0	0
0	0	0	1	1	1	1	1	1	0	0	1	1
0	0	1	0	1	0	1	0	0	1	0	0	2
0	0	1	1	1	0	1	1	0	0	0	0	3
0	1	0	0	1	0	0	1	1	0	0	1	4
0	1	0	1	1	0	0	1	0	0	1	0	5
0	1	1	0	1	0	0	0	0	0	1	0	6
0	1	1	1	1	1	1	1	1	0	0	0	7
1	0	0	0	1	0	0	0	0	0	0	0	8
1	0	0	1	1	0	0	1	0	0	0	0	9
1	0	1	0	1	1	1	1	1	1	1	1	
1	0	1	1	1	1	1	1	1	1	1	1	
1	1	0	0	1	1	1	1	1	1	1	1	
1	1	0	1	1	1	1	1	1	1	1	1	
1	1	1	0	1	1	1	1	1	1	1	1	
1	1	1	1	1	1	1	1	1	1	1	1	

3-17 以多行的條件敘述，設計一個 1 位元的全加器電路，其方塊圖及真值表如下：

1．方塊圖：

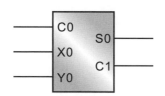

2．真值表：

C0	X0	Y0	S0	C1
0	0	0	0	0
0	0	1	1	0
0	1	0	1	0
0	1	1	0	1
1	0	0	1	0
1	0	1	0	1
1	1	0	0	1
1	1	1	1	1

3-18　以多行的條件敘述，設計一個 1 位元的 4 對 1 多工器電路，其方塊圖及真值表如下：

1.　方塊圖：

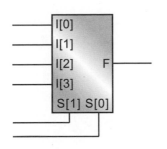

2.　真值表：

S[1]	S[0]	F
0	0	I[0]
0	1	I[1]
1	0	I[2]
1	1	I[3]

3-19　以多行的條件敘述，設計一個 1 位元比較器電路，其方塊圖及真值表如下：

1.　方塊圖：

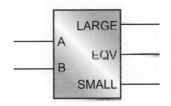

2.　真值表：

A	B	LARGE	EQV	SMALL
0	0	0	1	0
0	1	0	0	1
1	0	1	0	0
1	1	0	1	0

第三章　自我練習與評量解答

3-1　其布林代數為：

$$PASS = \overline{A}BC + A\overline{B}C + AB\overline{C} + ABC$$

原始程式 (source program)：

```
1   /***************************
2    *      voting machine     *
3    *      using boolean      *
4    *    Filename : VOTE.v     *
5    ***************************/
6
7   module VOTE(A, B, C, PASS);
8
9     input  A, B, C;
10    output PASS;
11
12    assign PASS = ~A &   B &   C |
13                   A & ~ B &   C |
14                   A &   B & ~C |
15                   A &   B &   C ;
16
17  endmodule
```

功能模擬 (function simulation)：

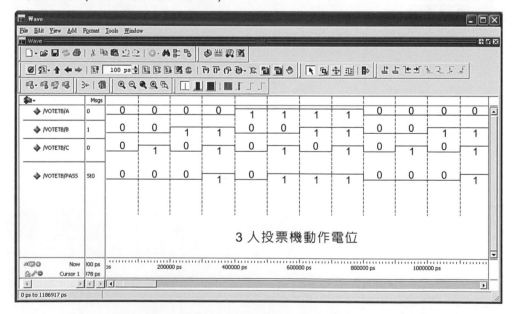

3-3　其布林代數為：

$$F = \overline{S}A\overline{B} + \overline{S}AB + S\overline{A}B + SAB$$

原始程式 (source program)：

```
1    /**************************
2    *    2 to 1 multiplexer    *
3    *      using boolean       *
4    *    Filename : MUL2_1.v    *
5    **************************/
6
7    module MUL2_1(A, B, S, F);
8
9      input  A, B, S;
10     output F;
11
12     assign F = ~S &  A &  ~B |
13                ~S &  A &   B |
14                 S & ~A &   B |
15                 S &  A &   B ;
16   endmodule
```

功能模擬 (function simulation)：

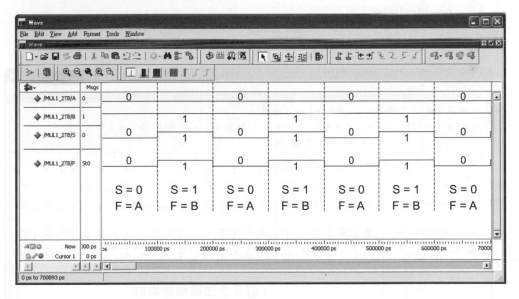

3-5 其布林代數為 (可以不要化簡)：

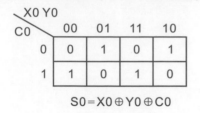

$S0=X0 \oplus Y0 \oplus C0$

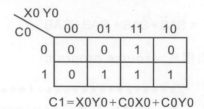

$C1=X0Y0+C0X0+C0Y0$

原始程式 (source program)：

```
1   /****************************
2   *       1 bit full adder      *
3   *          using boolean      *
4   *  Filename : FULL_ADDER.v  *
5   ****************************/
6
7   module FULL_ADDER(X0, Y0, C0, C1, S0);
8
9     input   X0, Y0, C0;
10    output C1, S0;
11
12    assign S0 =   X0 ^ Y0 ^ C0;
13    assign C1 = (X0 & Y0) | (X0 & C0) |
14                (Y0 & C0);
15
16  endmodule
```

功能模擬 (function simulation)：

1 位元全加器相加電位

3-7　其布林代數為：

$$Y[0] = \overline{\overline{A}\,\overline{B}\,\overline{C}} \qquad Y[1] = \overline{\overline{A}\,\overline{B}\,C} \qquad Y[2] = \overline{\overline{A}\,B\,\overline{C}}$$

$$Y[3] = \overline{\overline{A}\,B\,C} \qquad Y[4] = \overline{A\,\overline{B}\,\overline{C}} \qquad Y[5] = \overline{A\,\overline{B}\,C}$$

$$Y[6] = \overline{A\,B\,\overline{C}} \qquad Y[7] = \overline{A\,B\,C}$$

原始程式 (source program)：

```
1   /*****************************
2   *   3 to 8 decoder active low    *
3   *        using boolean           *
4   *    Filename : DECODER3_8.v      *
5   *****************************/
6
7   module DECODER3_8(A, B, C, Y);
8
9     input  A, B, C;
10    Output [7:0] Y;
11
12    assign Y[0] = ~(~A & ~B & ~C);
13    assign Y[1] = ~(~A & ~B &  C);
14    assign Y[2] = ~(~A &  B & ~C);
15    assign Y[3] = ~(~A &  B &  C);
16    assign Y[4] = ~( A & ~B & ~C);
17    assign Y[5] = ~( A & ~B &  C);
18    assign Y[6] = ~( A &  B & ~C);
19    assign Y[7] = ~( A &  B &  C);
20
21  endmodule
```

功能模擬 (function simulation)：

3 對 8 低態動作解碼電位

3-9 原始程式 (source program)：

```
1   /********************************
2   *   2 to 4 decoder active low   *
3   *       using condition ?:      *
4   *     Filename : DECODER2_4.v   *
5   ********************************/
6
7   module DECODER2_4(A, B, Y);
8
9     input  A, B;
10    output [3:0] Y;
11
12    assign Y[0] = ({A, B} == 3'b00) ? 1'b0 : 1'b1;
13    assign Y[1] = ({A, B} == 3'b01) ? 1'b0 : 1'b1;
14    assign Y[2] = ({A, B} == 3'b10) ? 1'b0 : 1'b1;
15    assign Y[3] = ({A, B} == 3'b11) ? 1'b0 : 1'b1;
16
17  endmodule
```

功能模擬 (function simulation)：

2 對 4 低態動作解碼電位

3-11　原始程式 (source program)：

```
 1   /***************************
 2   *    2 to 1 multiplexer    *
 3   *    using condition ?:    *
 4   *   Filename : MUL2_1.v    *
 5   ***************************/
 6
 7   module MUL2_1(A, B, S, F);
 8
 9      input   A, B, S;
10      output  F;
11
12      assign F = (S) ? B : A;
13
14   endmodule
```

功能模擬 (function simulation)：

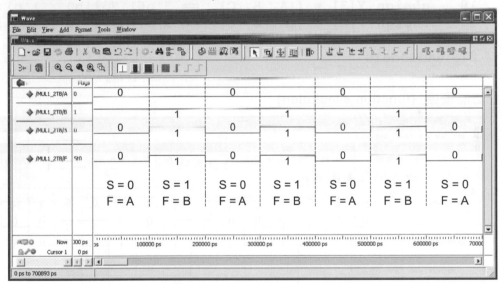

3-13 原始程式 (source program)：

```
1    /*********************************
2    *      3 to 5 multiple decoder    *
3    *         using condition ?:      *
4    *      Filename : DECODER3_5.v     *
5    *********************************/
6
7    module DECODER3_5(A, B, C, Y);
8
9      input   A, B, C;
10     output [4:0] Y;
11
12     assign Y[0] = (({A, B, C} == 3'o0) |
13                    ({A, B, C}  == 3'o1))? 1'b0 : 1'b1;
14     assign Y[1] = ({A, B, C}  == 3'o2) ? 1'b0 : 1'b1;
15     assign Y[2] = (({A, B, C} == 3'o3) |
16                    ({A, B, C}  == 3'o4) |
17                    ({A, B, C}  == 3'o5))? 1'b0 : 1'b1;
18     assign Y[3] = ({A, B, C}  == 3'o6) ? 1'b0 : 1'b1;
19     assign Y[4] = ({A, B, C}  == 3'o7) ? 1'b0 : 1'b1;
20
21   endmodule
```

功能模擬 (function simulation)：

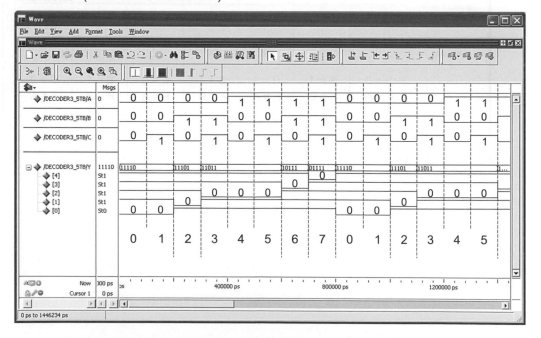

3-15　原始程式 (source program)：

```
1    /*****************************
2    *    4 bits comparactor     *
3    * using condition ?: nest   *
4    * Filename : COMPARACTOR.v  *
5    *****************************/
6
7    module COMPARACTOR(A, B, LARGE, EQV, SMALL);
8
9      input  [3:0] A, B;
10     output LARGE, EQV, SMALL;
11
12     assign {LARGE, EQV, SMALL} = ( A > B) ?3'b100 :
13                                  ( A < B) ?3'b001 :
14                                            3'b010 ;
15
16   endmodule
```

功能模擬 (function simulation)：

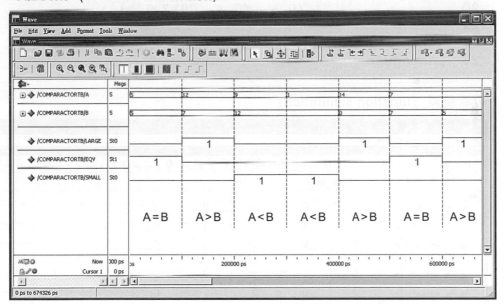

3-17 原始程式 (source program)：

```
1   /*******************************
2   *        1 bit full adder      *
3   *   using condition ?: nest    *
4   *   Filename : FULL_ADDER.v    *
5   *******************************/
6
7   module FULL_ADDER(X0, Y0, C0, S0, C1);
8
9     input  X0, Y0, C0;
10    output S0, C1;
11
12    assign S0 = (~X0 & ~Y0 &  C0)? 1'b1 :
13                (~X0 &  Y0 & ~C0)? 1'b1 :
14                ( X0 & ~Y0 & ~C0)? 1'b1 :
15                ( X0 &  Y0 &  C0)? 1'b1 :
16                                   1'b0 ;
17    assign C1 = (~X0 &  Y0 &  C0)? 1'b1 :
18                ( X0 & ~Y0 &  C0)? 1'b1 :
19                ( X0 &  Y0 & ~C0)? 1'b1 :
20                ( X0 &  Y0 &  C0)? 1'b1 :
21                                   1'b0 ;
22
23  endmodule
```

功能模擬 (function simulation)：

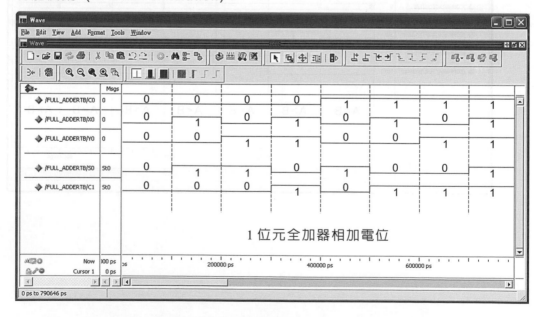

3-19　　原始程式 (source program)：

```
1    /*******************************
2    *        1 bit comparactor        *
3    *     using condition ?: nest      *
4    *    Filename : COMPARACTOR.v      *
5    *******************************/
6
7    module COMPARACTOR(A, B, LARGE, EQV, SMALL);
8
9      input   A, B;
10     output  LARGE, EQV, SMALL;
11
12     assign {LARGE, EQV, SMALL} = ( A > B) ? 3'b100 :
13                                  ( A < B) ? 3'b001 :
14                                             3'b010;
15
16   endmodule
```

功能模擬 (function simulation)：

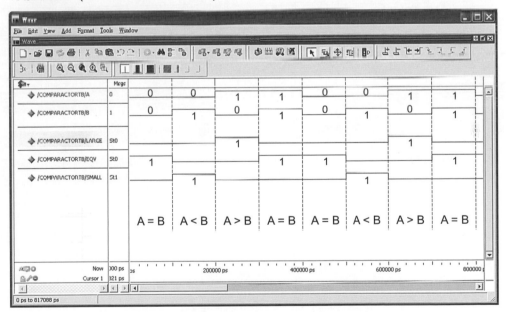

Chapter

4

Digital Logic Design

行為模式敘述與序向電路

4-1　順序性與序向電路

前面第三章內我們討論過，當我們在組合電路的輸入端加入控制電位時，在它的輸出端電位就會立刻改變（忽略電路的延遲時間），這種特性我們稱之為共時性 (concurrent)，在序向電路內它的特性就完全不一樣，譬如當我們改變了輸入端的控制電位時，它的輸出端電位一定要等到時脈訊號 (CLOCK) 發生變化時才會變化；當我們從正反器的重置 (reset)、預置 (preset) 或輸入接腳加入控制電位時，這些訊號之間就會有優先順序 (priority)，這種特性我們稱之為順序性 (sequential)，居於電路特性的差異，於 verilog 程式內用來描述序向電路的敘述語法（稱為行為模式 behavior）就會和前面所討論，用來描述組合電路的敘述語法（稱為資料流 data flow）大不相同，用來描述序向電路的敘述，除了必須具備優先順序的順序性之外，它還必須具有控制輸入訊號何時才能輸出的特性……等。

4-2　always 區塊敘述

在硬體描述語言的系統中，我們都以行為模式 (behavior) 的敘述方式來描述一個序向電路，所謂行為模式的敘述就是將所要設計序向電路的動作狀況，以 verilog 語言所提供的敘述，並以保留字 "always" 為開頭，依順序逐一的描述，而其基本語法如下：

```
always @(感應列)
  begin
     電路描述區塊;
  end
```

1. always @( )、begin、end：皆為保留字，不可以改變或省略。

2. 感應列：足以改變電路輸出的所有輸入訊號，於序向電路中，最常見到的訊號如時脈訊號 (CLK)、重置訊號 (RESET)……等；於組合電路中就是電路的輸入訊號，當括號內部感應列訊號的電位發生預期的變化時，放置在 begin 與 end 中間的所有敘述都會被執行一次，此時在電路的輸出端就會產生變化。如果感應列內的訊號不只一個時，訊號與訊號中間以 "or" 隔開，詳細狀況請參閱後面的程式說明。

3. begin … end：所要描述電路的敘述區塊，設計師會在此區塊內將所要設計控制模組的動作狀況，以 verilog 語言所提供的敘述加以描述，如果目前我們所要描述的電路只有單一敘述時，begin 與 end 就可以省略，當然也可以不要省略。

4. 請注意！凡是在 always 所屬的敘述區塊內，所有的輸出訊號不管是組合或者是序向訊號，都必須宣告為 reg，這就告訴我們，資料型態被宣告為 reg，經合成器合成之後的電路未必會出現暫存器 (有時我們可以將 reg 當成高階語言的變數)；請特別留意，持續指定 "assign" 不可以出現在 always 的敘述區塊內。

當我們所要實現的電路模組為帶有正反器的序向電路時，由於正反器的時脈觸發訊號 (假設時脈名稱為 CLK) 方式可分為：

時脈 CLK 觸發
- 準位觸發
  - 高準位觸發
  - 低準位觸發
- 邊緣觸發
  - 正緣觸發
  - 負緣觸發

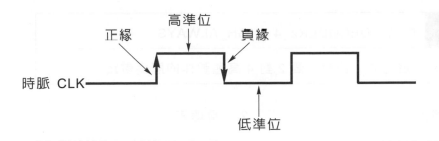

這些觸發方式於 verilog 語言的基本語法分別為：

正緣觸發 (positive trigger)：時脈由 0 → 1

always @(posedge CLK)

負緣觸發 (negative trigger)：時脈由 1 → 0

always @(negedge CLK)

準位觸發 (high level trigger)：

always @(CLK)

正緣變化或非同步負緣重置 (RESET)：

always @(posedge CLK or negedge RESET)

一般來講，當合成器在進行電路合成時，如果感應列內出現正緣 (posedge) 或負緣 (negedge) 的觸發訊號時，都會被合成出帶有正反器的序向電路。於組合電路中，必須把會改變輸出的所有輸入訊號放入感應列內，在函數 (function) 與任務 (task) 的敘述內，不可以出現正緣觸發 @(posedge CLK) 與負緣觸發 @(negedge CLK) 的訊號 (參閱後面有關函數與任務的敘述)。在還沒有進一步討論行為模式的特性之前，我們先舉幾個範例來說明 always 敘述的特性。

範例一　　檔名：DECODER2_4_HIGH_ALWAYS

以 always 敘述方式，設計一個 2 對 4 高態動作的解碼電路。

1. 方塊圖：

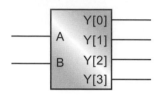

2. 真值表：

A	B	Y[0]	Y[1]	Y[2]	Y[3]
0	0	1	0	0	0
0	1	0	1	0	0
1	0	0	0	1	0
1	1	0	0	0	1

原始程式 (source program)：

```
1   /*******************************
2    *   2 to 4 decoder active high  *
3    *        using if statement     *
4    *    Filename : DECODER2_4.v     *
5    *******************************/
6
7   module DECODER2_4(A, B, Y);
8
9      input  A, B;
10     output [3:0] Y;
11
12     reg   [3:0] Y;
13
14     always @(A or B)
15       begin
16         Y[0] = ~A & ~B;
17         Y[1] = ~A &  B;
18         Y[2] =  A & ~B;
19         Y[3] =  A &  B;
20       end
21
22   endmodule
```

重點說明：

1. 由於使用 always 敘述，因此於行號 12 內宣告輸出 Y 為 reg。

2. 影響輸出的輸入電位有輸入訊號 A 與 B，因此於行號 14 內將它們放入 always 敘述的感應列內，中間以 or 連接。

3. 由於使用 always 敘述，因此行號 16～19 內，布林代數的敘述不可以出現持續指定 "always"，且因為內部有很多敘述，因此加入 begin 與 end。

功能模擬 (function simulation)：

從上面輸入與輸出的電位可以知道，系統所合成的電路是正確的。

範例二	檔名：DFF_POSITIVE_EDGE_ALWAYS
以 always 敘述方式，設計一個正緣觸發的 D 型正反器。	

原始程式 (source program)：

```
1  /***************************
2  *  d ff with positive edge  *
3  *     Filename : D_FF.v      *
4  ***************************/
```

```
 5
 6  module D_FF(CLK, D, Q);
 7
 8    input  CLK, D;
 9    output Q;
10
11    reg Q;
12
13    always @(posedge CLK)
14      Q = D;
15
16  endmodule
```

重點說明：

由於是正緣觸發的 D 型正反器，因此行號 13 的感應列內容為 posedge CLK。

功能模擬 (function simulation)：

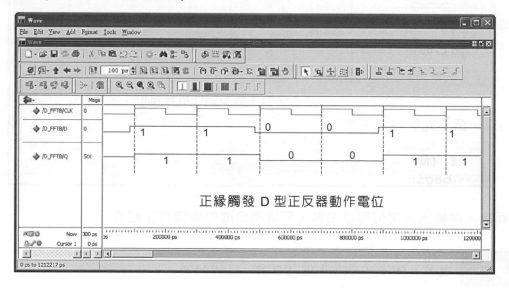

正緣觸發 D 型正反器動作電位

從上面輸入與輸出的電位可以知道，系統所合成的電路是正確的。

於 verilog 語言中，系統所提供的指令敘述有下面四種：

1. if …
2. case … endcase
3. casez … endcase
4. casex … endcase

這四種指令敘述於語法上，它們都必須以 always 敘述為開頭，當它們在進行控制電路的描述時，依其描述方式又可以分成組合與序向電路，如果在 always 敘述的感應列中存在有時脈訊號的變化 (如 posedge CLK 或 negedge CLK) 時，系統合成之後的電路都會有正反器；程式中含有不完整的判斷敘述時 (如 if 的敘述沒有 else……等)，系統合成之後的電路大都含有栓鎖 (latch) 等記憶元件，像這種電路內部存在有正反器或栓鎖等記憶元件的電路，就是我們所說的序向電路，反之如果 always 敘述的程式中含有完整的判斷敘述時 (如 if 的敘述含有 else……等)，系統合成之後的電路就是我們所說的組合電路，這種觀念看起來極為複雜，詳細閱讀後面的敘述與範例後就會很清楚明白它們的用法與特性，底下我們就開始來介紹這四種指令敘述的特性與用法。

4-3　if 敘述

if 敘述必須以 always 敘述開頭，於電路描述時，它可以用來描述組合電路，也可以用來描述序向電路，因此於敘述描述上很具彈性，為了能讓初學者了解本敘述的特性與用法，我們將它的各種組合語法與特性詳細的陳述如下。

if 敘述

if 敘述為一個不完整的條件判斷敘述 (沒有 else)，其基本的語法如下：

```
if (條件)
  begin
    敘述區;
  end
```

當 if 後面括號內的條件成立時，則執行底下 begin 開始到 end 結束的敘述區 (如果只有單一的敘述時，begin 與 end 可以省略)，如果條件不成立則不執行敘述區 (電路的輸出電位保持不變)，從 end 往下執行，如果我們以流程圖來表示時，其狀況如下：

因為它是一個不完整的條件判斷敘述,因此時常用來描述具有栓鎖 (latch) 記憶元件或正反器的控制模組,請注意!如果我們有事先設定電路的輸出內容時,它就變成一個完整的敘述,此時合成器會將它合成出組合電路,其詳細狀況請參閱後面的範例。

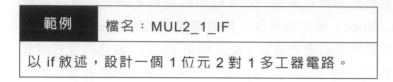

範例	檔名:MUL2_1_IF

以 if 敘述,設計一個 1 位元 2 對 1 多工器電路。

1. 方塊圖:

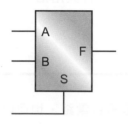

2. 真值表:

S	F
0	A
1	B

原始程式 (source program):

```
1   /**************************
2   *    2 to 1 multiplexer    *
3   *    using if statement    *
4   *    Filename : MUL2_1.v   *
5   ************************** */
6
7   module MUL2_1(A, B, S, F);
8
9     input  A, B, S;
10    output F;
11
12    reg F;
13
14    always @(A or B or S)
15      begin
16        F = A;
17        if (S)
18          F = B;
19      end
20
21  endmodule
```

重點說明：

1. 行號 14 中，足以影響輸出電位的輸入有選擇訊號 S 與輸入電位 A 與 B。

2. 由於區塊敘述超過一行，因此必須加入 begin 與 end (行號 15、19)。

3. 行號 16 中，先設定 F 的輸出電位為 A，行號 17～18 中，當選擇線 S 的電位為 1 時，將輸入端 B 的電位輸出到 F 端。

4. 本程式乍看之下，if 的敘述是一個不完整的敘述，理應合成出具有栓鎖 (latch) 的電路，但再仔細的觀察之後發現到，由於行號 16 中，我們事先已經將輸出 F 設定成輸入端 A 的內容，連同行號 17～18 的敘述，它會形成一個完整的敘述，也就是當選擇線 S 的電位為 1 時，輸出端 F 選上 B (行號 17～18)，否則 (選擇線 S 的電位為 0) 輸出端 F 的電位保持不變 (輸入端 A 的電位)。

功能模擬 (function simulation)：

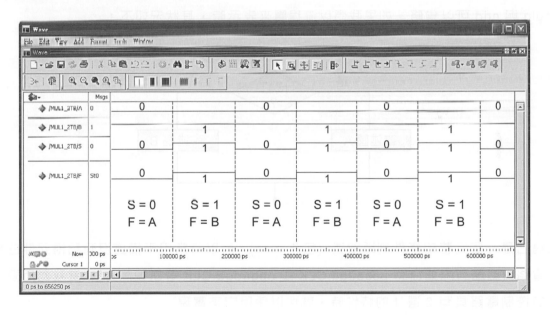

從上面輸入與輸出的電位可以知道，系統合成後的電路是正確的。

if … else … 敘述

if … else 為一個完整的條件判斷敘述 (有 else)，其基本的語法如下：

```
if (條件)
  begin
    敘述區 A;
  end
else
  begin
    敘述區 B;
  end
```

當 if 後面括號內的條件成立時，則執行後面 begin 與 end 內部的敘述區 A，條件不成立時，則執行 else 後面 begin 與 end 內部的敘述區 B，當敘述區的內容為單一敘述時，begin 與 end 可以省略。如果我們以流程圖來表示時，其狀況如下：

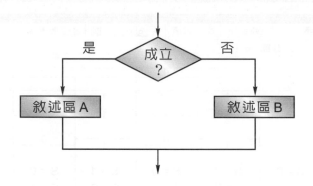

因為它是一個完整的條件判斷敘述 (包含 else)，所以時常用來描述沒有記憶元件的組合電路 (感應列內如含有 posedge CLK 或 negedge CLK 等訊號除外)，當我們所要設計的控制電路具有 2 選 1 的特性時，就可以使用它來實現。

| 範例一 | 檔名：AND_GATE_IF_ELSE |

以 if … else … 敘述，設計一個 3 輸入的 AND 閘電路 (以輸入 A、B、C
連結方式)。

1. 方塊圖：

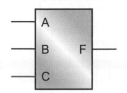

2. 真值表：

A	B	C	F
0	0	0	0
0	0	1	0
0	1	0	0
0	1	1	0
1	0	0	0
1	0	1	0
1	1	0	0
1	1	1	1

原始程式 (source program)：

```
1   /***************************
2   *      3 input and gate      *
3   *     using if statement     *
4   *   Filename : AND_GATE.v    *
5   ***************************/
6
7   module AND_GATE(A, B, C, F);
8
9     input  A, B, C;
10    output F;
11
12    reg F;
13
14    always @(A or B or C)
15      if (&{A, B, C})
16        F = 1'b1;
17      else
18        F = 1'b0;
19
20  endmodule
```

重點說明：

1. 行號 14 中，會影響輸出電位的輸入有 A、B、C。
2. 行號 15～18 中，當輸入電位 A、B、C 中，全部的電位皆為 1 時，其輸出端 F 的電位才為 1，只要有一個為 0 時，輸出端電位就為 0。

功能模擬 (function simulation)：

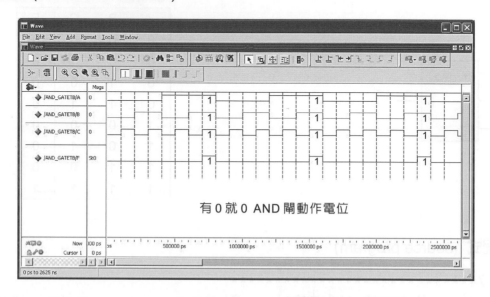

從上面輸入與輸出的電位可以知道，系統所合成的電路是正確的。

範例二	檔名：DFF_NEGATIVE_EDGE_IF_ELSE

以 if … else … 敘述，設計一個含有低態重置 (RESET) 的負緣觸發 D 型正反器。

原始程式 (source program)：

```
1  /**************************
2   *    d ff with reset      *
3   *    using if .. else     *
4   *    Filename : D_FF.v    *
5   **************************/
6
7  module D_FF(CLK, RESET, D, Q);
8
```

```
 9     input  CLK, RESET, D;
10     output Q;
11
12     reg Q;
13
14     always @(negedge CLK or negedge RESET)
15       if (!RESET)
16         Q = 0;
17       else
18         Q = D;
19
20  endmodule
```

重點說明：

1. 行號 14 的感應列中宣告，當加入電路的時脈 CLK 發生負緣變化 (negedge CLK) 或重置訊號產生由 1 → 0 的變化 (negedge RESET) 時，則往下處理。

2. 行號 15～18 中，當重置訊號 (RESET) 為低電位 0 時，則將輸出 Q 的電位清除為 0，否則 (重置動作沒有發生，但時脈 CLK 發生負緣變化) 將輸入訊號 D 由輸出端 Q 輸出。

3. 由於 if … else … 為一個敘述，因此不須加入 begin … end。

4. 雖然 if … else … 為一個完整的敘述，但於感應列內出現時脈變化的訊號，因此系統合成出一個帶有正反器的序向電路。

功能模擬 (function simulation)：

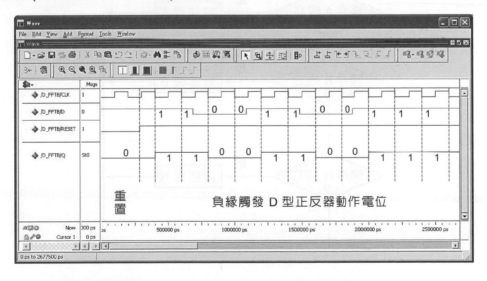

負緣觸發 D 型正反器動作電位

從上面輸入與輸出的電位可以知道，系統所合成的電路是正確的。

if … else if … 敘述

if … else if … 為一個不完整的條件判斷敘述 (沒有 else)，其基本語法如下：

```
if (條件 A)
  begin
    敘述區 A;
  end
else if (條件 B)
  begin
    敘述區 B;
  end
      ⋮
else if (條件 N)
  begin
    敘述區 N;
  end
```

當 if 後面的條件 A 成立時，則執行後面 begin 與 end 中間的敘述區 A 內容；條件 A 不成立時，再判斷 else if 後面的條件 B，成立時則執行後面 begin 與 end 中間的敘述區 B 內容；不成立時再依順序由上往下判斷與執行，當敘述區的內容只有單一敘述時，begin 與 end 可以省略，如果我們以流程圖來表示時，其狀況如下：

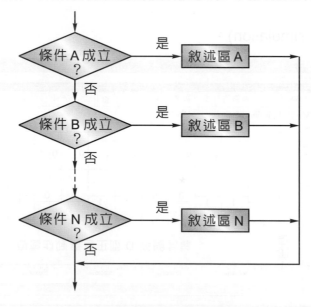

正如前面所討論的，它是一個不完整的條件判斷敘述 (沒有 else)，因此時常用來描述
具有栓鎖 (latch) 記憶元件或正反器的控制電路，與 if 敘述相同，當我們使用本敘述
進行電路描述，如果所有可能出現的狀況都有考慮進來 (譬如兩條輸入線只有 4 種狀
況發生，於程式敘述中，這四種狀況我們都有敘述到)，或者事先設定電路的輸出內容
時，它就會變成一個完整的條件敘述，系統也會將它合成出一個組合電路 (參閱後面
範例說明)。由於敘述判斷是由上而下依序判斷、執行，因此本敘述具有優先順序
(priority) 的特性。

範例一	檔名：MUL3_1_IF_ELSEIF

以 if … else 敘述，設計一個具有栓鎖的 1 位元 3 對 1 多工器，並
檢視合成後的硬體電路。

1. 方塊圖：

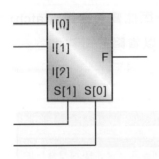

2. 真值表：

S[1]	S[0]	F
0	0	I[0]
0	1	I[1]
1	0	I[2]
1	1	不變

原始程式 (source program)：

```
1   /***************************
2   *    3 to 1 multiplexer    *
3   *     using if else_if     *
4   *   Filename : MUL3_1.v    *
5   ***************************/
6
7   module MUL3_1(I, S, F);
8
9     input  [2:0] I;
10    input  [1:0] S;
11    output F;
12
13    reg F;
14
```

```
15    always @(I or S)
16      if (S == 2'b00)
17        F = I[0];
18      else if (S == 2'b01)
19        F = I[1];
20      else if (S == 2'b10)
21        F = I[2];
22
23  endmodule
```

重點說明：

1. 行號 15 中，會影響輸出電位的輸入有輸入資料 I 與選擇線 S。

2. 行號 16～21 中，當選擇線 S 的電位：

   (1) 00 時，選擇 I[0] 輸出。

   (2) 01 時，選擇 I[1] 輸出。

   (3) 10 時，選擇 I[2] 輸出。

3. 當選擇線 S 的電位為 11 時，輸出端 F 的電位保持不變，因此會有栓鎖 (latch) 元件產生。由於它們為單一敘述，因此 begin 與 end 可以省略。

功能模擬 (function simulation)：

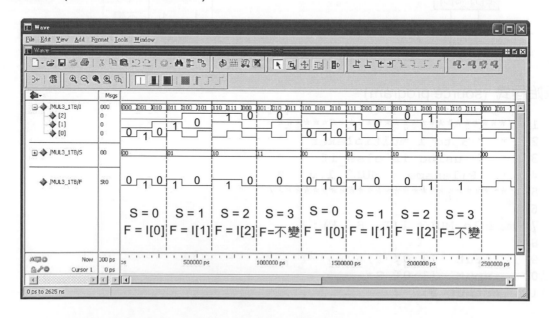

從上面輸入與輸出的電位可以知道，系統所合成的電路是正確的。

範例二	檔名：MUL4_1_IF_ELSEIF_FULL_1

以 if … else if 的完整敘述，設計一個 1 位元 4 對 1 多工器，並檢視
合成後的硬體電路。

1. 方塊圖：

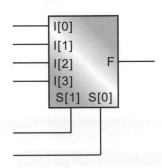

2. 真值表：

S[1]	S[0]	F
0	0	I[0]
0	1	I[1]
1	0	I[2]
1	1	I[3]

原始程式 (source program)：

```
1    /***************************
2    *    4 to 1 multiplexer    *
3    *   using if else_if all   *
4    *    Filename : MUL4_1.v   *
5    ***************************/
6
7    module MUL4_1(I, S, F);
8
9      input  [3:0] I;
10     input  [1:0] S;
11     output F;
12
13     reg F;
14
15     always @(I or S)
16       if (S == 2'b00)
17         F = I[0];
18       else if (S == 2'b01)
19         F = I[1];
20       else if (S == 2'b10)
21         F = I[2];
22       else if (S == 2'b11)
23         F = I[3];
24
25   endmodule
```

重點說明：

1. 行號 15 中，會影響輸出電位的輸入有輸入資料 I 與選擇線 S。

2. 行號 16～23 中，當選擇線 S 的電位：

    (1) 00 時，選擇 I[0] 輸出。

    (2) 01 時，選擇 I[1] 輸出。

    (3) 10 時，選擇 I[2] 輸出。

    (4) 11 時，選擇 I[3] 輸出。

3. 由於兩條選擇線共有 4 種狀況，這四種狀況於行號 16～23 內都有敘述到，因此它是一個完整的敘述，合成之後為組合電路。

功能模擬 (function simulation)：

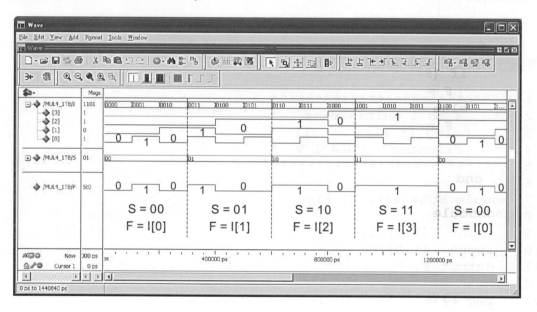

從上面輸入與輸出的電位可以知道，系統所合成的電路是正確的。

範例三	檔名：MUL4_1_IF_ELSEIF_FULL_2
以事先指定的 if … else if 敘述，設計一個 1 位元的 4 對 1 多工器電路，其方塊圖和真值表與前面範例二相同。	

原始程式 (source program)：

```
1   /*************************
2   *     4 to 1 multiplexer    *
3   *  using if else_if all    *
4   *    Filename : MUL4_1.v   *
5   *************************/
6
7   module MUL4_1(I, S, F);
8
9     input  [3:0] I;
10    input  [1:0] S;
11    output F;
12
13    reg F;
14
15    always @(I or S)
16      begin
17        F = I[3];
18        if (S == 2'b00)
19          F = I[0];
20        else if (S == 2'b01)
21          F = I[1];
22        else if (S == 2'b10)
23          F = I[2];
24      end
25
26  endmodule
```

重點說明：

雖然行號 18～23 為一個不完整的敘述 (少了 S == 2'b11 的判斷)，但我們事先於行號 17 內設定輸出 F 的內容 (I[3])，因此變成一個完整的敘述，系統會將它合成出一個 4 對 1 多工器的組合電路。電路的功能模擬與合成結果都與前面範例二相同，請讀者自行參閱。

if … else if … else 敘述

if … else if … else 為一個完整的條件判斷敘述 (有 else)，其基本語法如下：

```
if (條件 A)
  begin
    敘述區 A；
  end
else if (條件 B)
  begin
    敘述區 B；
  end
      ⋮
else if (條件 P)
  begin
    敘述區 P；
  end
else
  begin
    敘述區 Q；
  end
```

當 if 後面的條件 A 成立時，則執行後面 begin 與 end 中間的敘述區 A 內容；條件 A 不
成立時再判斷 else if 後面的條件 B，成立時則執行後面 begin 與 end 中間的敘述區 B
內容；不成立時再依順序由上往下判斷，當上述判斷式的條件都不成立時，則執行 else
後面的敘述 Q，如果敘述區的內容只有單一敘述時，begin 與 end 可以省略，如果我
們以流程圖來表示時，其狀況如下：

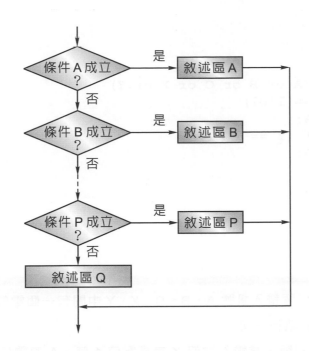

正如上面所討論的，它是一個完整的條件判斷敘述 (包含 else)，因此時常用來描述組合電路 (感應列內有時脈觸發訊號除外)，由於敘述的判斷是由上而下，先遇到先判斷與執行，因此它具有優先順序 (priority) 的特性，其詳細的說明與用法請參閱後面的範例。

範例一	檔名：PRIORITY_IF_ELSEIF_ELSE

討論下面 verilog 程式與合成後的電路，並進一步了解 if … else if … else 敘述的優先順序特性。

原始程式 (source program)：

```
1  /*****************************
2   * priority if else_if else *
3   *    Filename : PRIORITY.v  *
4   *****************************/
5
6  module PRIORITY(A, B, C, X, Y, F);
7
8    input  A, B, C, X, Y;
9    output F;
```

```
10
11   reg  F;
12
13   always @(A or B or C or X or Y)
14     if (X == 1'b1)
15       F = A;
16     else if (Y == 1'b1)
17       F = B;
18     else
19       F = C;
20
21 endmodule
```

重點說明：

1. 行號 13 代表只要輸入訊號 A、B、C、X、Y 中間有一個電位發生變化時，行號 14～19 就會被執行一次。

2. 行號 14～15 判斷，當輸入電位 X 為高電位 1 時，A 的電位就會由 F 端輸出，合成後的硬體電路為 (優先順序最高)。

3. 行號 16～17 判斷，當輸入電位 Y 為高電位 1 時 (且 X 輸入電位為低電位 0)，B 的電位就會由 F 端輸出，合成後的硬體電路為 (優先順序次高)：

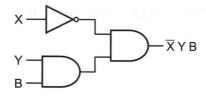

4. 行號 18～19，當輸入電位 X 與 Y 皆不為高電位 1 時，C 的電位就會由 F 端輸出，合成後的硬體電路為：

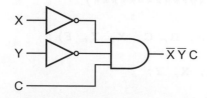

5. 輸出端 F 的電位為上述三種訊號的全部 (將它們以 OR 閘連接)，它所對應的布
   林代數為：

$$F = XA + \overline{X}YB + \overline{X}\,\overline{Y}C$$

功能模擬 (function simulation)：

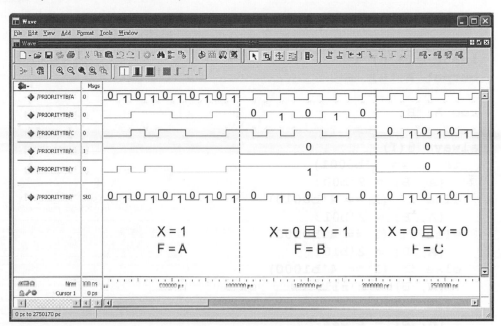

從上面輸入與輸出的電位可以知道，系統所合成的電路是正確的。

範例二	檔名：ENCODER4_2_IF_ELSEIF_ELSE

以 if 敘述，設計一個具有三態輸出的 4 對 2 編碼器電路 (以輸出 A、B 連結
方式)。

1. 方塊圖：

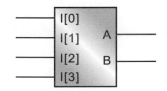

2. 真值表：

I[3]	I[2]	I[1]	I[0]	A	B
0	0	0	1	0	0
0	0	1	0	0	1
0	1	0	0	1	0
1	0	0	0	1	1
其餘電位				z	z

原始程式 (source program)：

```
1   /********************************
2    *   4 to 2 encoder (tri_state)   *
3    *       using if statement        *
4    *    Filename : ENCODER4_2.v      *
5    ********************************/
6
7   module ENCODER4_2(I, A, B);
8
9     input   [3:0] I;
10    output A, B;
11
12    reg A, B;
13
14    always @(I)
15      if (I == 4'b0001)
16        {A, B} = 2'b00;
17      else if (I == 4'b0010)
18        {A, B} = 2'b01;
19      else if (I == 4'b0100)
20        {A, B} = 2'b10;
21      else if (I == 4'b1000)
22        {A, B} = 2'b11;
23      else
24        {A, B} = 2'bzz;
25
26  endmodule
```

重點說明：

1. 行號 14 中，會影響輸出電位的輸入訊號只有 I。

2. 行號 15～24 中，依輸入訊號 I 的電位進行編碼，而其對應輸出 A、B 的電位則依真值表的順序來處理。

功能模擬 (function simulation)：

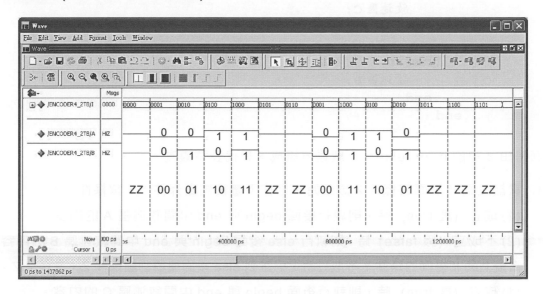

從上面輸入與輸出的電位可以知道，系統所合成的電路是正確的。

If 的巢狀敘述

從上面的討論可以知道，隨著所要設計硬體模組的複雜度，我們可以將 if 敘述加以擴展，與一般的高階語言相同，設計師也可以用巢狀 if 敘述來描述所要實現的硬體電路，其基本語法如下：

```
if (條件 X)
  begin
    if (條件 Y)
      begin
        敘述區 A;
      end
    else
      begin
        敘述區 B;
      end
  end
else
  begin
    if (敘述 Z)
```

```
        begin
            敘述區 C;
        end
    else
        begin
            敘述區 D;
        end
end
```

上面是由 3 組的 if … else … 敘述所組成，其代表意義為：

1. 當最上面 if 後面的條件 X 成立時，則往下繼續判斷條件 Y，當條件 Y：

    (1) 成立 (真 true) 時，則執行後面 begin 與 end 中間敘述區 A 的內容。

    (2) 不成立 (假 false) 時，則執行 else 後面 begin 與 end 中間敘述區 B 的內容。

2. 當最上面 if 後面的條件 Y 不成立時，則跳到 else 後面繼續判斷條件 Z，當條件 Z：

    (1) 成立 (真 true) 時，則執行後面 begin 與 end 中間敘述區 C 的內容。

    (2) 不成立 (假 false) 時，則執行 else 後面 begin 與 end 中間敘述區 D 的內容。

3. 如果敘述區內為單一敘述時，begin 與 end 可以省略。

如果我們以流程圖來表示時，其狀況如下：

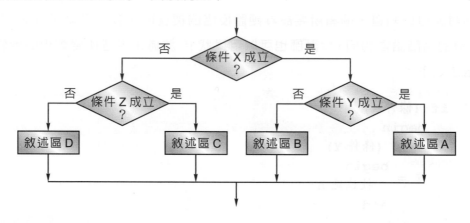

而其詳細特性請參閱後面的範例。

範例	檔名：DEMUL1_4_IF_ELSE_NEST
以 if … else … 的巢狀敘述，設計一個 1 對 4 的解多工器電路。	

1. 方塊圖：

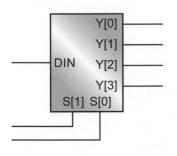

2. 真值表：

S[1]	S[0]	Y[3]	Y[2]	Y[1]	Y[0]
0	0	0	0	0	DIN
0	1	0	0	DIN	0
1	0	0	DIN	0	0
1	1	DIN	0	0	0

原始程式 (source program)：

```
1   /********************************
2   *      1 to 4 demultiplexer     *
3   *    using if statement nest    *
4   *      Filename : DEMUL1_4.v    *
5   ********************************/
6
7   module DEMUL1_4(DIN, S, Y);
8
9     input  DIN;
10    input  [1:0] S;
11    output [3:0] Y;
12
13    reg [3:0] Y;
14
15    always @(DIN or S)
16    if (S[1] == 1'b0)
17      if (S[0] == 1'b0)
18        Y = {3'b000, DIN};
19      else
20        Y = {2'b00, DIN, 1'b0};
21    else
22      if (S[0] == 1'b0)
23        Y = {1'b0, DIN, 2'b00};
24      else
25        Y = {DIN, 3'b000};
26
27  endmodule
```

重點說明：

行號 15～25 中，當選擇線 S 的電位為：

1. 00 時，輸出端 Y 的電位為 000DIN (行號 16～18)。

2. 01 時，輸出端 Y 的電位為 00DIN0 (行號 16、19～20)。

3. 10 時，輸出端 Y 的電位為 0DIN00 (行號 21～23)。

4. 11 時，輸出端 Y 的電位為 DIN000 (行號 21、24～25)。

功能模擬 (function simulation)：

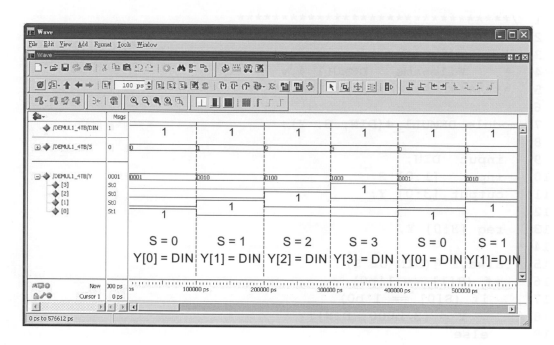

從上面輸入與輸出的電位可以知道，系統所合成的電路是正確的。

4-4 case 敘述

討論完條件判斷敘述 if 的各種語法之後，接著我們再來介紹另外一個同樣與 always 敘述搭配的條件判斷敘述 case，其基本語法如下：

```
case (條件表示式)
    狀況A:
      begin
        敘述區A;
      end
    狀況B:
      begin
        敘述區B;
      end
        ⋮
    狀況P:
      begin
        敘述區P;
      end
    default:
      begin
        敘述區Q;
      end
    endcase
```

1. case、default、endcase：皆為保留字。

2. 條件表示式：所要判斷的物件。

3. 當條件表示式的內容為：

   (1) 狀況 A 時，則執行後面 begin 與 end 中間的敘述區 A 內容。

   (2) 狀況 B 時，則執行後面 begin 與 end 中間的敘述區 B 內容。

   ⋮

   (3) 狀況 P 時，則執行後面 begin 與 end 中間的敘述區 P 內容。

   (4) 上述狀況皆不符合時，則執行 default 後面 begin 與 end 中間的敘述區 Q
       內容。

   (5) 如果敘述區內容只有一個敘述時，begin 與 end 可以省略。

如果我們以流程圖來表示時，其狀況如下：

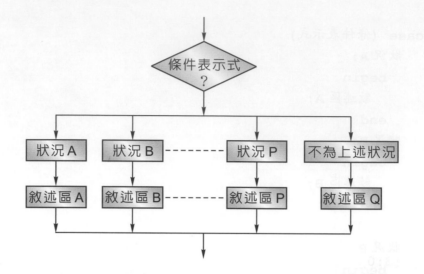

於上面流程圖的敘述可以看出，case 敘述與 if 條件敘述十分類似，它們都是依條件表示式判斷的結果去執行不同的敘述區，但兩者最大的不同為本敘述為一個平行判斷(比較兩組的流程圖)，因此它沒有優先順序 (priority) 的特性；而兩者相同之處為在狀況判斷式的敘述中，如果它是一個完整的敘述 (每一個狀況都有考慮到)，譬如最後敘述加入 default 或事先設定輸出電位……等，系統就會合成出組合電路；如果它是一個不完整的敘述時 (有些狀況沒有考慮到)，系統就會合成出具有栓鎖 (latch) 或正反器(感應列內有時脈變化的觸發訊號 posedge CLK 或 negedge CLK)，而其詳細特性與說明請參閱後面幾個範例。

範例一	檔名：DECODER2_4_LOW_CASE_FULL_1
以加入 default 的 case 敘述，設計一個低態動作 2 對 4 的解碼器電路。	

1. 方塊圖：

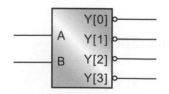

2. 真值表：

A	B	Y[3]	Y[2]	Y[1]	Y[0]
0	0	1	1	1	0
0	1	1	1	0	1
1	0	1	0	1	1
1	1	0	1	1	1

原始程式 (source program)：

```
1    /****************************
2    *    2 to 4 decoder (low)    *
3    *    using case statement    *
4    *  Filename : DECODER2_4.v *
5    ****************************/
6
7    module DECODER2_4(A, B, Y);
8
9      input  A, B;
10     output [3:0] Y;
11
12     reg [3:0] Y;
13
14     always @(A or B)
15       case ({A, B})
16         2'b00    : Y = {4'b1110};
17         2'b01    : Y = {4'b1101};
18         2'b10    : Y = {4'b1011};
19         default : Y = {4'b0111},
20       endcase
21
22   endmodule
```

重點說明：

行號 15～20 中，當輸入端 A、B 的電位為：

1. 00 時，輸出端 Y 的電位為 1110 (行號 16)。

2. 01 時，輸出端 Y 的電位為 1101 (行號 17)。

3. 10 時，輸出端 Y 的電位為 1011 (行號 18)。

4. 11 時，輸出端 Y 的電位為 0111 (行號 19)。

敘述最後加入 default，因此系統合成出組合電路。

功能模擬 (function simulation)：

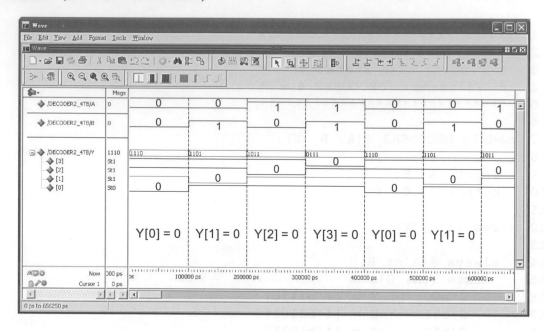

從上面輸入與輸出的電位可以知道，系統所合成的電路是正確的。

範例二　檔名：DECODER2_4_LOW_CASE_FULL_2

以沒有 default 的 case 敘述，設計一個低態動作 2 對 4 的解碼器電路，其方塊圖與真值表如前面範例一所示。

原始程式 (source program)：

```
1  /*******************************
2  *      2 to 4 decoder (low)      *
3  *      using case statement       *
4  *     Filename : DECODER2_4.v     *
5  *******************************/
6
7  module DECODER2_4(A, B, Y);
8
9    input  A, B;
10   output [3:0] Y;
```

```
11
12    reg [3:0] Y;
13
14    always @(A or B)
15      case ({A, B})
16        2'b00  : Y = {4'b1110};
17        2'b01  : Y = {4'b1101};
18        2'b10  : Y = {4'b1011};
19        2'b11  : Y = {4'b0111};
20      endcase
21
22  endmodule
```

重點說明：

行號 15～20 中，雖然沒有 default 敘述，但它已經把兩個輸入 A 與 B 的所有狀況都描述出來，因此系統合成出組合電路。

功能模擬 (function simulation)：

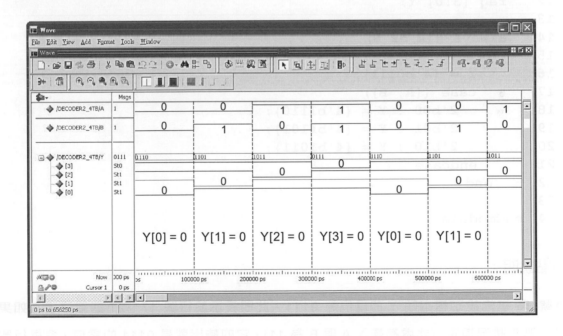

從上面輸入與輸出的電位可以知道，系統所合成的電路是正確的。

範例三	檔名：DECODER2_4_LOW_CASE_FULL_3

以事先設定輸出電位的 case 敘述，設計一個低態動作 2 對 4 的解碼器電路，其方塊圖與真值表如前面範例一所示。

原始程式 (source program)：

```
1  /*******************************
2  *      2 to 4 decoder (low)     *
3  *      using case statement     *
4  *    Filename : DECODER2_4.v    *
5  *******************************/
6
7  module DECODER2_4(A, B, Y);
8
9    input  A, B;
10   output [3:0] Y;
11
12   reg [3:0] Y;
13
14   always @(A or B)
15     begin
16       Y = {4'b0111};
17       case ({A, B})
18         2'b00 : Y = {4'b1110};
19         2'b01 : Y = {4'b1101};
20         2'b10 : Y = {4'b1011};
21       endcase
22     end
23
24 endmodule
```

重點說明：

行號 16 事先設定輸出端 Y 的電位為 0111，此即表示於行號 17～21 的敘述中，如果缺少那些狀況指定 (此處為輸入 A 與 B 為 11)，它的輸出就是 0111 的電位，合併行號 16～21 的內容，它就變成一個完整的敘述，因此系統合成出組合電路。

功能模擬 (function simulation)：

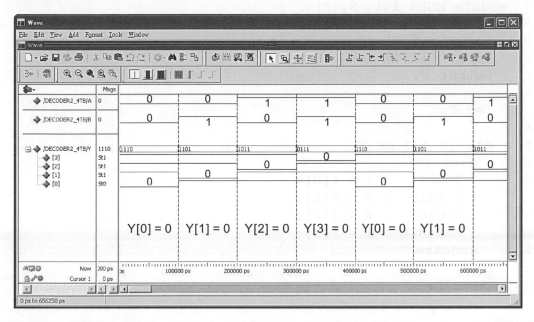

從上面輸入與輸出的電位可以知道，系統所合成的電路是正確的。

範例四　檔名：MUL4_1_CASE

以 case 敘述，設計一個 1 位元的 4 對 1 多工器電路。

---

1. 方塊圖：

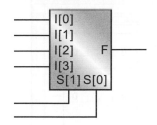

2. 真值表：

S[1]	S[0]	F
0	0	I[0]
0	1	I[1]
1	0	I[2]
1	1	I[3]

原始程式 (source program)：

```
1   /************************
2   *    4 to 1 multiplexer    *
3   *   using case statement   *
4   *    Filename : MUL4_1.v   *
5   ************************ */
```

```
6
7  module MUL4_1(I, S, F);
8
9    input  [3:0] I;
10   input  [1:0] S;
11   output F;
12
13   reg F;
14
15   always @(I or S)
16     case (S)
17       2'b00   : F = I[0];
18       2'b01   : F = I[1];
19       2'b10   : F = I[2];
20       default : F = I[3];
21     endcase
22
23 endmodule
```

重點說明：

行號 16～21 我們將真值表內，輸入與輸出的對應關係，以 case 敘述逐一列出。

功能模擬 (function simulation)：

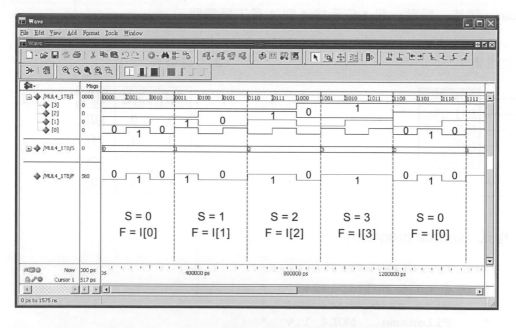

從上面輸入與輸出的電位可以知道，系統所合成的電路是正確的。

範例五	檔名：MUL3_1_CASE_LATCH
以 case 敘述，設計一個具有栓鎖的 3 對 1 多工器電路。	

1. 方塊圖：

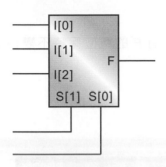

2. 真值表：

S[1]	S[0]	F
0	0	I[0]
0	1	I[1]
1	0	I[2]
1	1	不變

原始程式 (source program)：

```
1   /**************************
2    *    3 to 1 MULTIPLEXER   *
3    *    using case (latch)   *
4    *   Filename : MUL3_1.v   *
5    **************************/
6
7   module MUL3_1(I, S, F);
8
9     input  [2:0] I;
10    input  [1:0] S;
11    output F;
12
13    reg F;
14
15    always @(I or S)
16      case (S)
17        2'b00 : F = I[0];
18        2'b01 : F = I[1];
19        2'b10 : F = I[2];
20      endcase
21
22  endmodule
```

重點說明：

行號 16～20 中，當選擇線 S 的電位為：

1. 00 時，輸出端 F 的電位為 I[0]。
2. 01 時，輸出端 F 的電位為 I[1]。
3. 10 時，輸出端 F 的電位為 I[2]。

它是一個不完整的敘述 (當選擇線 S 的電位為 11 時，輸出端 F 的電位保持不變)，因此系統會合成出帶有栓鎖 (latch) 的 3 對 1 多工器。

功能模擬 (function simulation)：

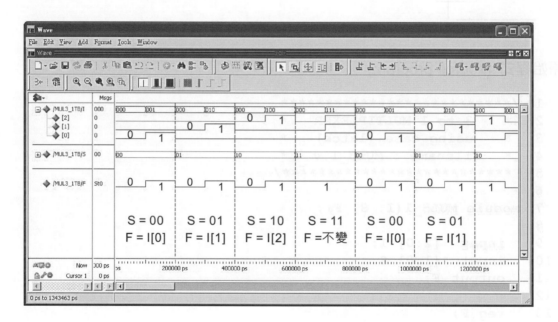

從上面輸入與輸出的電位可以知道，系統所合成的電路是正確的。

case x 與 case z 敘述

casex、casez 的基本語法和判斷過程與 case 敘述相似，它們唯一的不同在 casez 於判斷過程會將 z 與 ？ 當成 don't care 不進行比較；casex 於判斷過程會將 z、?、x 當成 don't care 不進行比對的動作，它們詳細的特性與用法請參閱下面的範例。

範例	檔名：ENCODER4_2_CASEZ

以 casez 敘述，設計一個於輸入端可以出現 z 與 ? 電位，且具有三態輸出的 4 對 2 優先編碼器。

1. 方塊圖：

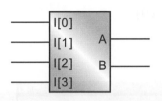

2. 真值表：

I[0]	I[2]	I[1]	I[0]	A	B
x	x	x	1	0	0
x	x	1	0	0	1
x	1	0	0	1	0
1	0	0	0	1	1
其它狀態				z	z

原始程式 (source program)：

```
1   /********************************
2    *   4 to 2 encoder (tri_state)  *
3    *      using casez statement    *
4    *     Filename : ENCODER4_2.v   *
5    ********************************/
6
7   module ENCODER4_2(I, A, B);
8
9     input  [3:0] I;
10    output A, B;
11
12    reg A, B;
13
14    always @(I)
15      casez (I)
16        4'b??z1 : {A, B} = 2'b00;
17        4'bzz10 : {A, B} = 2'b01;
18        4'b?100 : {A, B} = 2'b10;
19        4'b1000 : {A, B} = 2'b11;
20        default : {A, B} = 2'bzz;
21      endcase
22
23  endmodule
```

重點說明：

於 15～21 的敘述中：

1. 只要 I[0] 為真，輸出端 A、B 的電位為 00 (行號 16)。
2. 只要 I[0] 為假，且 I[1] 為真，輸出端 A、B 的電位為 01 (行號 17)。
3. 只要 I[0]、I[1] 為假，且 I[2] 為真，輸出端 A、B 的電位為 10 (行號 18)。
4. 只要 I[0]、I[1]、I[2] 為假，且 I[3] 為真，輸出端 A、B 的電位為 11 (行號 19)。
5. 除了上述狀況，輸出端 A、B 的電位為高阻抗 (行號 20)。

功能模擬 (function simulation)：

從上面輸入與輸出的電位可以知道，系統所合成的電路是正確的。

case 的巢狀敘述

與條件判斷式 if 相同，我們也可以使用巢狀的 case 敘述來描述較複雜的硬體電路，而其基本語法與特性請參閱底下的範例。

範例	檔名：MUL4_1_CASE_NEST

以 case 的巢狀敘述，設計一個 1 位元的 4 對 1 多工器電路。

1. 方塊圖：

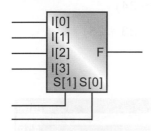

2. 真值表：

S[1]	S[0]	F
0	0	I[0]
0	1	I[1]
1	0	I[2]
1	1	I[3]

原始程式 (source program)：

```
1   /***************************
2   *    4 to 1 multiplexer    *
3   *      using case nest     *
4   *    Filename : MUL4_1.v   *
5   ***************************/
6
7   module MUL4_1(I, S, F);
8
9     input   [3:0] I;
10    input   [1:0] S;
11    output F;
12
13    reg F;
14
15    always @(I or S)
16      case (S[1])
17        1'b0 :
18          case (S[0])
19            1'b0    : F = I[0];
20            default : F = I[1];
21          endcase
22        default :
23          case (S[0])
24            1'b0    : F = I[2];
25            default : F = I[3];
26          endcase
27      endcase
28
29  endmodule
```

重點說明：

從 4 對 1 多工器的真值表中可以知道：

1. 當選擇線 S = 00 時，輸出端 F 的電位為 I[0] (行號 16～19)。
2. 當選擇線 S = 01 時，輸出端 F 的電位為 I[1] (行號 16～17、18、20)。
3. 當選擇線 S = 10 時，輸出端 F 的電位為 I[2] (行號 22～24)。
4. 當選擇線 S = 11 時，輸出端 F 的電位為 I[3] (行號 22～23、25)。

功能模擬 (function simulation)：

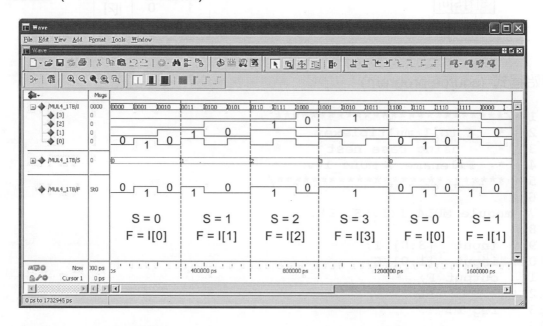

從上面輸入與輸出的電位可以知道，系統所合成的電路是正確的。

4-5　程序指定 procedural assignment

程序指定，顧名思義，它是在程式中指定或更新某個物件 (如暫存器、記憶體、整數、實數、接線……等) 的內容，於 verilog 語言中，程序指定依其指定方式，可以分成區塊式程序指定 (blocking procedural assignment) 與非區塊式程序指定 (nonblocking procedural assignment) 兩大類。

區塊式程序指定

所謂區塊式程序指定就是在整個敘述中，它們的執行方式是由上往下依順序執行，其特性與一般的高階語言相同，它的基本語法如下：

> 物件名稱 = 表示式；

它是將右邊表示式處理完後的結果，立刻指定給左邊的物件，當物件的內容被指定而改變後，其結果立即可以被後面的敘述使用，於特性上它與 VHDL 語言系統中變數 (variable) 的更新 ":=" 相同，底下我們就舉個範例來說明。

範例一	檔名：BCD_COUNTER_BLOCKING

解釋下面原始程式的內容，並了解區塊式程序指定 "=" 的特性。

原始程式 (source program)：

```
1  /****************************
2  *    bcd counter blocking    *
3  *      Filename : COUNTER.v   *
4  ****************************/
5
6  module COUNTER(CLK, RESET, Q);
7
8    input  CLK, RESET;
9    output [3:0] Q;
10
11   reg [3:0] Q;
12
13   always @(posedge CLK or negedge RESET)
14     if (!RESET)
15       Q = 4'h0;
16     else
17       begin
18         Q = Q + 1'b1;
19         if (Q == 4'hA)
20           Q = 4'h0;
21       end
22
23 endmodule
```

重點說明：

1. 行號 13 中，當時脈訊號 CLK 發生正緣變化或重置訊號 RESET 由 1 → 0 時，往下處理區塊敘述行號 14～21。

2. 行號 14～15 中，當重置訊號 RESET 為低電位時，將輸出電位 Q 清除為 0。

3. 行號 16，當重置訊號 RESET 不為低電位時，如果時脈訊號 CLK 發生負緣變化時，往下處理。

4. 行號 18 將計數器內容加 1。

5. 行號 19 判斷，如果目前計數器的內容為十六進制的 A 時，表示在行號 18 內未執行加 1 之前計數器的內容為 9 (區塊式程序指定的特性為，當物件的內容被改變後，其結果立即可以被後面的敘述使用)，因此於行號 20 內將計數器的內容清除為 0。

6. 因此於行號 14～21 內所描述的是一個帶有低態重置的 0～9 BCD 計數器。

功能模擬 (function simulation)：

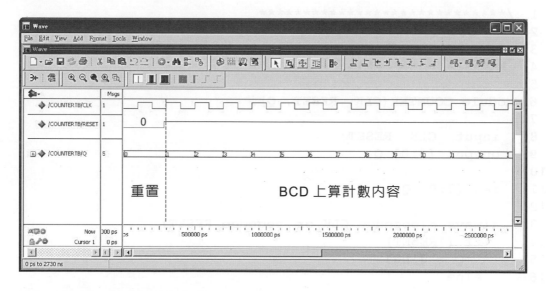

從上面輸入與輸出的電位可以知道，系統所合成的電路是正確的。

非區塊式程序指定

所謂非區塊式程序指定就是在整個區塊敘述中，當時脈訊號發生預期的變化時，所指定物件的內容才會被改變，它的基本語法如下：

> 物件名稱 <= 表示式；

它是當感應列內時脈訊號發生預期的變化時，右邊表示式處理完後的結果才會指定給左邊的物件，當物件的內容被指定而改變時，其結果不能立刻被後面的敘述使用 (因為它們不屬於同一個時脈週期)，必須等到下一個時脈訊號發生預期的變化時，才可以被後面的敘述使用，此特性與正反器的輸入與輸出相似，它們兩者永遠差一個時脈週期，這也就是在傳統邏輯序向電路內所討論的，目前的狀態 (present state) 與下一個狀態 (next state) 永遠差一個時脈週期是一樣的道理，這種特性與 VHDL 語言系統中，訊號 (signal) 的更新 "<=" 相同，底下我們就舉個範例來說明。

範例一	檔名：BCD_COUNTER_NONBLOCKING

解釋下面原始程式的內容，並了解非區塊式程序指定 "<=" 的特性。

原始程式 (source program)：

```
1   /*****************************
2    *    bcd counter nonblocking    *
3    *       Filename : COUNTER.v      *
4    *****************************/
5
6   module COUNTER(CLK, RESET, Q);
7
8     input   CLK, RESET;
9     output [3:0] Q;
10
11    reg [3:0] Q;
12
13    always @(posedge CLK or negedge RESET)
14      if (!RESET)
15        Q <= 4'h0;
16      else
17        begin
18          Q <= Q + 1'b1;
19          if (Q == 4'h9)
20            Q <= 4'h0;
21        end
22
23  endmodule
```

重點說明：

1. 行號 13 中，當時脈訊號 CLK 發生正緣變化或重置訊號 RESET 由 1 → 0 時，往下處理區塊敘述行號 14～21。

2. 行號 14～15 中，當重置訊號 RESET 為低電位時，將輸出電位 Q 清除為 0。

3. 行號 16，當重置訊號 RESET 不為低電位時，如果時脈訊號 CLK 發生負緣變化時，往下處理。

4. 行號 17～21 中：

    (1) 將目前計數器的內容加 1 (行號 18)。

    (2) 判斷目前計數器的內容是否為 9 (行號 19)，如果是則將其內容清除為 0 (行號 20)。

    注意！行號 18 右邊的計數值 Q 與行號 19 所判斷計數器內容 Q 都是目前計數器的內容，也就是時脈訊號還沒有來臨之前的內容，行號 18 與行號 20 左邊的計數器內容 Q，則是時脈訊號發生預期變化後的內容，兩者之間相差一個時脈週期，這就是非區塊式程序指定的特性。

功能模擬 (function simulation)：

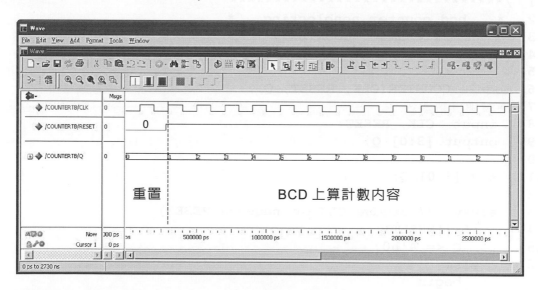

從上面輸入與輸出的電位可以知道，系統所合成的電路是正確的。

4-6　各種計數器

在數位邏輯電路設計的課程中，我們最常設計的序向電路為：

1.　計數器。

2.　移位或旋轉暫存器。

3.　Moore machine。

4.　Mealy machine。

底下我們就依照順序來討論，如何以 verilog 語言去實現上述這四種序向控制電路。

計數器 (counter) 依照它的計數方式我們可以將它區分為下面幾種：

1.　沒有規則計數器。

2.　有規則計數器：

　　　(1)　上算計數器 (up counter)。

　　　(2)　下算計數器 (down counter)。

3.　上、下算計數器 (up_down counter)。

4.　可載入計數器 (loadable counter)。

沒有規則計數器

所謂沒有規則計數器就是計數器的計數值變化是不規則的，基本上它又可以分成沒有重覆與有重覆計數兩種，其狀況如下：

$$0 \longrightarrow 4 \longrightarrow 3 \longrightarrow 7 \longrightarrow 5 \qquad \text{(沒有重複計數器)}$$

$$2 \longrightarrow 5 \longrightarrow 3 \longrightarrow 5 \longrightarrow 6 \longrightarrow 1 \qquad \text{(有重複計數器)}$$

在數位邏輯電路設計的課程中我們得到一個很重要的結論，那就是在一個電路內，同一個目前的狀況絕對不可以擁有兩個不同的下一個狀態，於上面重覆計數的內容就發生這種狀況，而其解決辦法就是將相同的狀況變成不同的狀況即可 (如何完成並沒有固定的方式)，其詳細說明請參閱後面的範例。

範例一　　檔名：RANDOM_COUNTER_1

設計一個沒有規則且沒有重覆的計數器電路，其計數內容如下：

$$0 \longrightarrow 3 \longrightarrow 7 \longrightarrow 9 \longrightarrow 2 \longrightarrow 6$$

1. 方塊圖：

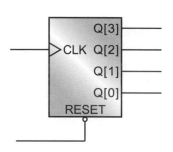

2. 狀態表：

目前狀況 PS				下一個狀態 NS			
Q[3]	Q[2]	Q[1]	Q[0]	Q[3]	Q[2]	Q[1]	Q[0]
0	0	0	0	0	0	1	1
0	0	1	1	0	1	1	1
0	1	1	1	1	0	0	1
1	0	0	1	0	0	1	0
0	0	1	0	0	1	1	0
0	1	1	0	0	0	0	0

原始程式 (source program)：

```
1   /***************************
2    *   counter by random (1)  *
3    *   Filename : COUNTER.v    *
4    ***************************/
5
6   module COUNTER(CLK, RESET, Q);
7
8     input  CLK, RESET;
9     output [3:0] Q;
10
11    reg [3:0] Q;
12
13    always @ (posedge CLK or negedge RESET)
14      begin
15        if (!RESET)
16          Q <= 4'h0;
17        else
18          case (Q)
```

```
19              4'h0      : Q <= 4'h3;
20              4'h3      : Q <= 4'h7;
21              4'h7      : Q <= 4'h9;
22              4'h9      : Q <= 4'h2;
23              4'h2      : Q <= 4'h6;
24              4'h6      : Q <= 4'h0;
25              default   : Q <= 4'h0;
26          endcase
27      end
28
29  endmodule
```

重點說明：

1. 行號 6～9 為電路的工作方塊圖與外部接腳，其狀況如下：

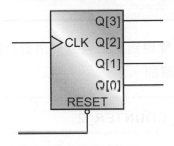

2. 行號 13～27 為用來描述序向控制電路的行為模式敘述區，而其描述方式為當重
    置 RESET 輸入電位為低電位時，計數器的輸出為 0 (行號 15～16)，如果重置
    訊號為高電位且時脈訊號 CLK 發生正緣變化 (由 0 → 1) 時，則依據目前計數
    器的內容來決定下一個計數值，而其計數狀況即如下表所示：

目前狀態	下一個狀態
0	3
3	7
7	9
9	2
2	6
6	0

功能模擬 (function simulation)：

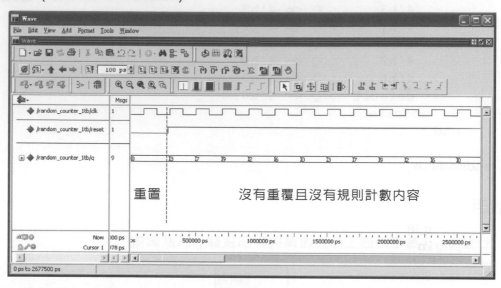

從上面計數器的輸出內容可以發現到，它與我們所要計數的內容完全相同，因此可以
知道，系統所合成的電路是正確的。

範例二	檔名：RANDOM_COUNTER_2

設計一個沒有規則且計數內容重覆的計數電路，其計數內容如下：

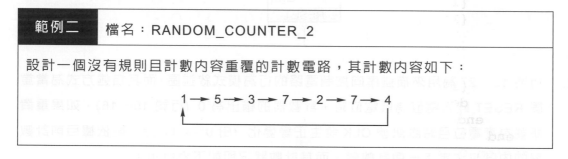

$$1 \longrightarrow 5 \longrightarrow 3 \longrightarrow 7 \longrightarrow 2 \longrightarrow 7 \longrightarrow 4$$

1. 方塊圖：

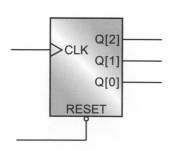

2. 狀態表：

目前狀況 PS			下一個狀態 NS		
Q[2]	Q[1]	Q[0]	Q[2]	Q[1]	Q[0]
0	0	1	1	0	1
1	0	1	0	1	1
0	1	1	1	1	1
1	1	1	0	1	0
0	1	0	1	1	1
1	1	1	1	0	0
1	0	0	0	0	1

原始程式 (source program)：

```
1   /***************************
2    *   counter by random (2)   *
3    *   Filename : COUNTER.v    *
4    ***************************/
5
6   module COUNTER(CLK, RESET, Q);
7
8     input  CLK, RESET;
9     output [2:0] Q;
10
11    reg [3:0] REG;
12
13    always @(posedge CLK or negedge RESET)
14      begin
15        if (!RESET)
16          REG <= {1'b0, 3'o1};
17        else
18          case (REG)
19            {1'b0, 3'o1} : REG <= {1'b0, 3'o5};
20            {1'b0, 3'o5} : REG <= {1'b0, 3'o3};
21            {1'b0, 3'o3} : REG <= {1'b0, 3'o7};
22            {1'b0, 3'o7} : REG <= {1'b0, 3'o2};
23            {1'b0, 3'o2} : REG <= {1'b1, 3'o7};
24            {1'b1, 3'o7} : REG <= {1'b0, 3'o4};
25            {1'b0, 3'o4} : REG <= {1'b0, 3'o1};
26            default      : REG <= {1'b0, 3'o1};
27          endcase
28      end
29    assign Q = REG[2:0];
30
31  endmodule
```

重點說明：

程式結構與前面範例一相似，而其不同之處為本範例是一個具有重覆計數值的計數器，而其解決方式為 "將相同的狀態變成不同的狀態" 即可，至於如何改變則沒有固定的方法，本程式的解決方法如下 (以二進制表示時)：

1. 行號 22 中　0111 → 0010 (7 → 2)。
2. 行號 24 中　1111 → 0100 (7 → 4)。

由於最左邊位元只是用來 "將相同的狀態變成不同的狀態"，此位元並沒有輸出 (行號 29)，因此不會影響計數內容。

功能模擬 (function simulation)：

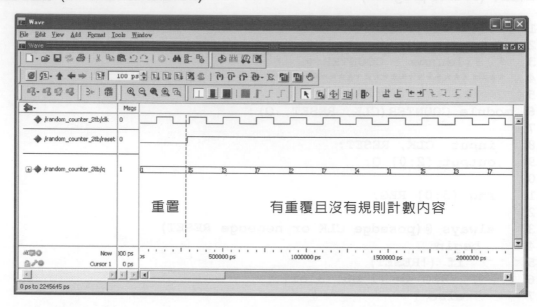

從上面的計數內容可以發現到，它與我們所要計數的內容完全相同，因此可以確定系統所合成的電路是正確的。

有規則計數器

所謂有規則計數器，就是計數器每一個計數值之間的變化是有規則的，於實用上我們又可以將它分成上算計數器與下算計數器，其詳細內容請參閱下面的範例。

範例一	檔名：BCD_EVEN_COUNTER

設計一個具有低態重置 RESET 的正緣觸發 1 位數 BCD 偶數上算計數器，其計數範圍為 0 → 2 → 4 → 6 → 8 → 0 → 2 …。

1. 方塊圖：

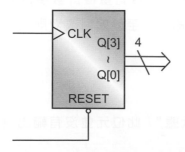

2. 真值表：

RESET	CLK	0
0	x	0
1	⌐	計數

原始程式 (source program)：

```
1   /***************************
2   *    bcd up counter (even)  *
3   *    Filename : COUNTER.v   *
4   ***************************/
5
6   module COUNTER(CLK, RESET, Q);
7
8     input  CLK, RESET;
9     output [3:0] Q;
10
11    reg [3:0] Q;
12
13    always @(posedge CLK or negedge RESET)
14      if (!RESET)
15        Q <= 4'h0;
16      else
17        if (Q == 4'h8)
18          Q <= 4'h0;
19        else
20          Q <= Q + 2'b10,
21
22  endmodule
```

重點說明：

行號 14～15 中，當重置訊號 RESET 來臨時，則將計數器的內容清除為 0，否則當時脈訊號 CLK 發生正緣變化時，如果計數器的內容為 8 時，則將它清除為 0 (行號 17～18)，不為 8 時，則將其內容加 2 (行號 19～20)，以實現偶數計數器的動作。

功能模擬 (function simulation)：

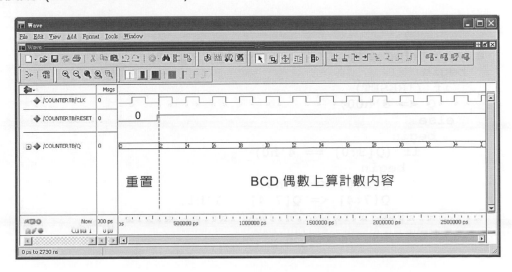

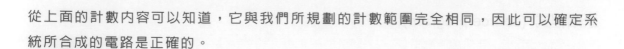

從上面的計數內容可以知道，它與我們所規劃的計數範圍完全相同，因此可以確定系統所合成的電路是正確的。

範例二　　檔名：BCD_DOWN_COUNTER_59_00

設計一個具有低態重置 RESET 的正緣觸發兩位數 BCD 下算計數器，其計數範圍為：59 → 58 → 57 → … → 01 → 00 → 59 → … (計時器的兩位數碼表)。

1. 方塊圖：

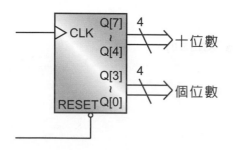

2. 真值表：

RESET	CLK	0
0	x	0
1	⤒	下算

原始程式 (source program)：

```
1   /***************************** *
2    * bcd down counter (59 - 00) *
3    *    Filename : COUNTER.v     *
4    ***************************** */
5
6   module COUNTER(CLK, RESET, Q);
7
8     input  CLK, RESET;
9     output [7:0] Q;
10
11    reg [7:0] Q;
12
13    always @(posedge CLK or negedge RESET)
14      begin
15        if (!RESET)
16          Q <= 8'h00;
17        else
18          begin
19            if (Q[3:0] == 4'h0)
20              begin
21                Q[3:0] <= 4'h9;
22                Q[7:4] <= Q[7:4] - 1'b1;
23              end
```

```
24              else
25                Q[3:0] <= Q[3:0] - 1'b1;
26
27              if (Q == 8'h00)
28                Q <= 8'h59;
29          end
30      end
31
32  endmodule
```

重點說明：

1. 當電路發生重置 RESET 時，將兩位數的計數器內容清除為 0，如果第一次要從 59 開始下數時，也可以將它設定成 59 (行號 15～16)。

2. 當時脈訊號 CLK 發生正緣變化時，如果個位數的計數內容 Q[3]～Q[0] 為 0 時 (行號 19)：

    (1) 將個位數計數內容 Q[3]～Q[0] 設定成 9 (行號 21)。

    (2) 將十位數計數內容 Q[7]～Q[4] 減一 (行號 22)。

    否則將個數位計數內容減一 (行號 24～26)。

3. 行號 27～28 當兩位數的計數內容 Q[7]～Q[0] 計數到 0 時，則將它們的內容設定成 59，如此一來兩位數的計數範圍為 59～00。

功能模擬 (function simulation)：

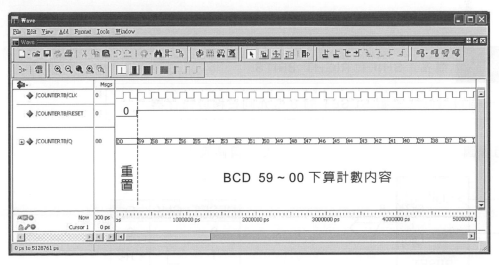

從上面兩位數的計數器輸出內容可以發現到，它與我們所要計數的內容完全相同，因此可以知道，系統所合成的電路是正確的。

4-7　各種移位與旋轉暫存器

移位暫存器 (shift register) 與旋轉暫存器 (rotate register) 於電路的結構上非常相似，它們的動作都是將儲存在暫存器內部的資料進行移位的動作，唯一差別在於所要移入暫存器資料的來源不同而已，如果我們以向右移位的方式來描述時，兩者的方塊圖即如下面所示：

向右移位暫存器方塊圖：

向右旋轉暫存器方塊圖：

於數位邏輯電路設計的課程中，我們最常看到的移位暫存器為：

1.　向左移位暫存器 (shift left register)。

2.　向右移位暫存器 (shift right register)。

3.　向左、向右移位暫存器 (shift left_right register)。

4.　可載入向左、向右移位暫存器 (loadable shift left_right register)。

底下我們就舉幾個範例來說明，如何用 verilog 語言去實現這些常用的移位與旋轉暫存器。

範例一	檔名：SHIFT_RIGHT_8BITS

設計一個具有低態重置 RESET 的 8 位元向右移位暫存器。

1.　方塊圖：

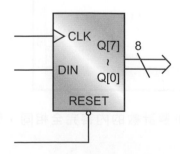

2.　真值表：

RESET	CLK	Q
0	x	0
1	⌐	右移

原始程式 (source program)：

```
1   /*******************************
2   *     8 bits data shift right    *
3   *        Filename : SHIFT.v      *
4   *******************************/
5
6   module SHIFT(CLK, RESET, DIN, Q);
7
8     input  CLK, RESET, DIN;
9     output [7:0] Q;
10
11    reg [7:0] Q;
12
13    always @(posedge CLK or negedge RESET)
14      if (!RESET)
15        Q <= 8'h00;
16      else
17        Q <= {DIN, Q[7:1]};
18
19  endmodule
```

重點說明：

行號 14～15 中，當重置訊號來臨時，則將暫存器的輸出清除為 0，否則當時脈訊號
CLK 發生正緣變化時，則進行向右移位的工作 (行號 16～17)，其狀況如下：

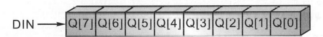

功能模擬 (function simulation)：

從上面電位的移位狀況可以發現到,當時脈訊號 CLK 發生正緣變化時,輸入訊號 DIN 就會被向右移入暫存器內,因此可以確定系統所合成的電路是正確的。

範例二	檔名:ROTATE_RIGHT_8BITS

設計一個具有低態重置 RESET 的 8 位元向右旋轉暫存器。

1. 方塊圖:

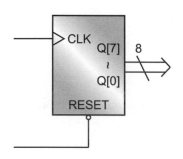

2. 真值表:

RESET	CLK	Q
0	x	8'h80
1	⤒	右旋

原始程式 (source program):

```
1  /********************************
2   *   8 bits data rotate right   *
3   *      Filename : ROTATE.v     *
4   ********************************/
5
6  module ROTATE(CLK, RESET, Q);
7
8    input  CLK, RESET;
9    output [7:0] Q;
10
11   reg [7:0] Q;
12
13   always @(posedge CLK or negedge RESET)
14     if (!RESET)
15       Q <= 8'h80;
16     else
17       Q <= {Q[0],Q[7:1]};
18
19 endmodule
```

重點說明：

行號 14～15 中，當電路發生重置時，則將暫存器內容設定成二進制的 10000000，否則當時脈訊號 CLK 發生正緣變化時，則進行資料向右旋的工作 (行號 16～17)，其狀況如下：

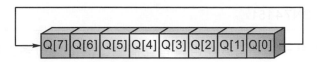

功能模擬 (function simulation)：

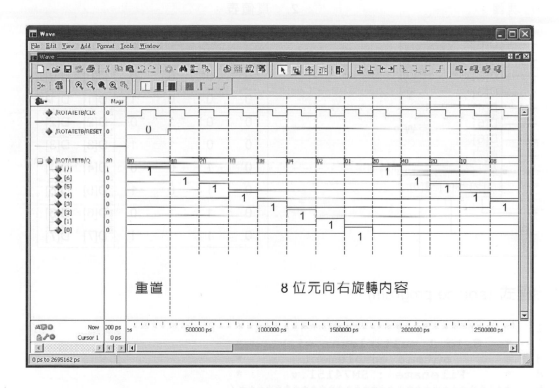

從上面電位的旋轉狀況可以發現到，當時脈訊號 CLK 發生正緣變化時，暫存器的內容 (一個 1，七個 0) 就會向右旋轉一次，因此可以確定系統所合成的電路是正確的。

4-8 SN74xxx 系列的晶片設計

早期從事硬體電路設計的工程師應該對 SN74xxx 系列的晶片不會感到陌生，於本章的最後我們就代表性的選擇幾顆 IC，並以 verilog 語言來實現。

範例一	檔名：SN74151

以 verilog 語言，設計一個帶有致能且具有互補輸出的 8 對 1 多工器晶片，其 IC 編號為 SN74151。

1. 方塊圖：

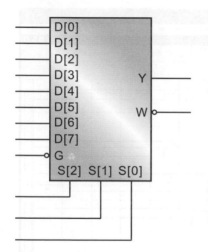

2. 真值表：

G	S[2]	S[1]	S[0]	Y	W
1	x	x	x	0	1
0	0	0	0	D[0]	$\overline{D[0]}$
0	0	0	1	D[1]	$\overline{D[1]}$
0	0	1	0	D[2]	$\overline{D[2]}$
0	0	1	1	D[3]	$\overline{D[3]}$
0	1	0	0	D[4]	$\overline{D[4]}$
0	1	0	1	D[5]	$\overline{D[5]}$
0	1	1	0	D[6]	$\overline{D[6]}$
0	1	1	1	D[7]	$\overline{D[7]}$

原始程式 (source program)：

```
1   /*******************************
2    *    8 to 1 multiplexer with    *
3    *       output complement       *
4    *     Filename : SN74151.v      *
5    *******************************/
6
7   module SN74151(D, S, G, Y, W);
8
9     input  [7:0] D;
10    input  [2:0] S;
11    input  G;
12    output Y, W;
13
14    reg Y;
```

```
15
16    assign W = ~Y;
17
18    always @(D or S or G)
19      case ({G, S})
20        4'h0    : Y = D[0];
21        4'h1    : Y = D[1];
22        4'h2    : Y = D[2];
23        4'h3    : Y = D[3];
24        4'h4    : Y = D[4];
25        4'h5    : Y = D[5];
26        4'h6    : Y = D[6];
27        4'h7    : Y = D[7];
28        default : Y = 1'b0;
29      endcase
30
31  endmodule
```

重點說明：

1.　行號 16 內將輸出訊號 Y 的電位反相後，由另一輸出接腳 W 輸出。

2.　行號 18～29 內當控制線 G 的電位為：

　　(1)　0 時：依選擇線 S[2]～S[0] 的電位選取輸入訊號 D[7]～D[0]，並由輸出
　　　　　線 Y 輸出與另一輸出線 W 反相輸出。

　　(2)　1 時：由輸出線 Y 輸出低電位 0，另一輸出線 W 輸出高電位 1。

功能模擬 (function simulation)：

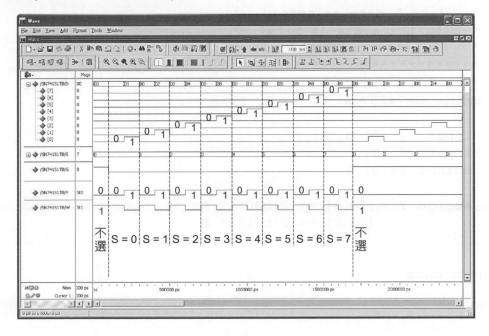

從上面輸入與輸出的電位可以看出，它們的對應關係與真值表完全相同，因此可以確定系統所合成的電路是正確的。

範例二　　檔名：SN74257

以 verilog 語言，設計一個 4 位元具有三態輸出與致能控制 (G) 的 2 對 1 多工器晶片，其 IC 編號為 SN74257。

---

1. 方塊圖：

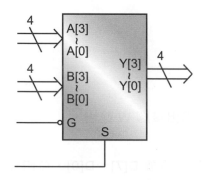

2. 真值表：

G	S	Y
1	x	Z
0	0	A
0	1	B

原始程式 (source program)：

```
1  /****************************
2  *   2 to 1 data selector   *
3  * witn tri_state (4 bits)  *
4  *   Filename : SN74257.v    *
5  ****************************/
6
7  module SN74257(A, B, G, S, Y);
8
9    input   [3:0] A, B;
10   input   G, S;
11   output  [3:0] Y;
12
13   assign Y = ({G,S} == 2'b00) ? A :
14             ({G,S} == 2'b01) ? B :
15                                   4'bzzzz;
16
17 endmodule
```

重點說明：

行號 13～15 中，當控制線 G 的電位：

0 時：當選擇線 S 的電位：

0 時：選擇 A 訊號由輸出線 Y 送出。

1 時：選擇 B 訊號由輸出線 Y 送出。

1 時：由輸出線 Y 送出高阻抗 z。

功能模擬 (function simulation)：

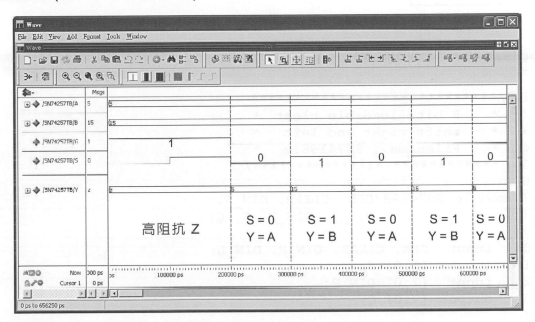

從上面輸入與輸出的電位可以發現到，它們的對應關係與真值表完全相同，因此可以確定系統所合成的電路是正確的。

範例三	檔名：SN74198

以 verilog 語言，設計一個八位元資料可以載入且可以向左邊及向右邊移位的晶片，其 IC 編號為 SN74198。

1. 方塊圖：

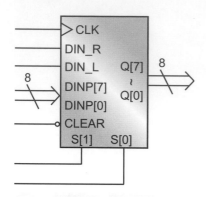

2. 真值表：

CLEAR	S[1]	S[0]	Q
0	x	x	0
1	0	0	保持
1	0	1	右移
1	1	0	左移
1	1	1	載入

原始程式 (source program)：

```
1   /*****************************
2   *    8 bits loadable clear   *
3   *    shift right and left    *
4   *    Filename : SN74198.v    *
5   *****************************/
6
7   module SN74198(CLK, CLEAR, DIN_R,
8                  DIN_L, DIN_P, S, Q);
9
10    input  CLK, CLEAR, DIN_R, DIN_L;
11    input  [1:0] S;
12    input  [7:0] DIN_P;
13    output [7:0] Q;
14
15    reg [7:0] Q;
16
17    always @(posedge CLK or negedge CLEAR)
18      begin
19       if (!CLEAR)
20         Q <= 8'h00;
21       else
22        case (S)
23          2'b01 : Q <= {DIN_R, Q[7:1]};
24          2'b10 : Q <= {Q[6:0], DIN_L};
25          2'b11 : Q <= DIN_P;
26        endcase
27      end
28
29  endmodule
```

重點說明：

行號 22～26 的敘述中，當選擇線 S 的電位為：

1. 00 時，則輸出電位保持不變，資料栓鎖。
2. 01 時，則執行向右移位 (行號 23)。
3. 10 時，則執行向左移位 (行號 24)。
4. 11 時，則執行資料載入 (行號 25)。

功能模擬 (function simulation)：

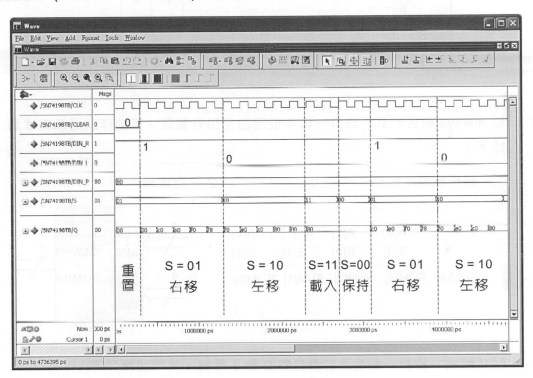

從上面輸入與輸出的電位可以發現到，它們的對應關係與真值表完全相同，因此可以確定系統所合成的電路是正確的。

第四章　自我練習與評量

4-1　以 always 敘述方式，設計一個 1 位元 2 對 1 多工器電路，其方塊圖及真值表如下：

1.　方塊圖：

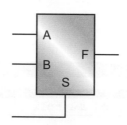

2.　真值表：

A	F
0	A
1	B

4-2　以 always 敘述方式，設計一個 4 位元的全加器電路，其動作狀況及方塊圖如下：

1.　動作狀況：

2.　方塊圖：

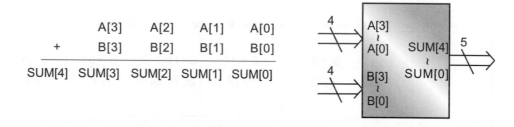

	A[3]	A[2]	A[1]	A[0]
+	B[3]	B[2]	B[1]	B[0]
SUM[4]	SUM[3]	SUM[2]	SUM[1]	SUM[0]

4-3　以 if 敘述，設計一個高準位觸發的 D 型正反器，其方塊圖如下：

方塊圖：

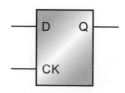

4-4　以 if … else … 敘述，設計一個 1 位元的 2 對 1 多工器，其方塊圖及真值表如下：

1. 方塊圖：

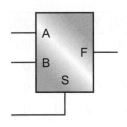

2. 真值表：

S	F
0	A
1	B

4-5　以 if … else … 敘述，設計一個 3 輸入的或閘，其方塊圖及真值表如下：

1. 方塊圖：

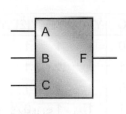

2. 真值表：

A	B	C	F
0	0	0	0
0	0	1	1
0	1	0	1
0	1	1	1
1	0	0	1
1	0	1	1
1	1	0	1
1	1	1	1

4-6　以 if … else if … else 敘述，設計一個 1 位元 4 對 1 多工器電路，其方塊圖及真值表如下：

1. 方塊圖：

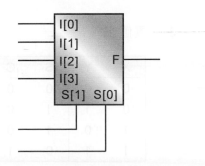

2. 真值表：

S[1]	S[0]	F
0	0	I[0]
0	1	I[1]
1	0	I[2]
1	1	I[3]

4-7　以 if … else if … else 敘述，設計一個 1 對 4 的解多工器電路，其方塊圖及真值表如下：

1.　方塊圖：

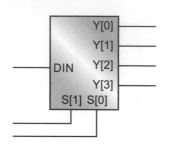

2.　真值表：

S[1]	S[0]	Y[3]	Y[2]	Y[1]	Y[0]
0	0	0	0	0	DIN
0	1	0	0	DIN	0
1	0	0	DIN	0	0
1	1	DIN	0	0	0

4-8　以 if … else if … else 敘述，設計一個低態動作 3 對 5 的多重解碼器電路，其方塊圖及真值表如下：

1.　方塊圖：

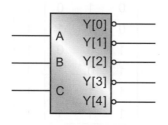

2.　真值表：

A	B	C	Y[4]	Y[3]	Y[2]	Y[1]	Y[0]
0	0	0	1	1	1	1	0
0	0	1	1	1	1	1	0
0	1	0	1	1	1	0	1
0	1	1	1	1	0	1	1
1	0	0	1	1	0	1	1
1	0	1	1	1	0	1	1
1	1	0	1	0	1	1	1
1	1	1	0	1	1	1	1

4-9　以 if … else if … else 敘述，設計一個半加器電路 (以輸入 X、Y 連結方式)，其動作狀況、方塊圖及真值表如下：

1.　動作狀況：

2.　方塊圖：

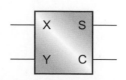

3.　真值表：

X	Y	S	C
0	0	0	0
0	1	1	0
1	0	1	0
1	1	0	1

4-10　以 if … else if … else 敘述，設計一個 1 位元的全加器電路 (以輸入 X0、Y0、C0；輸出 S0、C1 連結方式)，其動作狀況、方塊圖、真值表如下：

1. 動作狀況：　　　2. 方塊圖：　　　3. 真值表：

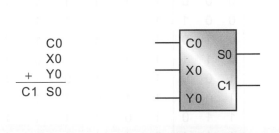

C0	X0	Y0	S0	C1
0	0	0	0	0
0	0	1	1	0
0	1	0	1	0
0	1	1	0	1
1	0	0	1	0
1	0	1	0	1
1	1	0	0	1
1	1	1	1	1

4-11　以 if … else if … else 敘述，設計一個兩組 4 位元的比較器電路 (以輸出 LARGE、EQV、SMALL 連結方式)，其方塊圖及真值表如下：

1. 方塊圖：　　　　　　　　2. 真值表：

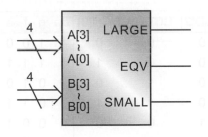

A　　B	LARGE	EQV	SMALL
A = B	0	1	0
A < B	0	0	1
A > B	1	0	0

4-12　以 if … else if … else 敘述，設計一個 2 對 4 高態動作的解碼器電路 (以輸入 A、B 連結方式)，其方塊圖及真值表如下：

1. 方塊圖：　　　　　　　　2. 真值表：

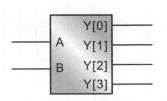

A	B	Y[3]	Y[2]	Y[1]	Y[0]
0	0	0	0	0	1
0	1	0	0	1	0
1	0	0	1	0	0
1	1	1	0	0	0

4-13 以 if … else if … else 敘述,設計一個 3 對 8 低態動作的解碼器電路 (以輸入 A、B、C 連結方式),其方塊圖及真值表如下:

1. 方塊圖:　　　　　2. 真值表:

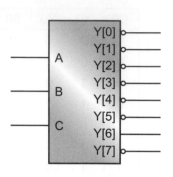

A	B	C	Y[7]	Y[6]	Y[5]	Y[4]	Y[3]	Y[2]	Y[1]	Y[0]
0	0	0	1	1	1	1	1	1	1	0
0	0	1	1	1	1	1	1	1	0	1
0	1	0	1	1	1	1	1	0	1	1
0	1	1	1	1	1	1	0	1	1	1
1	0	0	1	1	1	0	1	1	1	1
1	0	1	1	1	0	1	1	1	1	1
1	1	0	1	0	1	1	1	1	1	1
1	1	1	0	1	1	1	1	1	1	1

4-14 以 if … else if … else 敘述,設計一個 BCD 對共陽極七段顯示器的解碼器電路,其方塊圖及真值表如下:

1. 方塊圖:　　　　　2. 真值表:

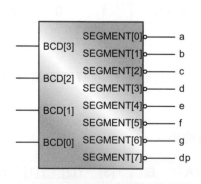

BCD[3]	BCD[2]	BCD[1]	BCD[0]	dp	g	f	e	d	c	b	a	字型
0	0	0	0	1	1	0	0	0	0	0	0	0
0	0	0	1	1	1	1	1	1	0	0	1	1
0	0	1	0	1	0	1	0	0	1	0	0	2
0	0	1	1	1	0	1	1	0	0	0	0	3
0	1	0	0	1	0	0	1	1	0	0	1	4
0	1	0	1	1	0	0	1	0	0	1	0	5
0	1	1	0	1	0	0	0	0	0	1	0	6
0	1	1	1	1	1	1	1	1	0	0	0	7
1	0	0	0	1	0	0	0	0	0	0	0	8
1	0	0	1	1	0	0	1	0	0	0	0	9
1	0	1	0	1	1	1	1	1	1	1	1	
1	0	1	1	1	1	1	1	1	1	1	1	
1	1	0	0	1	1	1	1	1	1	1	1	
1	1	0	1	1	1	1	1	1	1	1	1	
1	1	1	0	1	1	1	1	1	1	1	1	
1	1	1	1	1	1	1	1	1	1	1	1	

4-15　以 if … else 敘述，設計一個 1 對 2 的解多工器電路，其方塊圖及真值表如下：

1.　方塊圖：

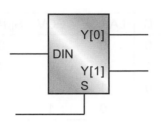

2.　真值表：

S	DIN	Y[1]	Y[0]
0	0	0	0
0	1	0	1
1	0	0	0
1	1	1	0

4-16　以巢狀 if … else 敘述，設計一個 1 位元 4 對 1 的多工器電路，其方塊圖及真值表如下：

1.　方塊圖：

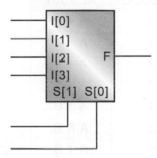

2.　真值表：

S[1]	S[0]	F
0	0	I[0]
0	1	I[1]
1	0	I[2]
1	1	I[3]

4-17　以 case 敘述，設計一個半加器電路，其方塊圖及真值表如下：

1.　方塊圖：

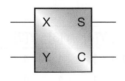

2.　真值表：

X	Y	S	C
0	0	0	0
0	1	1	0
1	0	1	0
1	1	0	1

4-18 以 case 敘述,設計一個 1 位元的比較器電路,其方塊圖及真值表如下:

1. 方塊圖:

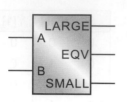

2. 真值表:

A	B	LARGE	EQV	SMALL
0	0	0	1	0
0	1	0	0	1
1	0	1	0	0
1	1	0	1	0

4-19 以 case 敘述,設計一個依操作碼 (op code) 執行各種運算的電路,其方塊圖及真值表如下:

1. 方塊圖:

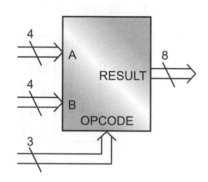

2. 真值表:

OPCODE	RESULT
0	A + B
1	A − B
2	A + 1
3	A − 1
4	A * B
5	A & B
6	A | B
7	A ^ B

4-20 以 case 敘述,設計一個低態動作 3 對 5 的多重解碼器電路,其方塊圖及真值表如下:

1. 方塊圖:

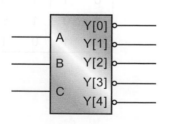

2. 真值表:

A	B	C	Y[4]	Y[3]	Y[2]	Y[1]	Y[0]
0	0	0	1	1	1	1	0
0	0	1	1	1	1	1	0
0	1	0	1	1	1	0	1
0	1	1	1	1	0	1	1
1	0	0	1	1	0	1	1
1	0	1	1	1	0	1	1
1	1	0	1	0	1	1	1
1	1	1	0	1	1	1	1

4-21　以 case 敘述，設計 BCD 對共陽極七段顯示器的解碼電路，其方塊圖及真值表如下：

1.　方塊圖：

2.　真值表：

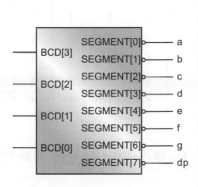

BCD[3]	BCD[2]	BCD[1]	BCD[0]	dp	g	f	e	d	c	b	a	字型
0	0	0	0	1	1	0	0	0	0	0	0	0
0	0	0	1	1	1	1	1	1	0	0	1	1
0	0	1	0	1	0	1	0	0	1	0	0	2
0	0	1	1	1	0	1	1	0	0	0	0	3
0	1	0	0	1	0	0	1	1	0	0	1	4
0	1	0	1	1	0	0	1	0	0	1	0	5
0	1	1	0	1	0	0	0	0	0	1	0	6
0	1	1	1	1	1	1	1	1	0	0	0	7
1	0	0	0	1	0	0	0	0	0	0	0	8
1	0	0	1	1	0	0	1	0	0	0	0	9
1	0	1	0	1	1	1	1	1	1	1	1	
1	0	1	1	1	1	1	1	1	1	1	1	
1	1	0	0	1	1	1	1	1	1	1	1	
1	1	0	1	1	1	1	1	1	1	1	1	
1	1	1	0	1	1	1	1	1	1	1	1	
1	1	1	1	1	1	1	1	1	1	1	1	

4-22　以 case 敘述，設計一個 3 輸入的 AND 閘電路 (以輸出 A、B、C 連結方式)，其方塊圖及真值表如下：

1.　方塊圖：

2.　真值表：

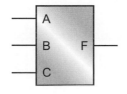

A	B	C	F
0	0	0	0
0	0	1	0
0	1	0	0
0	1	1	0
1	0	0	0
1	0	1	0
1	1	0	0
1	1	1	1

4-23 以 case 敘述,設計一個 3 輸入的 OR 閘電路 (以輸出 A、B、C 連結方式),其方塊圖及真值表如下:

1. 方塊圖:

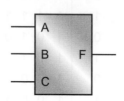

2. 真值表:

A	B	C	F
0	0	0	0
0	0	1	1
0	1	0	1
0	1	1	1
1	0	0	1
1	0	1	1
1	1	0	1
1	1	1	1

4-24 以 case 敘述,設計一個 1 位元的全加器電路 (以輸出 C0、X0、Y0 連結方式),其動作狀況、方塊圖與真值表如下:

1. 動作狀況: 2. 方塊圖: 3. 真值表:

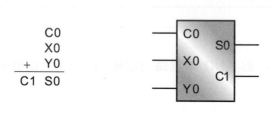

C0	X0	Y0	S0	C1
0	0	0	0	0
0	0	1	1	0
0	1	0	1	0
0	1	1	0	1
1	0	0	1	0
1	0	1	0	1
1	1	0	0	1
1	1	1	1	1

4-25　以 case 敘述，設計一個高態動作的 3 對 8 解碼器電路 (以輸出 A、B、C 連結
　　　方式)，其方塊圖及真值表如下：

1.　方塊圖：　　　　　　　　　2.　真值表：

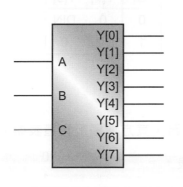

A	B	C	Y[7]	Y[6]	Y[5]	Y[4]	Y[3]	Y[2]	Y[1]	Y[0]
0	0	0	0	0	0	0	0	0	0	1
0	0	1	0	0	0	0	0	0	1	0
0	1	0	0	0	0	0	0	1	0	0
0	1	1	0	0	0	0	1	0	0	0
1	0	0	0	0	0	1	0	0	0	0
1	0	1	0	0	1	0	0	0	0	0
1	1	0	0	1	0	0	0	0	0	0
1	1	1	1	0	0	0	0	0	0	0

4-26　以 case 敘述，設計一個具有三態輸出的 4 對 2 編碼器電路，其方塊圖及真值表
　　　如下：

1.　方塊圖：　　　　　　　　　2.　真值表：

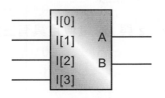

I[3]	I[2]	I[1]	I[0]	A	B
0	0	0	1	0	0
0	0	1	0	0	1
0	1	0	0	1	0
1	0	0	0	1	1
其餘電位				z	z

4-27　以 case 敘述，設計一個 1 位元的 2 對 1 多工器電路，其方塊圖及真值表如下：

1.　方塊圖：　　　　　　　　　2.　真值表：

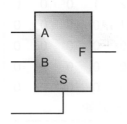

S	F
0	A
1	B

4-28　以 case 敘述，設計一個 1 對 2 解多工器電路，其方塊圖及真值表如下：

1. 方塊圖：

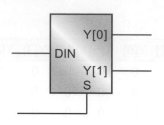

2. 真值表：

S	Y[1]	Y[0]
0	0	DIN
1	DIN	0

4-29　以 case 敘述，設計一個 1 對 4 解多工器電路，其方塊圖及真值表如下：

1. 方塊圖：

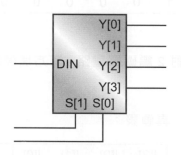

2. 真值表：

S[1]	S[0]	Y[3]	Y[2]	Y[1]	Y[0]
0	0	1	1	1	DIN
0	1	1	1	DIN	1
1	0	1	DIN	1	1
1	1	DIN	1	1	1

4-30　以 casex 敘述，設計一個於輸入端可以出現 x、z 與 ? 電位且具有三態輸出的 8 對 3 優先編碼器，其方塊圖及真值表如下：

1. 方塊圖：

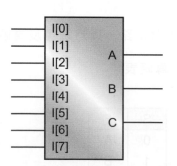

2. 真值表：

I[7]	I[6]	I[5]	I[4]	I[3]	I[2]	I[1]	I[0]	A	B	C
x	x	x	x	x	x	x	1	0	0	0
x	x	x	x	x	x	1	0	0	0	1
x	x	x	x	x	1	0	0	0	1	0
x	x	x	x	1	0	0	0	0	1	1
x	x	x	1	0	0	0	0	1	0	0
x	x	1	0	0	0	0	0	1	0	1
x	1	0	0	0	0	0	0	1	1	0
1	0	0	0	0	0	0	0	1	1	1
其餘狀態								z	z	z

4-31 以巢狀的 case 敘述,設計一個 1 對 4 的解多工器電路,其方塊圖及真值表如下:

1. 方塊圖:

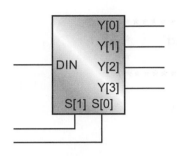

2. 真值表:

S[1]	S[0]	Y[3]	Y[2]	Y[1]	Y[0]
0	0	0	0	0	DIN
0	1	0	0	DIN	0
1	0	0	DIN	0	0
1	1	DIN	0	0	0

4-32 解釋原始程式的內容,並了解區塊式程序指定 " = " 的特性。

原始程式 (source program):

```
1    /********************************
2     *      bcd counter blocking      *
3     *      Filename : COUNTER.v       *
4     ********************************/
5
6    module COUNTER(CLK, RESET, Q);
7
8      input  CLK, RESET;
9      output [3:0] Q;
10
11     reg [3:0] Q;
12
13     always @(posedge CLK or negedge RESET)
14       if (!RESET)
15         Q = 4'h0;
16       else
17         if (Q == 4'h9)
18           Q = 4'h0;
19         else
20           Q = Q + 1'b1;
21
22   endmodule
```

數位邏輯設計與晶片實務(Verilog)

4-33 解釋原始程式的內容，並了解非區塊式程序指定 "<=" 的特性。

原始程式 (source program)：

```
1   /*********************************
2   *      bcd counter nonblocking      *
3   *          Filename : COUNTER.v         *
4   *********************************/
5
6   module COUNTER(CLK, RESET, Q);
7
8     input  CLK, RESET;
9     output [3:0] Q;
10
11    reg [3:0] Q;
12
13    always @ (posedge CLK or negedge RESET)
14      if (!RESET)
15        Q <= 4'h0;
16      else
17        if (Q == 4'h9)
18          Q <= 4'h0;
19        else
20          Q <= Q + 1'b1;
21
22  endmodule
```

4-34 以 if … else 敘述，設計一個帶有低態重置 RESET 的正緣觸發 D 型正反器電
路，其方塊圖及真值表如下：

1. 方塊圖：

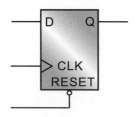

2. 真值表：

RESET	CLK	Q
0	x	0
1	⌐	D

4-78

4-35　設計一個沒有規則且沒有重覆的計數器電路，其計數內容、方塊圖及狀態表分別如下：

$$1 \longrightarrow 5 \longrightarrow 9 \longrightarrow 8 \longrightarrow 6 \longrightarrow 3$$

1.　方塊圖：

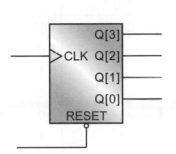

2.　狀態表：

目前狀況 PS				下一個狀態 NS			
Q[3]	Q[2]	Q[1]	Q[0]	Q[3]	Q[2]	Q[1]	Q[0]
0	0	0	1	0	1	0	1
0	1	0	1	1	0	0	1
1	0	0	1	1	0	0	0
1	0	0	0	0	1	1	0
0	1	1	0	0	0	1	1
0	0	1	1	0	0	0	1

4-36　以列表方式設計一個帶有低態重置 RESET 的正緣觸發 BCD 計數器，計數狀況為 $0 \rightarrow 3 \rightarrow 7 \rightarrow 9 \rightarrow 2 \rightarrow 6 \rightarrow 0 \rightarrow 3 \cdots$，其方塊圖及真值表如下：

1.　方塊圖：

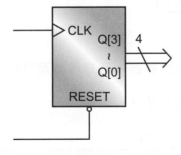

2.　狀態表：

目前狀況 PS	下一狀況 NS
0	3
3	7
7	9
9	2
2	6
6	0

4-37 設計一個沒有規則且計數內容重覆的計數電路,其計數內容、方塊圖及狀態表分別如下:

$$0 \rightarrow 3 \rightarrow 7 \rightarrow 6 \rightarrow 3 \rightarrow 5 \rightarrow 4$$

1. 方塊圖:

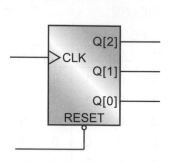

2. 狀態表:

目前狀況 PS			下一個狀態 NS		
Q[2]	Q[1]	Q[0]	Q[2]	Q[1]	Q[0]
0	0	0	0	1	1
0	1	1	1	1	1
1	1	1	1	1	0
1	1	0	0	1	1
0	1	1	1	0	1
1	0	1	1	0	0
1	0	0	0	0	0

4-38 設計一個 4 位元的二進制上算計數器,其計數範圍為 0~F,電路的方塊圖如下:

方塊圖:

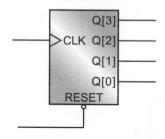

4-39 設計一個 4 位元,可以上算與下算的二進制計數器,其方塊圖及真值表如下:

1. 方塊圖:

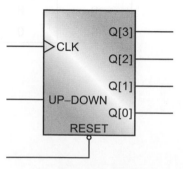

2. 真值表:

RESET	CLK	UP–DOWN	Q
0	x	x	0
1	⌐	0	上算
1	⌐	1	下算

4-40　設計一個可以載入計數資料 (loadable) 的 4 位元上算二進制計數器電路，其方塊圖及真值表如下：

1. 方塊圖：

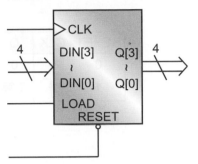

2. 真值表：

RESET	CLK	LOAD	Q
0	x	x	DIN
1	↑	0	上算
1	↑	1	DIN

4-41　設計一個帶有致能 ENABLE 輸入的 BCD 上算計數器，其計數範圍為 0～9，電路的方塊圖及真值表如下：

1. 方塊圖：

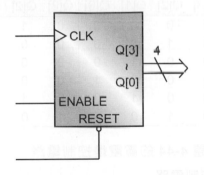

2. 真值表：

ENABLE	CLK	Q_{n+1}
0	x	Q_n
1	↑	上算

4-42　設計一個兩位數的 BCD 上算計數器，其計數範圍為 00～23 (時鐘的小時計時電路)，其方塊圖如下：

方塊圖：

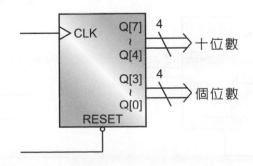

4-43 設計一個具有低態重置 RESET 的正緣觸發 1 位數 BCD 下算計數器，其計數範圍為 9～0，電路的方塊圖與真值表如下：

1. 方塊圖：

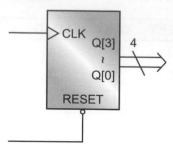

2. 真值表：

RESET	CLK	Q
0	x	0
1	⌐	下算

4-44 以區塊式程序指定方式，設計一個具有低態重置 RESET 的正緣觸發 4 位元一次一個亮的霹靂燈控制電路，其方塊圖與狀態表如下：

1. 方塊圖：

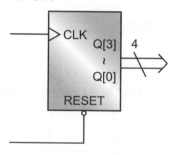

2. 狀態表：

目前狀態 PS				下一狀態 NS			
Q[3]	Q[2]	Q[1]	Q[0]	Q[3]	Q[2]	Q[1]	Q[0]
1	0	0	0	0	1	0	0
0	1	0	0	0	0	1	0
0	0	1	0	0	0	0	1
0	0	0	1	0	0	1	0
0	0	1	0	0	1	0	0
0	1	0	0	1	0	0	0

4-45 以非區塊式程序指定方式，重新設計上題 4-44 的霹靂燈控制電路。

4-46 以列表法重新設計上面 4-44 的霹靂燈控制電路。

4-47 設計一個低態重置 RESET 的 4 位元向左移位暫存器電路，其方塊圖及動作狀況如下：

1. 方塊圖：

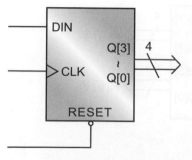

2. 動作狀況：

4-48　設計一個低態重置 RESET 的八位元可以向左、向右的移位暫存器電路,當控制
　　　移位模式的 MODE 電位為 0 時,暫存器向右移位,為 1 時向左移位,其方塊圖
　　　及動作狀況如下:

1.　方塊圖:　　　　　　　2.　動作狀況:

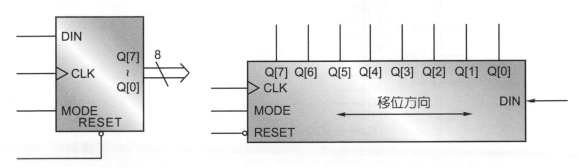

4-49　設計一個低態重置 RESET 的 4 位元向左旋轉暫存器電路,其方塊圖及動作狀況
　　　如下:

1.　方塊圖:　　　　　　　2.　動作狀況:

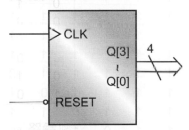

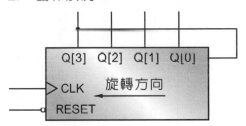

4-50　設計一個低態重置 RESET,且可以載入資料的八位元向右旋轉暫存器,其方塊
　　　圖及動作狀況如下:

1.　方塊圖:　　　　　　　2.　動作狀況:

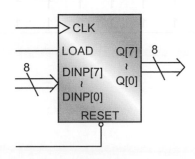

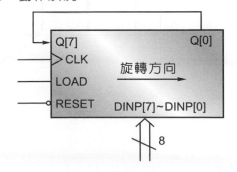

4-51 設計一個將加三碼 (excess_3) 解碼成低態動作的十進制晶片，IC 編號為 SN7443，其方塊圖及真值表如下：

1. 方塊圖：

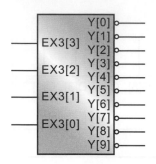

2. 真值表：

EX3[3]	Ex3[2]	Ex3[1]	Ex3[0]	Y[9]	Y[8]	Y[7]	Y[6]	Y[5]	Y[4]	Y[3]	Y[2]	Y[1]	Y[0]
0	0	0	0	1	1	1	1	1	1	1	1	1	1
0	0	0	1	1	1	1	1	1	1	1	1	1	1
0	0	1	0	1	1	1	1	1	1	1	1	1	1
0	0	1	1	1	1	1	1	1	1	1	1	1	0
0	1	0	0	1	1	1	1	1	1	1	1	0	1
0	1	0	1	1	1	1	1	1	1	1	0	1	1
0	1	1	0	1	1	1	1	1	1	0	1	1	1
0	1	1	1	1	1	1	1	1	0	1	1	1	1
1	0	0	0	1	1	1	1	0	1	1	1	1	1
1	0	0	1	1	1	1	0	1	1	1	1	1	1
1	0	1	0	1	1	0	1	1	1	1	1	1	1
1	0	1	1	1	0	1	1	1	1	1	1	1	1
1	1	0	0	0	1	1	1	1	1	1	1	1	1
1	1	0	1	1	1	1	1	1	1	1	1	1	1
1	1	1	0	1	1	1	1	1	1	1	1	1	1
1	1	1	1	1	1	1	1	1	1	1	1	1	1

4-52　設計一個將加三格雷碼 0～9 的數值，解碼成十進制 (低態動作) 的晶片，IC 編號為 SN7444，其方塊圖與真值表如下：

1.　方塊圖：

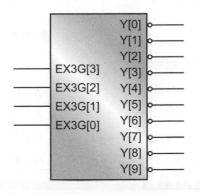

2.　真值表：

EX3G[3]	Ex3G[2]	Ex3G[1]	Ex3G[0]	Y[9]	Y[8]	Y[7]	Y[6]	Y[5]	Y[4]	Y[3]	Y[2]	Y[1]	Y[0]
0	0	1	0	1	1	1	1	1	1	1	1	1	0
0	1	1	0	1	1	1	1	1	1	1	1	0	1
0	1	1	1	1	1	1	1	1	1	1	0	1	1
0	1	0	1	1	1	1	1	1	1	0	1	1	1
0	1	0	0	1	1	1	1	1	0	1	1	1	1
1	1	0	0	1	1	1	1	0	1	1	1	1	1
1	1	0	1	1	1	1	0	1	1	1	1	1	1
1	1	1	1	1	1	0	1	1	1	1	1	1	1
1	1	1	0	1	0	1	1	1	1	1	1	1	1
1	0	1	0	0	1	1	1	1	1	1	1	1	1

4-53　設計一個 4 位元的全加器晶片，IC 編號為 SN7483 或 SN74283，其方塊圖及動作狀況如下：

1.　方塊圖：

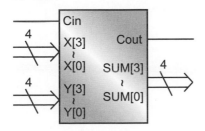

2.　動作狀況：

				Cin
	X[3]	X[2]	X[1]	X[0]
+	Y[3]	Y[2]	Y[1]	Y[0]
Cout	SUM[3]	SUM[2]	SUM[1]	SUM[0]

4-54 設計一個兩組 4 位元且可以擴展 (8，12，16……位元) 的比較器晶片，IC 編號為 SN7485 (以輸出 LARGE、EQV、SMALL 連結方式)，其方塊圖與真值表如下 (詳細特性請參閱 SN7485 的資料手冊)：

1. 方塊圖：

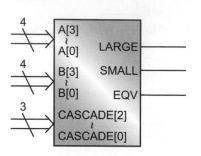

2. 真值表：

A B	CASCADE	LARGE	SMALL	EQV
A > B	x	1	0	0
A < B	x	0	1	0
A = B	CASCADE	CASCADE		

4-55 設計一個兩組選擇線共用，且具有各別致能的 1 位元 4 對 1 多工器晶片，IC 編號為 SN74153，其方塊圖及真值表如下：

1. 方塊圖：

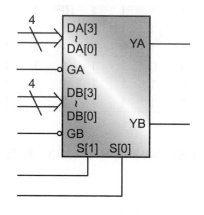

2. 真值表：

G	S[1]	S[0]	Y
1	x	x	0
0	0	0	D[0]
0	0	1	D[1]
0	1	0	D[2]
0	1	1	D[3]

4-56 設計一個內部擁有兩組帶有致能 (G) 及選擇線 (C) 的低態動作 2 對 4 解碼器晶片，IC 編號為 SN74155，其方塊圖與真值表如下：

1. 方塊圖：

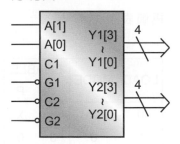

2. 真值表：

G	C1	C2	A[1]	A[0]	Y[3]	Y[2]	Y[1]	Y[0]
1	x	x	x	x	1	1	1	1
x	0	1	x	x	1	1	1	1
0	1	0	0	0	1	1	1	0
0	1	0	0	1	1	1	0	1
0	1	0	1	0	1	0	1	1
0	1	0	1	1	0	1	1	1

註：Y1 解碼的條件為：G1 = 0 且 C1 = 1
Y2 解碼的條件為：G2 = 0 且 C2 = 0

4-57 設計一個具有 LED 測試 LT、RBI 輸入、RBO 輸出的共陽極 BCD 碼對七段顯示解碼器晶片，IC 編號為 SN74247，其方塊圖與真值表如下：

1. 方塊圖：

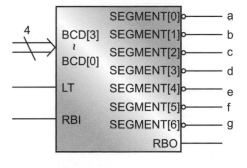

2. 真值表：

LT	RBI	BCD	RBO	g	f	e	d	c	b	a
0	x	x	1	0	0	0	0	0	0	0
1	0	0	0	1	1	1	1	1	1	1
1	x	0	1	1	0	0	0	0	0	0
1	x	1	1	1	1	1	1	0	0	1
1	x	2	1	0	1	0	0	1	0	0
1	x	3	1	0	1	1	0	0	0	0
1	x	4	1	0	0	1	1	0	0	1
1	x	5	1	0	0	1	0	0	1	0
1	x	6	1	0	0	0	0	0	1	0
1	x	7	1	1	1	1	0	0	0	0
1	x	8	1	0	0	0	0	0	0	0
1	x	9	1	0	0	1	0	0	0	0
1	x	A	1	0	1	0	0	1	1	1
1	x	B	1	0	1	1	0	0	1	1
1	x	C	1	0	0	1	1	1	0	1
1	x	D	1	0	0	1	0	1	1	0
1	x	E	1	0	0	0	0	1	1	1
1	x	F	1	1	1	1	1	1	1	1

4-58 設計一個帶有致能輸入、進位與借位輸出；且資料可以載入 (與時脈訊號 CLK 同步) 的上、下算 4 位元二進制計數器晶片，其 IC 編號為 SN74169，電路的方塊圖及真值表如下：

1. 方塊圖：

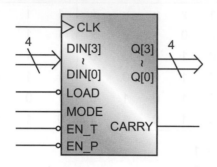

2. 真值表：

LOAD	MODE	ENABLE		動作
		T	P	
0	x	x	x	載入
1	0	0	0	下算
1	1	0	0	上算

第四章 自我練習與評量解答

4-1 原始程式 (source program)：

```
1   /****************************
2   *     2 to 1 multiplexer    *
3   *   using always statement  *
4   *     Filename : MUL2_1.v   *
5   ****************************/
6
7   module MUL2_1(A, B, S, F);
8
9     input  A, B, S;
10    output F;
11
12    reg F;
13
14    always @(S or A or B)
15      F = ~S & A | S & B;
16
17  endmodule
```

功能模擬 (function simulation)：

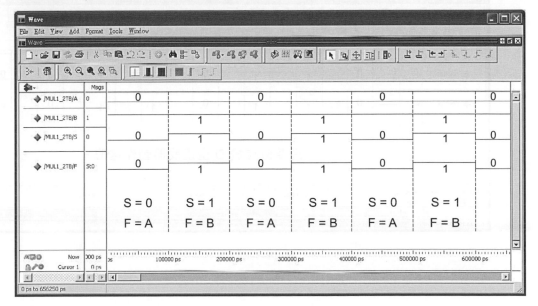

4-3 原始程式 (source program)：

```
1   /****************************
2   *        d ff with latch      *
3   *      using if statement     *
4   *        Filename : DFF.v     *
5   ****************************/
6
7   module DFF(CLK, D, F);
8
9     input  CLK, D;
10    output F;
11
12    reg F;
13
14    always @(CLK or D)
15      if (CLK)
16        F = D;
17
18  endmodule
```

功能模擬 (function simulation)：

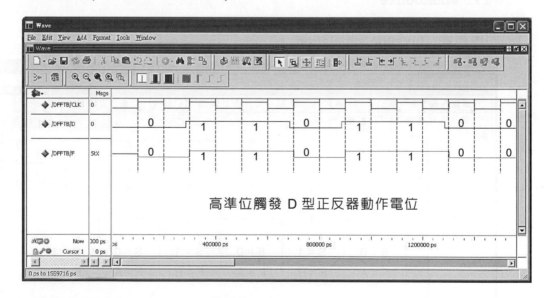

高準位觸發 D 型正反器動作電位

4-5　原始程式 (source program)：

```
1   /****************************
2   *        3 input or gate    *
3   *      using if .. else     *
4   *    Filename : OR_GATE.v    *
5   ****************************/
6
7   module OR_GATE(A, B, C, F);
8
9     input  A, B, C;
10    output F;
11
12    reg F;
13
14    always @(A or B or C)
15      if (|{A, B, C})
16        F = 1'b1;
17      else
18        F = 1'b0;
19
20  endmodule
```

功能模擬 (function simulation)：

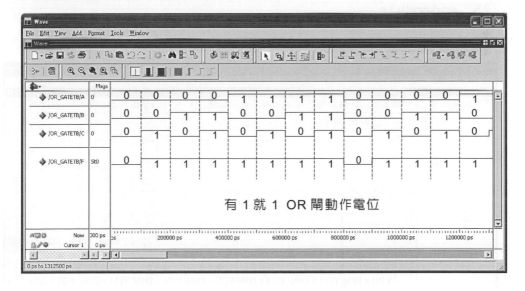

有 1 就 1 OR 閘動作電位

4-7　原始程式 (source program)：

```
1   /***************************
2   *   1 to 4 demultiplexer   *
3   *  using if else_if else   *
4   *  Filename : DEMUL1_4.v   *
5   ***************************/
6
7   module DEMUL1_4(DIN, S, Y);
8
9     input  DIN;
10    input  [1:0] S;
11    output [3:0] Y;
12
13    reg [3:0] Y;
14
15    always @(DIN or S)
16      if (S == 2'b00)
17        Y = {3'b000, DIN};
18      else if (S == 2'b01)
19        Y = {2'b00, DIN, 1'b0};
20      else if (S == 2'b10)
21        Y = {1'b0, DIN, 2'b00};
22      else
23        Y = {DIN, 3'b000};
24
25  endmodule
```

功能模擬 (function simulation)：

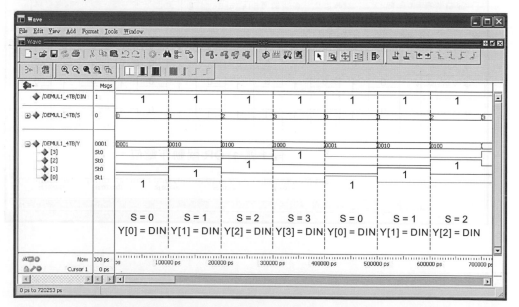

4-9　原始程式 (source program)：

```
1   /****************************
2   *          half adder          *
3   *      using if statement      *
4   *  Filename : HALF_ADDER.v  *
5   ****************************/
6
7   module HALF_ADDER(X, Y, S, C);
8
9     input  X, Y;
10    output S, C;
11
12    reg S, C;
13
14    always @(X or Y)
15     if ({X, Y} == 2'b00)
16      begin
17        S = 1'b0;
18        C = 1'b0;
19      end
20     else if (({X, Y} == 2'b01) | ({X, Y} == 2'b10))
21      begin
22        S = 1'b1;
23        C = 1'b0;
24      end
25     else
26      begin
27        S = 1'b0;
28        C = 1'b1;
29      end
30
31  endmodule
```

功能模擬 (function simulation)：

半加器相加電位

4-11 原始程式 (source program)：

```
1    /*****************************
2    *     4 bits comparactor     *
3    *     using if statement      *
4    * Filename : COMPARACTOR.v *
5    *****************************/
6
7    module COMPARACTOR(A, B, LARGE,
8                            EQV, SMALL);
9
10     input  [3:0] A, B;
11     output LARGE, EQV, SMALL;
12
13     reg LARGE, EQV, SMALL;
14
15     always @(A or B)
16       if (A > B)
17         {LARGE, EQV, SMALL} = 3'b100;
18       else if (A == B)
19         {LARGE, EQV, SMALL} = 3'b010;
20       else
21         {LARGE, EQV, SMALL} = 3'b001;
22
23    endmodule
```

功能模擬 (function simulation)：

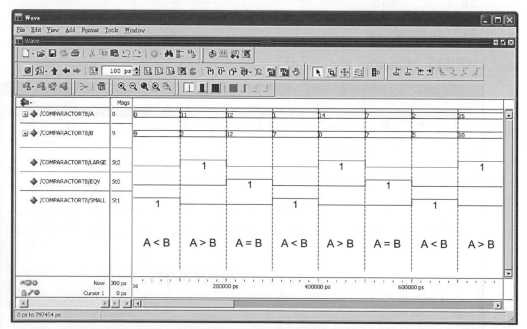

4-13　原始程式 (source program)：

```
1   /********************************
2    *  3 to 8 decoder active low   *
3    *       using if statement     *
4    *    Filename : DECODER3_8.v   *
5    ********************************/
6
7   module DECODER3_8(A, B, C, Y);
8
9     input  A, B, C;
10    output [7:0] Y;
11
12    reg [7:0] Y;
13
14    always @(A or B or C)
15     if ({A, B, C} == 3'o0)
16      Y = {8'b11111110};
17     else if ({A, B, C} == 3'o1)
18      Y = {8'b11111101};
19     else if ({A, B, C} == 3'o2)
20      Y = {8'b11111011};
21     else if ({A, B, C} == 3'o3)
22      Y = {8'b11110111};
23     else if ({A, B, C} == 3'o4)
24      Y = {8'b11101111};
25     else if ({A, B, C} == 3'o5)
26      Y = {8'b11011111};
27     else if ({A, B, C} == 3'o6)
28      Y = {8'b10111111};
29     else
30      Y = {8'b01111111};
31
32  endmodule
```

功能模擬 (function simulation)：

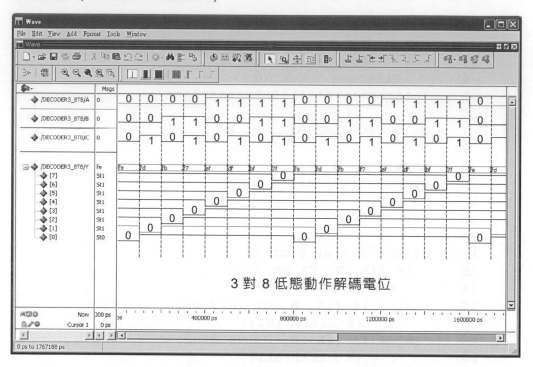

3 對 8 低態動作解碼電位

4-15　原始程式 (source program)：

```
1   /****************************
2   *    1 to 2 demultiplexer   *
3   *     using if statement    *
4   *   Filename : DEMUL1_2.v   *
5   ****************************/
6
7   module DEMUL1_2(DIN, S, Y);
8
9     input  DIN, S;
10    output [1:0] Y;
11
12    reg [1:0] Y;
13
14    always @(DIN or S)
15      if (S)
16        Y = {DIN, 1'b0};
17      else
18        Y = {1'b0, DIN};
19
20  endmodule
```

功能模擬 (function simulation)：

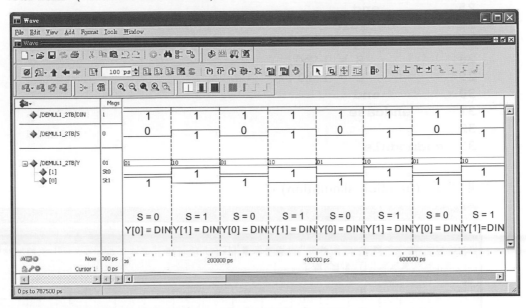

4-17　原始程式 (source program)：

```
1    /*****************************
2    *          half adder          *
3    *     using case statement     *
4    *   Filename : HALF_ADDER.v    *
5    *****************************/
6
7    module HALF_ADDER(X, Y, S, C);
8
9      input  X, Y;
10     output S, C;
11
12     reg S, C;
13
14     always @(X or Y)
15       case ({X, Y})
16         2'b00 :
17           begin
18             S = 1'b0;
19             C = 1'b0;
20           end
21         2'b01, 2'b10 :
22           begin
23             S = 1'b1;
```

```
24          C = 1'b0;
25        end
26      default :
27        begin
28          S = 1'b0;
29          C = 1'b1;
30        end
31    endcase
32
33 endmodule
```

功能模擬 (function simulation)：

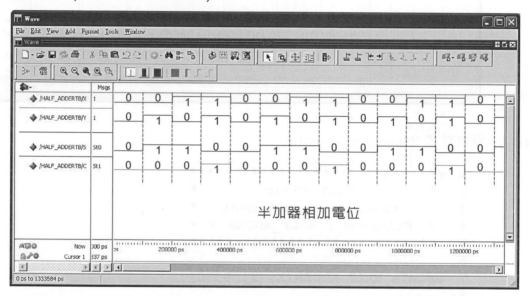

半加器相加電位

4-19   原始程式 (source program)：

```
1  /****************************
2  * basic ALU (add, sub, inc *
3  * ,dec, mul, and, or, xor) *
4  *   Filename : ALU.v        *
5  ****************************/
6
7  module ALU(A, B, OPCODE, RESULT);
8
9    input  [2:0]  OPCODE;
10   input  [3:0]  A, B;
11   output [7:0]  RESULT;
12
13   reg [7:0] RESULT;
```

```
14
15     always @(A or B or OPCODE)
16       case (OPCODE)
17         3'o0    : RESULT = A + B;
18         3'o1    : RESULT = A - B;
19         3'o2    : RESULT = A + 1;
20         3'o3    : RESULT = A - 1;
21         3'o4    : RESULT = A * B;
22         3'o5    : RESULT = A & B;
23         3'o6    : RESULT = A | B;
24         default : RESULT = A ^ B;
25       endcase
26
27   endmodule
```

功能模擬 (function simulation)：

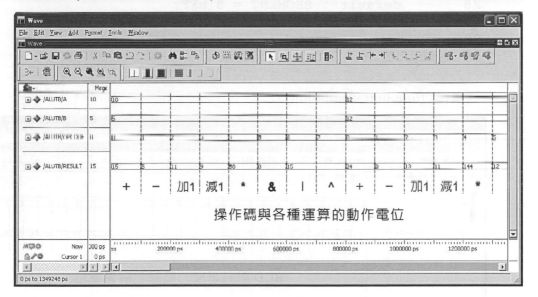

操作碼與各種運算的動作電位

4-21　原始程式 (source program)：

```
1   /*********************************
2   *  bcd to seven segment decoder  *
3   *       using case statement      *
4   *      Filename : BCD_SEVEN.v      *
5   *********************************/
6
7   module BCD_SEVEN(BCD,SEGMENT);
8
9     input  [3:0]  BCD;
10    output [7:0]  SEGMENT;
```

```
11
12    reg [7:0] SEGMENT;
13
14    always @(BCD)
15      case (BCD)
16        4'h0    : SEGMENT = 8'hC0;
17        4'h1    : SEGMENT = 8'hF9;
18        4'h2    : SEGMENT = 8'hA4;
19        4'h3    : SEGMENT = 8'hB0;
20        4'h4    : SEGMENT = 8'h99;
21        4'h5    : SEGMENT = 8'h92;
22        4'h6    : SEGMENT = 8'h82;
23        4'h7    : SEGMENT = 8'hF8;
24        4'h8    : SEGMENT = 8'h80;
25        4'h9    : SEGMENT = 8'h90;
26        default : SEGMENT = 8'hFF;
27      endcase
28
29  endmodule
```

功能模擬 (function simulation)：

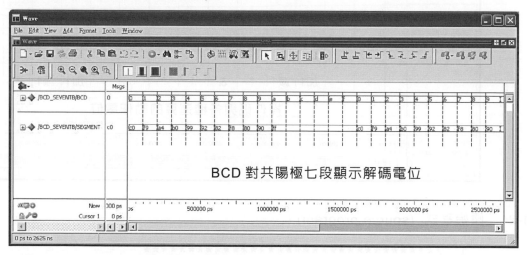

BCD 對共陽極七段顯示解碼電位

4-23 原始程式 (source program)：

```
1   /***************************
2    *     3 input or gate     *
3    *   using case statement  *
4    *   Filename : OR_GATE.v  *
5    ***************************/
```

```
 6
 7   module OR_GATE(A, B, C, F);
 8
 9     input  A, B, C;
10     output F;
11
12     reg F;
13
14     always @(A or B or C)
15       case (|{A, B, C})
16         1'b1    : F = 1'b1;
17         default : F = 1'b0;
18       endcase
19
20   endmodule
```

功能模擬 (function simulation)：

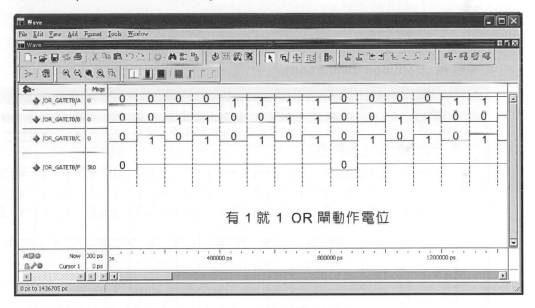

有 1 就 1 OR 閘動作電位

4-25　原始程式 (source program)：

```
 1   /********************************
 2   *  3 to 8 decoder active high  *
 3   *      using case statement     *
 4   *     Filename : DECODER3_8.v   *
 5   ********************************/
 6
 7   module DECODER3_8(A, B, C, Y);
```

```
8
9     input  A, B, C;
10    output [7:0] Y;
11
12    reg [7:0] Y;
13
14    always @(A or B or C)
15      case ({A, B, C})
16        3'o0    : Y = {8'b00000001};
17        3'o1    : Y = {8'b00000010};
18        3'o2    : Y = {8'b00000100};
19        3'o3    : Y = {8'b00001000};
20        3'o4    : Y = {8'b00010000};
21        3'o5    : Y = {8'b00100000};
22        3'o6    : Y = {8'b01000000};
23        default : Y = {8'b10000000};
24      endcase
25
26    endmodule
```

功能模擬 (function simulation)：

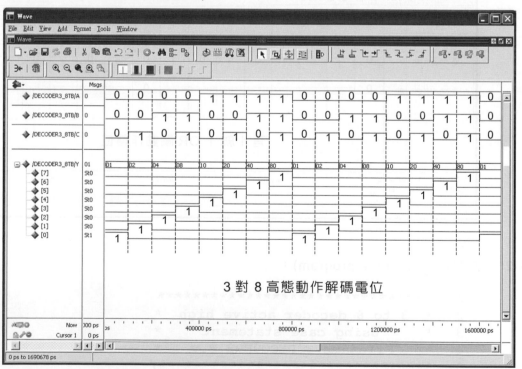

3 對 8 高態動作解碼電位

4-27　原始程式 (source program)：

```
1   /**************************
2   *   2 to 1 multiplexer    *
3   *  using case statement   *
4   *   Filename : MUL2_1.v   *
5   **************************/
6
7   module MUL2_1(A, B, S, F);
8
9     input  A, B, S;
10    output F;
11
12    reg F;
13
14    always @(A or B or S)
15      case (S)
16        1'b0    : F = A;
17        default : F = B;
18      endcase
19
20  endmodule
```

功能模擬 (function simulation)：

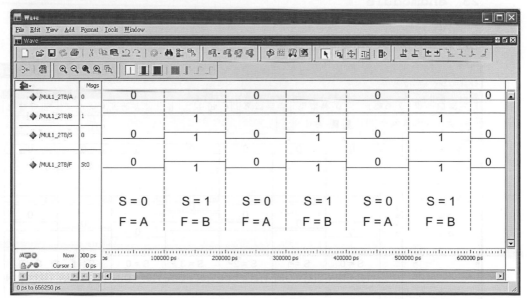

4-29 原始程式 (source program)：

```
1  /**************************
2  *   1 to 4 demultiplexer  *
3  *   using case statement  *
4  *  Filename : DEMUL1_4.v  *
5  ************************* */
6
7  module DEMUL1_4(DIN, S, Y);
8
9    input  DIN;
10   input  [1:0] S;
11   output [3:0] Y;
12
13   reg [3:0] Y;
14
15   always @(DIN or S)
16     case (S)
17       2'b00   : Y = {3'b111, DIN};
18       2'b01   : Y = {2'b11, DIN, 1'b1};
19       2'b10   : Y = {1'b1, DIN, 2'b11};
20       default : Y = {DIN, 3'b111};
21     endcase
22
23 endmodule
```

功能模擬 (function simulation)：

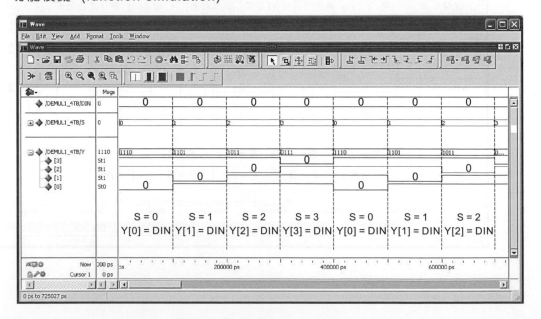

4-31　原始程式 (source program)：

```
1    /***************************
2    *   1 to 4 demultiplexer   *
3    *       using case nest    *
4    *   Filename : DEMUL1_4.v   *
5    ***************************/
6
7    module DEMUL1_4(DIN, S, Y);
8
9      input  DIN;
10     input  [1:0] S;
11     output [3:0] Y;
12
13     reg [3:0] Y;
14
15     always @(DIN or S)
16       case (S[1])
17         1'b0 :
18           case (S[0])
19             1'b0    : Y = {3'b000, DIN};
20             default : Y = {2'b00, DIN, 1'b0};
21           endcase
22         default :
23           case (S[0])
24             1'b0    : Y = {1'b0, DIN, 2'b0};
25             default : Y = {DIN, 3'b000};
26           endcase
27       endcase
28
29   endmodule
```

功能模擬 (function simulation)：

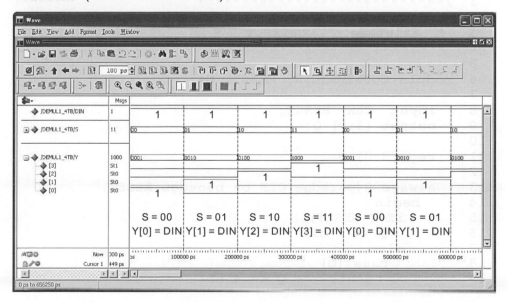

4-33　重點說明：

本程式與內文非區塊式程序指定的範例相同，都是一個帶有低態重置 RESET 的 0～9 BCD 計數器，而其唯一不同之處為本程式是先判斷 (行號 17～18) 再將計數器的內容加 1 (行號 19～20)，由於我們使用非區塊程序指定，因此行號 17 內所判斷的目前計數器內容為 9。

功能模擬 (function simulation)：

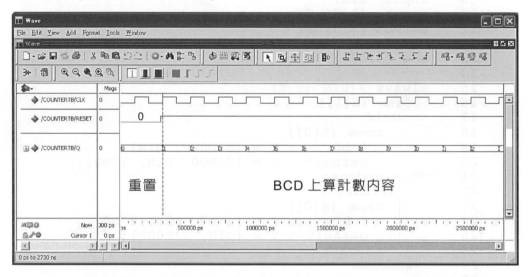

4-35　原始程式 (source program)：

```
1   /***************************
2    * counter by tabulate(1)  *
3    *   Filename : COUNTER.v   *
4    ***************************/
5
6   module COUNTER(CLK, RESET, Q);
7
8     input  CLK, RESET;
9     output [3:0] Q;
10
11    reg [3:0] Q;
12
13    always @(posedge CLK or negedge RESET)
14      begin
15        if (!RESET)
16          Q <= 4'h1;
17        else
18          case (Q)
19            4'h1    : Q <= 4'h5;
```

```
20          4'h5    : Q <= 4'h9;
21          4'h9    : Q <= 4'h8;
22          4'h8    : Q <= 4'h6;
23          4'h6    : Q <= 4'h3;
24          4'h3    : Q <= 4'h1;
25          default : Q <= 4'h1;
26        endcase
27      end
28
29  endmodule
```

功能模擬 (function simulation)：

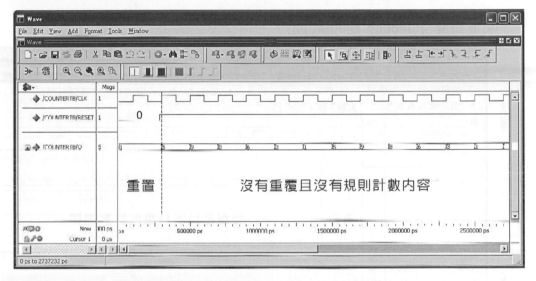

4-37 原始程式 (source program)：

```
1   /****************************
2   *   counter by tabulate(2)  *
3   *   Filename : COUNTER.v    *
4   ****************************/
5
6   module COUNTER(CLK, RESET, Q);
7
8     input  CLK, RESET;
9     output [2:0] Q;
10
11    reg [3:0] REG;
12
13    always @(posedge CLK or negedge RESET)
14      begin
15        if (!RESET)
16          REG <= {1'b0, 3'o0};
17        else
18          case (REG)
```

```
19            {1'b0, 3'o0} : REG <= {1'b0, 3'o3};
20            {1'b0, 3'o3} : REG <= {1'b0, 3'o7};
21            {1'b0, 3'o7} : REG <= {1'b0, 3'o6};
22            {1'b0, 3'o6} : REG <= {1'b1, 3'o3};
23            {1'b1, 3'o3} : REG <= {1'b0, 3'o5};
24            {1'b0, 3'o5} : REG <= {1'b0, 3'o4};
25            {1'b0, 3'o4} : REG <= {1'b0, 3'o0};
26            default      : REG <= {1'b0, 3'o0};
27        endcase
28      end
29    assign Q = REG[2:0];
30
31  endmodule
```

功能模擬 (function simulation)：

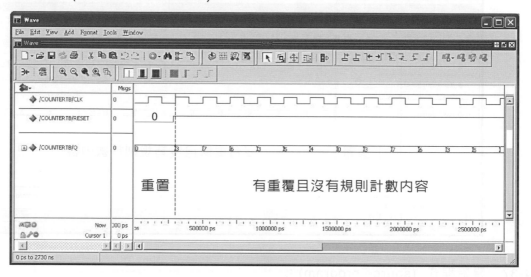

4-39 原始程式 (source program)：

```
1  /**********************************
2   * 4 bits binary up down counter *
3   *      Filename : UP_DOWN.v      *
4   **********************************/
5
6  module UP_DOWN(CLK, RESET, UP_DOWN, Q);
7
8    input  CLK, RESET, UP_DOWN;
9    output [3:0] Q;
10
11   reg [3:0] Q;
12
13   always @ (posedge CLK or negedge RESET)
```

```
14       if (!RESET)
15         Q <= 4'h0;
16       else
17         if (UP_DOWN)
18           Q <= Q - 1'b1;
19         else
20           Q <= Q + 1'b1;
21
22   endmodule
```

功能模擬 (function simulation)：

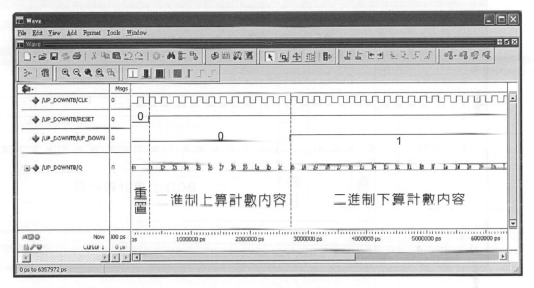

4-41　原始程式 (source program)：

```
1   /********************************
2   * 1 dig bcd up counter (enable) *
3   *    Filename : COUNTER.v        *
4   ********************************/
5
6   module COUNTER(CLK, RESET, ENABLE, Q);
7
8     input  CLK, RESET, ENABLE;
9     output [3:0] Q;
10
11    reg [3:0] Q;
12
13      always @ (posedge CLK or negedge RESET)
14        if (!RESET)
```

```
15          Q <= 4'h0;
16       else if (ENABLE)
17        if ( Q == 4'h9)
18          Q <= 4'h0;
19        else
20          Q <= Q + 1'b1;
21
22   endmodule
```

功能模擬 (function simulation)：

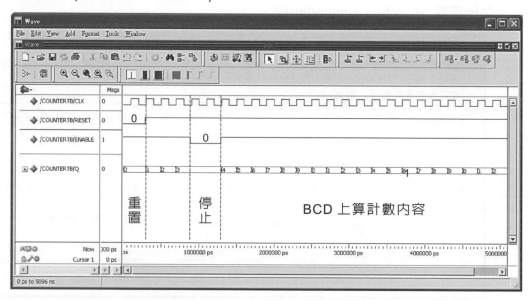

4-43　原始程式 (source program)：

```
1   /***************************
2    *  1 dig bcd down counter *
3    *    Filename : COUNTER.v  *
4    ***************************/
5
6   module COUNTER(CLK, RESET, Q);
7
8     input  CLK, RESET;
9     output [3:0] Q;
10
11    reg [3:0] Q;
12
13    always @(posedge CLK or negedge RESET)
14     if (!RESET)
```

```
15        Q <= 4'h0;
16      else
17        if (Q == 4'h0)
18          Q <= 4'h9;
19        else
20          Q <= Q - 1'b1;
21
22  endmodule
```

功能模擬 (function simulation)：

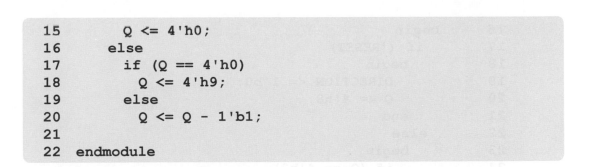

4-45　原始程式 (source program)：

```
1   /*********************************
2   * 4 bits pili light nonblocking  *
3   *     Filename : PILI_LIGHT.v    *
4   *********************************/
5
6   module PILI_LIGHT(CLK, RESET, Q);
7
8     input  CLK;
9     input  RESET;
10    output [3:0] Q;
11
12    reg [3:0] Q;
13    reg DIRECTION;
14
15    always @(posedge CLK or negedge RESET)
```

```
16    begin
17      if (!RESET)
18        begin
19          DIRECTION <= 1'b0;
20          Q <= 4'h8;
21        end
22      else
23        begin
24          if (Q == 4'h2)
25            DIRECTION <= 1'b1;
26          else if (Q == 4'h4)
27            DIRECTION <= 1'b0;
28
29          if (DIRECTION)
30            Q <= {Q[2:0],1'b0};
31          else
32            Q <= {1'b0,Q[3:1]};
33        end
34    end
35
36  endmodule
```

功能模擬 (function simulation)：

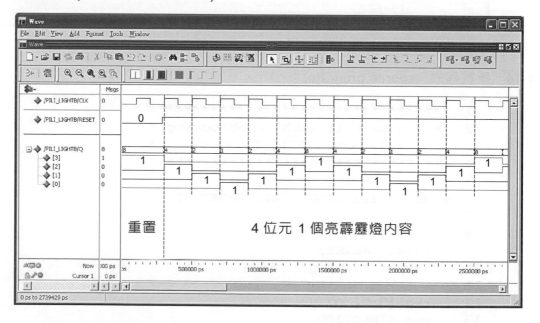

4-47　原始程式 (source program)：

```
1   /**************************
2    * 4 bits data shift left *
3    *   Filename : SHIFT.v    *
4    **************************/
5
6   module SHIFT(CLK, RESET, DIN, Q);
7
8     input  CLK, RESET, DIN;
9     output [3:0] Q;
10
11    reg [3:0] Q;
12
13    always @(posedge CLK or negedge RESET)
14      if (!RESET)
15        Q <= 4'h0;
16      else
17        Q <= {Q[2:0], DIN};
18
19  endmodule
```

功能模擬 (function simulation)：

4-49　原始程式 (source program)：

```
1   /**************************
2    * 4 bits data rotate left*
3    *   Filename : ROTATE.v   *
4    **************************/
5
6   module ROTATE(CLK, RESET, Q);
7
8     input  CLK, RESET;
9     output [3:0] Q;
10
11    reg [3:0] Q;
12
13    always @(posedge CLK or negedge RESET)
14      if (!RESET)
15        Q <= 4'h1;
16      else
17        Q <= {Q[2:0], Q[3]};
18
19  endmodule
```

功能模擬 (function simulation)：

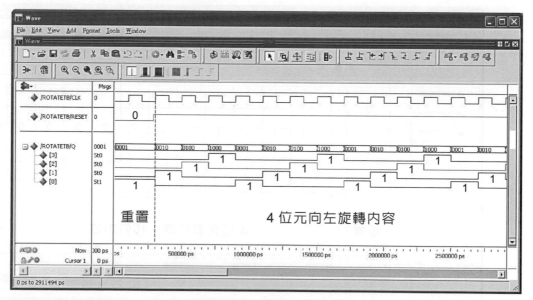

4-51　原始程式 (source program)：

```
1    /*************************
2     *      excess_3 code to      *
3     *      decimal decoder        *
4     *   Filename : SN7443.v    *
5     *************************/
6
7    module SN7443(EX3, Y);
8
9      input  [3:0] EX3;
10     output [9:0] Y;
11
12     reg [9:0] Y;
13
14     always @(EX3)
15       case (EX3)
16         4'h3    : Y = {10'b1111111110};
17         4'h4    : Y = {10'b1111111101};
18         4'h5    : Y = {10'b1111111011};
19         4'h6    : Y = {10'b1111110111};
20         4'h7    : Y = {10'b1111101111};
21         4'h8    : Y = {10'b1111011111};
22         4'h9    : Y = {10'b1110111111};
23         4'hA    : Y = {10'b1101111111};
24         4'hB    : Y = {10'b1011111111};
25         4'hC    : Y = {10'b0111111111};
26         default : Y = {10'b1111111111};
27       endcase
28
29   endmodule
```

功能模擬 (function simulation)：

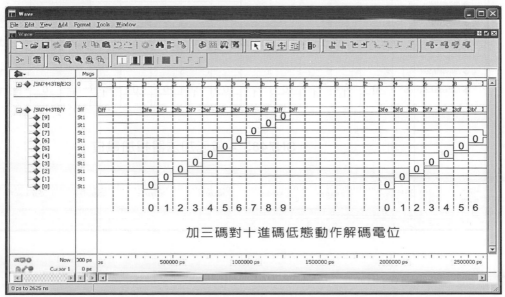

加三碼對十進碼低態動作解碼電位

4-53 原始程式 (source program)：

```
1    /***************************
2     *      4 bits full adder    *
3     *     Filename : SN7483.v  *
4     ***************************/
5
6    module SN7483(Cin, X, Y, SUM, Cout);
7
8      input  Cin;
9      input  [3:0] X, Y;
10     output Cout;
11     output [3:0] SUM;
12
13     reg [3:0] SUM;
14     reg Cout;
15
16     always @(Cin or X or Y)
17       {Cout, SUM} = Cin + X + Y;
18
19   endmodule
```

功能模擬 (function simulation)：

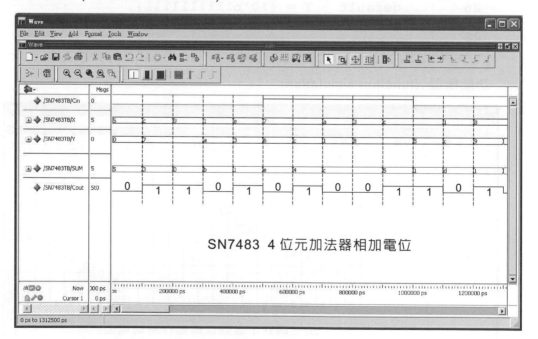

SN7483 4 位元加法器相加電位

4-55 原始程式 (source program)：

```
1   /***************************
2    *      4 to 1 multiplexer      *
3    *      with enable  (dual)     *
4    *    Filename : SN74153.v    *
5    ***************************/
6
7   module SN74153(DA, DB, S, GA,
8                   GB, YA, YB);
9
10    input  GA, GB;
11    input  [1:0] S;
12    input  [3:0] DA, DB;
13    output YA, YB;
14
15    reg YA, YB;
16
17    always @(GA or S or DA)
18      case ({GA, S})
19        3'o0    : YA = DA[0];
20        3'o1    : YA = DA[1];
21        3'o2    : YA = DA[2];
22        3'o3    : YA = DA[3];
23        default : YA = 1'b0;
24      endcase
25
26    always @(GB or S or DB)
27      case ({GB, S})
28        3'o0    : YB = DB[0];
29        3'o1    : YB = DB[1];
30        3'o2    : YB = DB[2];
31        3'o3    : YB = DB[3];
32        default : YB = 1'b0;
33      endcase
34
35  endmodule
```

功能模擬 (function simulation)：

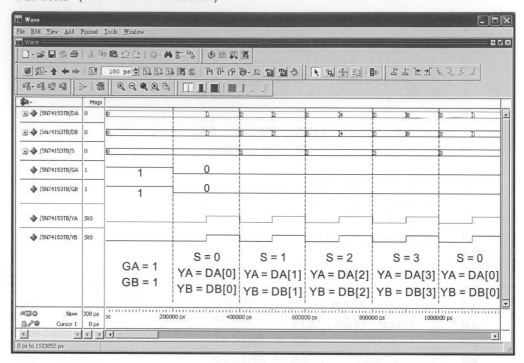

4-57　原始程式 (source program)：

```
1   /*********************************
2   *  bcd to seven segment decoder  *
3   *       Filename : SN74247.v      *
4   *********************************/
5
6   module SN74247(BCD, LT, RBI, RBO, SEGMENT);
7
8     input  LT, RBI;
9     input  [3:0] BCD;
10    output RBO;
11    output [6:0] SEGMENT;
12
13    reg RBO;
14    reg [6:0] SEGMENT;
15
16    always @(BCD or LT or RBI)
17      begin
18        if (!LT)
19          begin
20            SEGMENT  = 7'h00;
21            RBO      = 1'b1;
22          end
23        else if ({RBI, BCD} == 5'b00000)
```

```
24              begin
25                SEGMENT   = 7'h7F;
26                RBO       = 1'b0;
27              end
28            else
29              begin
30                RBO = 1'b1;
31                case (BCD)
32                  4'h0     : SEGMENT = 7'h40;
33                  4'h1     : SEGMENT = 7'h79;
34                  4'h2     : SEGMENT = 7'h24;
35                  4'h3     : SEGMENT = 7'h30;
36                  4'h4     : SEGMENT = 7'h19;
37                  4'h5     : SEGMENT = 7'h12;
38                  4'h6     : SEGMENT = 7'h02;
39                  4'h7     : SEGMENT = 7'h78;
40                  4'h8     : SEGMENT = 7'h00;
41                  4'h9     : SEGMENT = 7'h10;
42                  4'hA     : SEGMENT = 7'h27;
43                  4'hB     : SEGMENT = 7'h33;
44                  4'hC     : SEGMENT = 7'h1D;
45                  4'hD     : SEGMENT = 7'h16;
46                  4'hE     : SEGMENT = 7'h07;
47                  default  : SEGMENT = 7'h7F;
48                endcase
49              end
50       end
51
52  endmodule
```

功能模擬 (function simulation)：

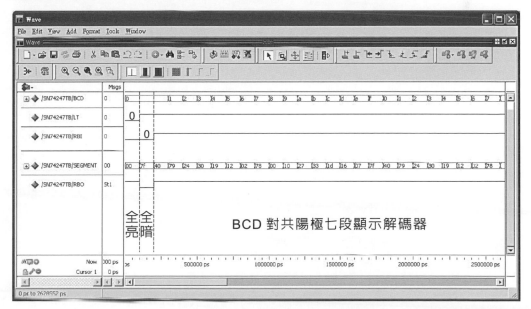

BCD 對共陽極七段顯示解碼器

元件、迴圈、函數與任務

5-1　結構化與模組化

一個優良的程式結構必須具備容易閱讀、容易偵錯、容易發展、容易維護……等特性，
希望擁有上述特性的程式，它所使用的語言必須是一種具有結構化 (structure) 特性的
語言，也就是它所撰寫出來的程式為一種：

1. 由上往下執行 (top down)。
2. 模組化 (module)。

所謂的模組化就是，我們可以將一個大程式分割成無數個彼此之間都不會相互影響的
獨立小程式，有了這種特性，軟體工程師就可以將一個很大的軟體系統，細分成為數
可觀的小程式後，交給不同的工程師們同時進行程式設計工作，以期達到分工的效果。

verilog 語言就是這樣的語言，為了要達到快速的產品設計與量產來滿足市場的需求，
硬體工程師可以將一個大型的硬體控制電路，分割成無數個小型獨立的小電路後，同
時交給不同的設計師去設計、模擬及測試，一旦每個硬體電路都設計且測試完成後，

再將它們一一的連接成一個大型電路，舉個例子來說，如果我們要設計一個很龐大而複雜的硬體電路，於先期作業上我們先將它規劃成如下的階層式結構：

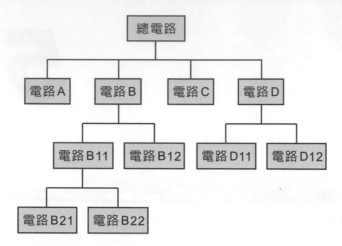

當上述的階層式結構被規劃出來後，我們可以將它們交給一群設計師同時進行電路的設計、測試、偵錯，最後即可將整個複雜的硬體電路在很短的時間內完成，甚至我們可以將這些完成的控制電路當成元件 (component)，分門別類的建立出一套元件資料庫系統供設計師往後使用。底下我們就來討論這些元件的建立與叫用方式。

5-2　元件 component

正如前面所討論的，為了能夠以分工方式來完成龐大硬體電路的設計，於 verilog 語言內系統提供了元件 (component) 的敘述結構，工程師們可以將時常使用到的控制電路，如多工器 (multiplexer)、解碼器 (decoder)、解多工器 (demultipliexer)、計數器 (counter)、移位暫存器 (shift register)……等建立成一個元件庫系統，以方便往後設計電路需要時，將它們以元件方式叫用。當我們在設計電路的過程，如果需要叫用元件庫內部的元件時，叫用元件的硬體與被叫用元件之間的連線對應 (mapping) 方式，於 verilog 語言系統內可以分成下面兩種：

1.　名稱對應 mapping by name。
2.　位置對應 mapping by position。

名稱對應 mapping by name

所謂名稱對應 (mapping by name)，就是主電路與被叫用元件之間的連線是以接腳名稱做對應，也就是以接腳的名稱來指定那一隻接腳接到那一隻接腳，此種對應關係與接腳的排放位置無關，而其基本語法如下：

> 元件名稱 標名 (.接腳名稱 (接腳名稱) , .接腳名稱 (接腳名稱)……) ;

1. 元件名稱：所要叫用元件的名稱。
2. 標名：元件的標名，必須符合識別字的要求。
3. 接腳名稱：被叫用元件的埠接腳名稱。
4. (接腳名稱)：叫用元件的埠接腳名稱。

詳細狀況請參閱後面的範例。

範例	檔名：BCD_SEVEN_SEGMENT_COMPONENT_NAME

利用元件的結構，設計一個 BCD 上算計數器與 BCD 對共陽極七段顯示的解碼器兩個元件，同時於主電路內叫用它們，並以名稱對應的連線方式進行兩個電路的整合。

方塊圖：

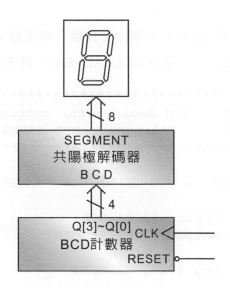

<步驟一>　建立一個新的 project (名稱自訂，此處為 BCD_SEVEN_SEGMENT_ COMPONENT_NAME)。

<步驟二> 設計一個 1 位數 BCD 上算計數器,經合成、模擬,確定無誤後存檔 (檔名自訂,此處為 COUNTER),其內容如下:

```verilog
1   /*********************************
2    *     bcd counter for component    *
3    *        Filename : COUNTER.v      *
4    *********************************/
5
6   module COUNTER(CLK, RESET, Q);
7
8     input  CLK, RESET;
9     output [3:0] Q;
10
11    reg [3:0] Q;
12
13    always @ (posedge CLK or negedge RESET)
14      if (!RESET)
15        Q <= 4'h0;
16      else
17        if (Q == 4'h9)
18          Q <= 4'h0;
19      else
20          Q <= Q + 1'b1;
21
22  endmodule
```

<步驟三> 設計一個 BCD 對共陽極七段顯示解碼器,經合成、模擬,確定無誤後存檔 (檔名自訂,此處為 BCD_SEVEN),其內容如下:

```verilog
1   /*********************************
2    *     bcd decoder for component    *
3    *        Filename : BCD_SEVEN.v     *
4    *********************************/
5
6   module BCD_SEVEN(BCD,SEGMENT);
7
8     input  [3:0] BCD;
9     output [7:0] SEGMENT;
10
11    reg [7:0] SEGMENT;
12
13    always @ (BCD)
```

```
14      case (BCD)
15        4'h0    : SEGMENT = 8'hC0;
16        4'h1    : SEGMENT = 8'hF9;
17        4'h2    : SEGMENT = 8'hA4;
18        4'h3    : SEGMENT = 8'hB0;
19        4'h4    : SEGMENT = 8'h99;
20        4'h5    : SEGMENT = 8'h92;
21        4'h6    : SEGMENT = 8'h82;
22        4'h7    : SEGMENT = 8'hF8;
23        4'h8    : SEGMENT = 8'h80;
24        4'h9    : SEGMENT = 8'h90;
25        default : SEGMENT = 8'hFF;
26      endcase
27
28  endmodule
```

<步驟四> 設計一個主電路,並以名稱對應的連線方式個別叫用上述電路各 1 次後存檔 (檔名自訂,此處為 BCD_DECODER),其內容如下:

```
1   /********************************
2    *   1 dig up counter and decoder  *
3    *      using component by name    *
4    *      Filename : BCD_DECODER.v   *
5    ********************************/
6
7   module BCD_DECODER(CLK, RESET, SEGMENT);
8
9     input  CLK;
10    input  RESET;
11    output [7:0] SEGMENT;
12
13    wire [3:0] BCD;
14
15    COUNTER    A1 (.CLK(CLK), .RESET(RESET), .Q(BCD));
16    BCD_SEVEN A2 (.BCD(BCD), .SEGMENT(SEGMENT));
17
18  endmodule
```

重點說明：

1. 行號 7～11 描述所要設計電路的方塊圖如下：：

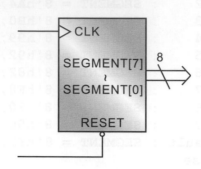

2. 行號 15 以標名為 A1，名稱對應的連線方式叫用 BCD 上算計數器 (COUNTER)，
   其狀況如下：

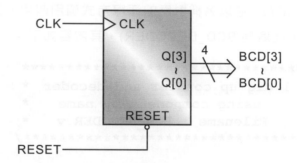

3. 行號 16 以標名為 A2，名稱對應的連線方式叫用 BCD 對共陽極七段顯示解碼器
   (BCD_SEVEN)，其狀況如下：

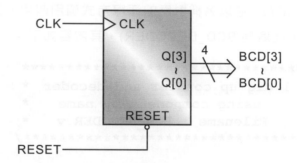

合成後的完整電路如下：

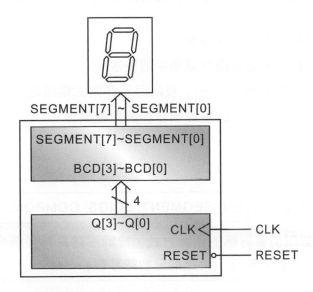

功能模擬 (function simulation)：

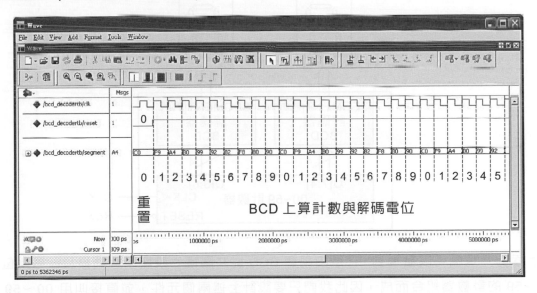

BCD 上算計數與解碼電位

從上面輸入與輸出的電位可以知道，系統所合成的電路是正確的。

位置對應 mapping by position

所謂位置對應 (mapping by position) 就是主電路與被叫用元件之間的連線是以被叫用元件當初宣告時的接腳順序進行連線，而其基本語法如下：

元件名稱 標名 (接腳名稱1, 接腳名稱2, … 接腳名稱n);

1. 元件名稱：所要叫用的元件名稱。

2. 標名：元件的標名，必須符合識別字的要求。

3. (接腳名稱 1, 接腳名稱 2, …)：被叫用元件與主電路之間的連線關係，它們是以被叫用元件當初宣告時的接腳順序作為對應關係。

詳細狀況請參閱後面的範例。

範例	檔名：BCD_SEVEN_SEGMENT_2DIGS_COMPONENT_POSITION

利用元件的結構，並以位置對應的連線方式，設計一個具有共陽極七段顯示解碼器的兩位數 00～59 上算計數器 (時鐘的分數或秒數)。

方塊圖：

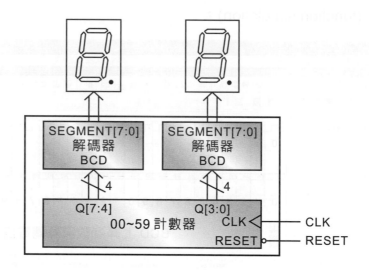

從上面的方塊圖可以發現到，它是由兩個 BCD 對共陽極七段顯示解碼器及一個兩位數 00～59 的計數器組合而成，因此我們只要設計上述兩個元件，並直接叫用 00～59 上算 BCD 計數器一次，解碼器 2 次後進行連線即可。

<步驟一> 建立一個新的 project (名稱自訂，此處為 BCD_SEVEN_SEGMENT_ 2DIGS_COMPONENT_POSITION)。

<步驟二> 設計一個 2 位數 00～59 BCD 上算計數器，經合成、模擬，確定無誤後存檔 (檔名自訂，此處為 COUNTER)，其內容如下：

```
1    /*********************************
2     * counter (00-59) for component *
3     *      Filename : COUNTER.v      *
4     *********************************/
5
6    module COUNTER(CLK, RESET, Q);
7
8      input  CLK, RESET;
9      output [7:0] Q;
10
11     reg [7:0] Q;
12
13     always @(posedge CLK or negedge RESET)
14       begin
15         if (!RESET)
16           Q <= 8'h00;
17         else
18           begin
19             if (Q[3:0] == 4'h9)
20               begin
21                 Q[3:0] <= 4'h0;
22                 Q[7:4] <= Q[7:4] + 1'b1;
23               end
24             else
25               Q[3:0] <= Q[3:0] + 1'b1;
26
27             if (Q == 8'h59)
28               Q <= 8'h00;
29           end
30       end
31
32   endmodule
```

<步驟三> 設計一個 BCD 對共陽極七段解碼器電路，經合成、模擬，確定無誤後存檔
(檔名自訂，此處為 DECODER)，其內容如下：

```
1    /*********************************
2     *    bcd decoder for component   *
3     *      Filename : DECODER.v      *
4     *********************************/
5
6    module DECODER(BCD, SEGMENT);
7
8      input  [3:0] BCD;
```

```
 9    output [7:0] SEGMENT;
10
11    reg [7:0] SEGMENT;
12
13    always @(BCD)
14      case (BCD)
15        4'h0    : SEGMENT = 8'hC0;
16        4'h1    : SEGMENT = 8'hF9;
17        4'h2    : SEGMENT = 8'hA4;
18        4'h3    : SEGMENT = 8'hB0;
19        4'h4    : SEGMENT = 8'h99;
20        4'h5    : SEGMENT = 8'h92;
21        4'h6    : SEGMENT = 8'h82;
22        4'h7    : SEGMENT = 8'hF8;
23        4'h8    : SEGMENT = 8'h80;
24        4'h9    : SEGMENT = 8'h90;
25        default : SEGMENT = 8'hFF;
26      endcase
27
28  endmodule
```

<步驟四> 設計一個主要電路,並以位置對應的連線方式,叫用 00～59 BCD 上算計數
        器 1 次,BCD 對共陽極解碼器 2 次後存檔 (檔名自訂,此處為 BCD_
        DECODER),其內容如下:

```
 1  /*********************************
 2  * bcd counter and decoder 2digs *
 3  *  using component by position  *
 4  *    Filename : BCD_DECODER.v    *
 5  *********************************/
 6
 7  module BCD_DECODER(CLK, RESET, SEGMENT);
 8
 9    input  CLK;
10    input  RESET;
11    output [15:0] SEGMENT;
12
13    wire [7:0] BCD;
14
15    COUNTER A1 (CLK, RESET, BCD);
16    DECODER A2 (BCD[3:0], SEGMENT[7:0]);
17    DECODER A3 (BCD[7:4], SEGMENT[15:8]);
18
19  endmodule
```

重點說明：

1. 行號 7～11 描述所要設計電路的方塊圖如下：

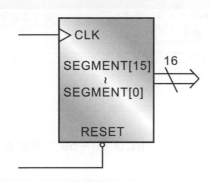

2. 行號 15～17 以標名為 A1，叫用 00～59 BCD 上算計數器 COUNTER 1 次，以標名 A2、A3 叫用 BCD 對共陽極七段顯示解碼器 2 次，並以位置對應的連線方式進行連線，其狀況如下：

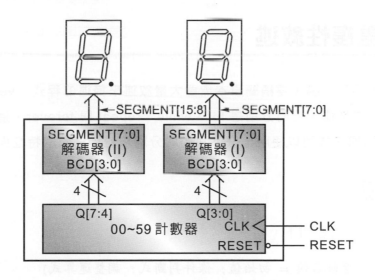

合成後的完整電路與上圖相同。

功能模擬 (function simulation)：

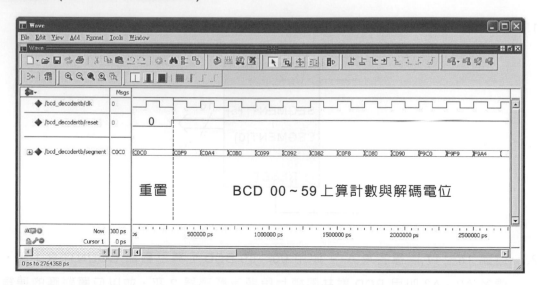

從上面輸入與輸出的電位可以知道，系統所合成的電路是正確的。

5-3 重複性敘述

如同一般的高階語言，為了要精簡原本需要大量敘述來描述的程式，verilog 語言也提供四種重複的迴圈敘述，它們分別是 for、while、repeat 與 forever，這些敘述必須在 always 的敘述區塊內才可以使用，底下我們就分別來討論它們的特性與用法。

for 迴圈敘述

for 迴圈敘述的基本語法如下：

```
for (變數名稱 = 初始值; 條件判斷式; 調整運算式)
    begin
        敘述區塊;
    end
```

1. 變數的初始值設定：本欄位用來設定控制迴圈變數的開始值。

2. 條件判斷式：本欄位用來判斷迴圈所指定的工作是否要繼續被執行，如果條件成立 (真) 就會執行 begin 開始的敘述區塊直到 end 才結束；不成立 (假) 則結束迴圈的工作。

3. 調整運算式：本欄位用來調整控制迴圈的變數內容，每當迴圈所指定的工作被執行一次之後，變數的內容就會依調整運算式所指定的方式進行調整，以便做為下一巡迴的判斷依據。

4. 當敘述區塊的內容只有單一個敘述時，保留字 begin 與 end 可以省略 (如同 C 語言迴圈的大括號 "{ }" 一樣)。

5. 調整運算式可以依變數的初始值與條件判斷式的關係，進行變數內容的調整 (如加和減)，雖然本敘述的語法與 C 語言幾乎相同，但 verilog 語言並不提供遞增 (如 i++) 或遞減 (如 i--) 的運算，也就是它只能用 i = i + 1 或 i = i − 1 (當變數名稱為 i 時) 來處理。

6. 由於變數的初始值與條件判斷式內容已經確定，因此 for 迴圈敘述適合使用在迴圈重複次數已經知道的電路。

如果我們以流程圖來表示時，其執行狀況如下：

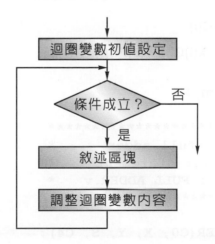

詳細特性請參閱下面的範例說明。

範例	檔名：FULL_ADDER_4BITS_FOR_STATEMENT

以 for 迴圈敘述，設計一個 4 位元的全加器。

1. 描述：

```
                    C[0]
    X[3] X[2] X[1] X[0]
 +  Y[3] Y[2] Y[1] Y[0]
 ──────────────────────
 C4 S[3] S[2] S[1] S[0]
```

2. 方塊圖：

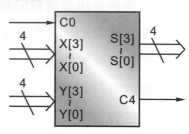

從前面的範例我們知道，1 位元全加器的布林代數為：

$$S[0] = X[0] \oplus Y[0] \oplus C0$$

$$C[1] = X[0]Y[0] + X[0]C0 + Y[0]C0$$

依此類推，下一個位元為：

$$S[1] = X[1] \oplus Y[1] \oplus C[1]$$

$$C[2] = X[1]Y[1] + X[1]C[1] + Y[1]C[1]$$

因此其通式為：

$$S[i] = X[i] \oplus Y[i] \oplus C[i]$$

$$C[i+1] = X[i]Y[i] + X[i]C[i] + Y[i]C[i]$$

原始程式 (source program)：

```
1   /********************************
2   *         4 bits full adder      *
3   *         using for statement    *
4   *       Filename : FULL_ADDER.v  *
5   ********************************/
6
7   module FULL_ADDER(C0, X, Y, S, C4);
8
9     input  C0;
10    input  [3:0] X, Y;
11    output C4;
12    output [3:0] S;
```

```
13
14    reg [3:0] S;
15    reg CARRY, C4;
16    integer i;
17
18    always @(C0 or X or Y or CARRY)
19      begin
20        CARRY = C0;
21        for (i = 0; i < 4; i = i+1)
22          begin
23            S[i]  = X[i] ^ Y[i] ^ CARRY;
24            CARRY = (X[i] & Y[i]) |
25                    (X[i] & CARRY) |
26                    (Y[i] & CARRY) ;
27          end
28        C4 = CARRY;
29      end
30
31 endmodule
```

重點說明：

1. 行號 7～12 宣告 4 位元全加器的外部接腳，其狀況如下：

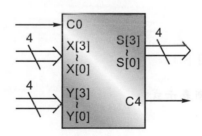

2. 行號 18～29 的架構是將 1 位元全加器，利用 for 迴圈敘述將它連續描述 4 次，
   其動作狀況為：

$$
\begin{array}{cccc}
C3 & C2 & C1 & C0 \leftarrow CARRY \\
X[3] & X[2] & X[1] & X[0] \\
+ \quad Y[3] & Y[2] & Y[1] & Y[0] \\
\hline
C4 \quad S[3] & S[2] & S[1] & S[0]
\end{array}
$$

而其布林代數如下：

$$S[i] = X[i] \oplus Y[i] \oplus CARRY$$

$$CARRY = X[i]Y[i] + X[i]CARRY + Y[i]CARRY$$

功能模擬 (function simulation)：

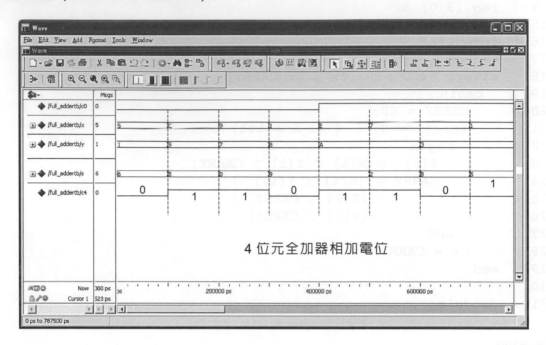

4 位元全加器相加電位

從上面輸入與輸出的電位可以知道，系統所合成的電路是正確的。

while 迴圈

while 迴圈敘述的基本語法如下：

```
while (條件判斷表示式)
   begin
      敘述區塊;
   end
```

當 while 後面括號內的條件判斷表示式成立時 (真)，則執行後面 begin 開始到 end 的區塊敘述，一旦執行完畢後，再度回到 while 後面的判斷式重新判斷執行，直到條件不成立 (假) 為上，當敘述區塊的內容只有單一敘述時，begin 與 end 可以省略；由於第一次進入 while 迴圈敘述就立刻進行判斷，因此條件變數的初始值必須另外設定；當敘述區塊執行完畢後，又立刻回到前面執行判斷，所以變數內容的調整也必須另外處理。

如果我們以流程圖來表示時，其執行狀況如下：

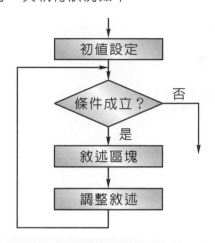

範例	檔名：PARITY_EVEN_GENERATOR_8BITS_WHILE_STATEMENT

以 while 迴圈敘述，設計一個 8 位元偶同位產生器電路。

1. 方塊圖：

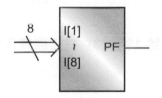

2. 布林代數：

$$PE = I[1] \oplus I[2] \oplus I[3] \oplus I[4] \oplus$$
$$I[5] \oplus I[6] \oplus I[7] \oplus I[8]$$

原始程式 (source program)：

```
1   /********************************
2    * 8 bits even parity generator  *
3    *      using while statement     *
4    *     Filename : EVEN_PARITY.v   *
5    ******************************** */
6
7   module EVEN_PARITY(I, PE);
8
9     input  [1:8] I;
10    output PE;
11
12    reg PE;
13    integer j;
14
```

```
15    always @(I)
16      begin
17        PE = 1'b0;
18        j  = 1;
19        while (j < 9)
20          begin
21            PE = PE ^ I[j];
22            j  = j + 1;
23          end
24      end
25
26  endmodule
```

重點說明：

於互斥或 XOR 閘的真值表中：

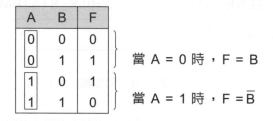

A	B	F
0	0	0
0	1	1
1	0	1
1	1	0

當 A = 0 時，F = B

當 A = 1 時，F = $\overline{B}$

因此我們在行號 17 內設定 PE = 0，並於 while 迴圈內 (行號 19～23) 將它與輸入電位 I[1] … I[8] 進行取偶同位的動作。

功能模擬 (function simulation)：

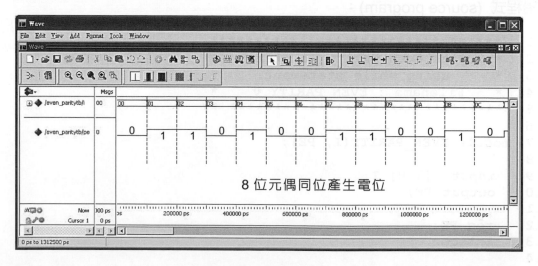

8 位元偶同位產生電位

從上面輸入與輸出的電位可以知道，系統所合成的電路是正確的。

repeat 迴圈敘述

repeat 迴圈敘述的基本語法如下：

```
repeat (表示式)
  begin
          敘述區塊;
  end
```

上述中表示式的內容就是 repeat 迴圈敘述所要執行的迴圈次數，其內容通常為一個正數或常數，於使用上本敘述會比前面 for、while 兩個迴圈敘述精簡。

範例	檔名：COUNT_ONE_NUMBER_REPEAT_STATEMENT

以 repeat 迴圈敘述，設計一個用來計算在 16 位元資料中，含有高電位 1 數量的電路。

方塊圖：

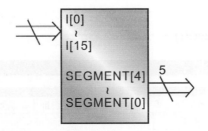

原始程式 (source program)：

```
1  /*********************************
2  *    count total one's number    *
3  *    using repeat statement       *
4  *    Filename : ONE_NUMBER.v       *
5  *********************************/
6
7  module ONE_NUMBER(I, NUMBER);
8
9    parameter  LENGTH = 16;
10   input       [LENGTH-1:0] I;
```

```
11    output    [4:0] NUMBER;
12
13    reg [4:0] NUMBER;
14    integer j;
15
16    always @(I)
17      begin
18        NUMBER = 5'b00000;
19        j = LENGTH - 1;
20        repeat (LENGTH)
21          begin
22            if (I[j])
23            NUMBER = NUMBER + 1;
24            j = j - 1;
25          end
26      end
27
28  endmodule
```

重點說明：

程式結構十分簡單，我們只是在行號 20～25 的 repeat 迴圈敘述中，依順序計算輸入端 I[15]～I[0] 內部 1 的數量。

功能模擬 (function simulation)：

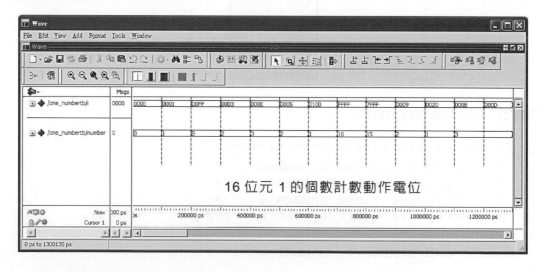

16 位元 1 的個數計數動作電位

從上面輸入與輸出的電位可以知道，系統所合成的電路是正確的。

forever 迴圈敘述

forever 迴圈敘述的基本語法如下：

```
forever
  begin
    敘述區塊;
  end
```

forever 迴圈敘述為一個無限迴圈，因此它並不需要任何判斷或條件式，它會一直不斷的重複執行，直到遇到 disable 敘述為止，當我們在做電路的模擬測試時，可以使用它來描述時序波形的產生，其詳細狀況請參閱後面的敘述，在此不作討論。

5-4　函數 function

當我們使用高階語言設計一個很大的系統時，往往會使用到功能相類似的片段程式，為了方便處理這些類似的片段程式，於高階語言系統會提供副程式或函數的呼叫結構供設計師使用，於 verilog 語言系統也不例外，為了要達到結構化的電路設計，系統也提供函數 (function) 與任務 (task) 的結構讓設計師使用，於本章節內我們就先來討論函數敘述的特性與用法。於 verilog 語言中，函數 (function) 的基本語法如下：

```
function [位元長度] 名稱;
  參數宣告;
  begin
    敘述區;
  end
endfunction
```

1. function、endfunction：為函數的保留字，不可以省略或更改。
2. [位元長度]：函數回傳值的長度，省略時長度為 1 位元。
3. 名稱：函數的名稱，必須符合識別字的限制，函數回傳時是以函數名稱作為回傳的變數名稱。

4. 參數宣告：函數所使用的參數宣告區，其內部必須至少有一個以上的輸入 input，但不允許有雙向 inout 與輸出 output 埠，內部物件的資料型態不可以為 wire。

5. 敘述區：函數內容的敘述區塊，如果只有單一敘述時，begin 與 end 可以省略，注意！必須以函數名稱做為敘述指定 (參閱範例說明)。

請注意！函數內部不可以含有時間、延遲與事件控制等敘述，我們不可以在函數內加入如同 always 的敘述 (通常是在 always 區塊中被叫用)。一個函數只能呼叫另外一個函數，但不可以呼叫其它的任務 (task)，於函數的結構上，它至少要有一組輸入，但只能以函數名稱回傳單組輸出，也就是說函數的目的是將一組以上的輸入訊號處理之後，再回傳一組處理結果，如果我們以方塊圖來表示，其狀況如下：

範例	檔名：MULTIPLEXER8_1_FUNCTION

以函數敘述的結構，設計一個連續叫用 1 位元 4 對 1 多工器兩次、叫用 1 位元 2 對 1 多工器一次，以完成一個 1 位元 8 對 1 多工器的電路。

1. 方塊圖：　　　　2. 結構圖：

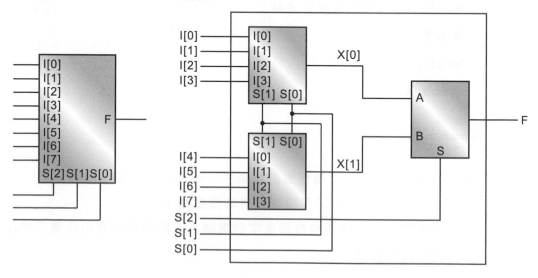

原始程式 (source program)：

```
1   /***************************
2   *     8 to 1 multiplexer   *
3   *   using function call    *
4   *   Filename : MUL8_1.v    *
5   ***************************/
6
7   module MUL8_1(I, S, F);
8
9     input  [7:0] I;
10    input  [2:0] S;
11    output F;
12
13    reg [1:0] X;
14    reg F;
15
16    always @(I or S)
17      begin
18        X[0] = MUL4_1(I[3:0], S[1:0]);
19        X[1] = MUL4_1(I[7:4], S[1:0]);
20        F    = MUL2_1(X[0], X[1], S[2]);
21      end
22
23  function MUL2_1;
24    input A, B, S;
25
26    case (S)
27      1'b0    : MUL2_1 = A;
28      default : MUL2_1 = B;
29    endcase
30  endfunction
31
32  function MUL4_1;
33    input [3:0] I;
34    input [1:0] S;
35
36    case (S)
37      2'b00   : MUL4_1 = I[0];
38      2'b01   : MUL4_1 = I[1];
39      2'b10   : MUL4_1 = I[2];
40      default : MUL4_1 = I[3];
41    endcase
42  endfunction
43
44  endmodule
```

重點說明：

1. 行號 7～11 描述所要設計電路的方塊圖，其狀況即如上面方塊圖所示。

2. 行號 23～30 為 1 位元 2 對 1 多工器的函數結構 (函數語法請參閱前面的敘述)，其方塊圖如下：

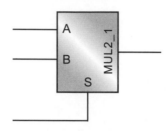

行號 27～28 內必須以函數名稱 MUL2_1 做為敘述指定。

3. 行號 32～42 為 1 位元 4 對 1 多工器的函數結構 (函數語法請參閱前面的敘述)，其方塊圖如下：

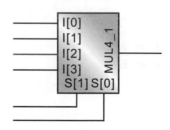

行號 37～40 內必須以函數名稱 MUL4_1 做為敘述指定。

4. 行號 16～21 為呼叫函數的主體，其基本方塊即如上面結構圖所示。行號 18～20 是以函數名稱進行呼叫。

功能模擬 (function simulation)：

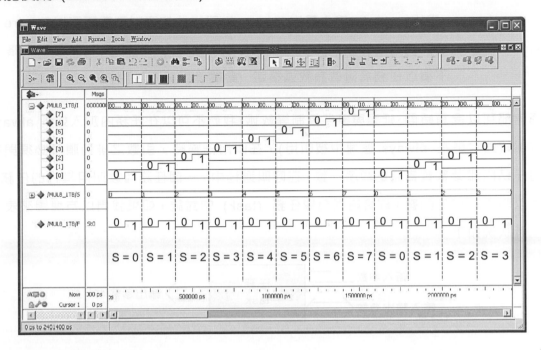

從上面輸入與輸出的電位可以知道，系統所合成的電路是正確的。

5-5　任務 task

任務敘述與函數敘述十分相似，其基本語法如下：

```
task 名稱

  參數宣告；
begin

  敘述區；

end
endtask
```

1.　task、endtask：為任務的保留字，不可以省略或更改。

2.　名稱：任務的名稱，必須符合識別字的限制。

3. 參數宣告：任務所使用的參數宣告，其內部可以有零個或一個以上的輸入 input、輸出 output、輸入輸出 inout，內部物件的資料型態不可以為 wire。

4. 敘述區：任務內容的敘述區塊，如果只有單一敘述時 begin 與 end 可以省略。不須以任務名稱做為敘述指定 (參閱後面範例說明)。

任務內部可以含有時間、延遲與事件控制等敘述，我們不可以在任務內加入如同 always 的敘述 (通常是在 always 區塊中被叫用)，在叫用任務時，引數之排列順序必須與被叫用任務內部參數宣告時的順序一致，在呼叫過程中，一個任務可以叫用其它的任務，也可以叫用其它的函數；綜合前面有關任務 (task) 的討論，如果我們以方塊圖來表示時，其狀況如下：

從上面的敘述可以知道，於使用上任務的彈性比函數大，而兩者之間的差異即如下表所示：

函數 function	任務 task
不可以含有 always 敘述。	不可以含有 always 敘述。
物件的資料型態不可以為 wire。	物件的資料型態不可以為 wire。
至少一個以上的輸入，不允許有輸出與輸入輸出。	零個或一個以上的輸入、輸出、輸入輸出。
不可以含有時間、延遲與事件控制等敘述。	可以含有時間、延遲與事件控制等敘述。
只能叫用其它的函數。	可以叫用其它的任務與函數。
必須以函數名稱作為指定敘述。	不須以任務名稱作為指定敘述。

範例一　　檔名：DATA_SORT_LARGE_SMALL_TASK

以任務敘述的結構，設計一個連續叫用將兩筆資料由大排到小的電路三次，以便完成 3 筆資料由大排到小的工作。

方塊圖：

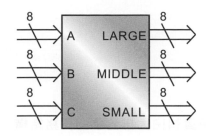

原始程式 (source program)：

```
1    /********************************
2    *   data sorting (large to small) *
3    *       using tasking call        *
4    *     Filename : SORTING.v        *
5    ********************************/
6
7    module SORTING(A, B, C, LARGE, MIDDLE, SMALL);
8
9      input  [7:0] A, B, C;
10     output [7:0] LARGE, MIDDLE, SMALL;
11
12     reg [7:0] tempa, tempb, tempc;
13     reg [7:0] LARGE, MIDDLE, SMALL;
14
15       always @(A or B or C)
16         begin
17           {tempa, tempb, tempc} = {A, B, C};
18           sort2 (tempa, tempb);
19           sort2 (tempa, tempc);
20           sort2 (tempb, tempc);
21           {LARGE, MIDDLE, SMALL} ={tempa, tempb, tempc};
22         end
23
24   task sort2;
25     inout [7:0] A, B;
26
27     reg [7:0] temp;
28
29     if (A < B)
30       begin
31         temp = A;
32         A     = B;
```

```
33        B      = temp;
34      end
35  endtask
36
37  endmodule
```

重點說明：

1. 行號 24～35 為將兩筆資料由大排到小的任務結構，其方塊圖如下：

2. 行號 15～22 為呼叫任務的主體，於行號 18～20 內，我們連續叫用 sort2 三次以完成 3 筆資料由大排到小的動作。

功能模擬 (function simulation)：

從上面輸入與輸出的電位可以知道，系統所合成的電路是正確的。

| 範例二 | 檔名：PARITY_EVEN_32BITS_TASK_FUNCTION |

以任務敘述叫用函數敘述的結構，設計一個連續叫用 16 位元偶同位產生器
的任務敘述兩次 (每個 16 位元偶同位產生器連續叫用 8 位元偶同位產生器
的函數敘述兩次)，以完成 32 位元偶同位產生器的電路。

1. 方塊圖：

2. 布林代數：

$$PARITY = I[0] \oplus I[1] \oplus I[2] \oplus I[3] \oplus$$
$$I[4] \oplus I[5] \oplus I[6] \oplus I[7] \oplus$$
$$I[8] \oplus I[9] \oplus I[10] \oplus I[11] \oplus$$
$$I[12] \oplus I[13] \oplus I[14] \oplus I[15] \oplus$$
$$I[16] \oplus I[17] \oplus I[18] \oplus I[19] \oplus$$
$$I[20] \oplus I[21] \oplus I[22] \oplus I[23] \oplus$$
$$I[24] \oplus I[25] \oplus I[26] \oplus I[27] \oplus$$
$$I[28] \oplus I[29] \oplus I[30] \oplus I[31]$$

原始程式 (source program)：

```
1   /*********************************
2    * 32 bits even parity generator *
3    *  using tasking, function call *
4    *      Filename : PARITY_EVEN.v  *
5    *********************************/
6
7   module PARITY_EVEN(I, PARITY);
8
9     input  [31:0] I;
10    output PARITY;
11
12    reg [15:0] HIGH_WORD, LOW_WORD;
13    reg HIGH, LOW, PARITY_EVEN, PARITY;
14
15    always @(I)
16      begin
17        LOW_WORD = I[15:0];
18        HIGH_WORD = I[31:16];
19        EVEN_16(LOW_WORD, LOW);
20        EVEN_16(HIGH_WORD, HIGH);
21        PARITY  = HIGH ^ LOW;
```

```
22      end
23
24  task EVEN_16;
25    input[15:0] I;
26    output EVEN;
27
28    EVEN = EVEN_8(I[7:0]) ^
29    EVEN_8(I[15:8]);
30  endtask
31
32  function EVEN_8;
33    input[7:0] I;
34
35    EVEN_8 = ^I;
36  endfunction
37
38  endmodule
```

重點說明：

1. 行號 24～30 為一個 16 位元偶同位產生器的任務結構，其方塊圖如下：

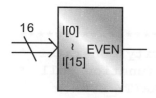

2. 行號 32～36 為一個 8 位元偶同位產生器的函數結構，其方塊圖如下：

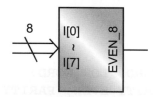

3. 行號 15～22 為叫用主體，架構與前面相同，請自行參閱。

功能模擬 (function simulation)：

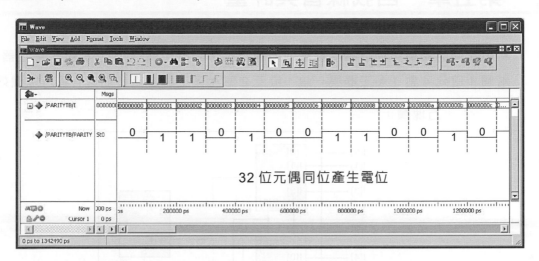

從上面輸入與輸出的電位可以知道，系統所合成的電路是正確的。

第五章　自我練習與評量

5-1　利用元件的結構，並以名稱對應的連線方式，設計一個 1 位元 8 對 1 多工器 (由兩個 1 位元 4 對 1 多工器與一個 1 位元 2 對 1 多工器所組合而成)，其方塊圖如下：

方塊圖：

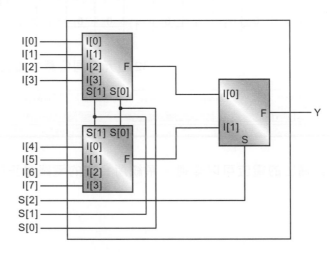

5-2　利用元件的結構，並以位置對應的連線方式，實現上題 5-1 的硬體電路。

5-3　利用元件的結構，並以名稱對應的連線方式，設計四個共用輸出電路的控制電路，它們分別為 0～9 上算計數器、F～0 下算計數器、4 位元向右旋轉記錄器、4 位元向左旋轉記錄器，其方塊圖如下：

方塊圖：

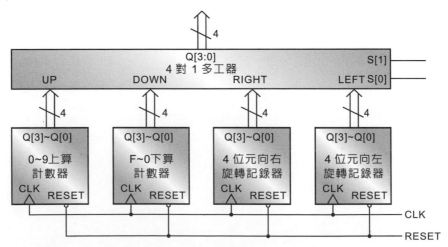

5-4　利用元件的結構，並以位置對應的連線方式，實現上題 5-3 的硬體電路。

5-5　利用元件結構，設計一個 BCD 上算計數器與 BCD 對共陽極七段顯示解碼器兩個元件，同時於主電路內叫用它們各一次，並以位置對應的連線方式進行兩個電路的整合，其方塊圖如下：

方塊圖：

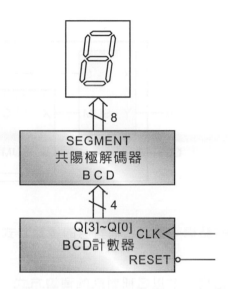

5-6　利用元件的結構，並以位置對應的連線方式，設計一個 1 位元 1 對 4 解多工器(由三個 1 位元 1 對 2 解多工器組合而成)，其方塊圖如下：

方塊圖：

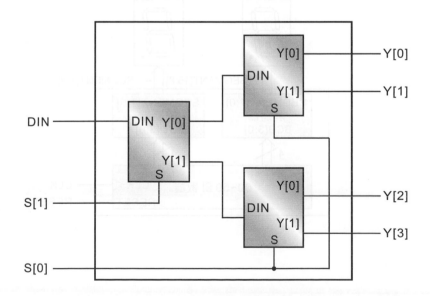

5-7 利用元件的結構，並以名稱對應的連線方式，實現上題 5-6 的硬體電路。

5-8 利用元件的結構，設計一個 1 位元半加器與邏輯 OR 閘兩個元件，並於主電路內叫用它們，同時以位置對應的方式進行電路連線，以便完成一個 1 位元的全加器，其方塊圖如下：

方塊圖：

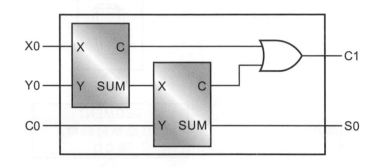

5-9 利用元件的結構，並以名稱對應的連線方式，實現上題 5-8 的硬體電路。

5-10 利用元件結構，並以名稱對應的連線方式，設計一個具有共陽極七段顯示解碼器的兩位數 00～59 上算計數器 (時鐘的分數或秒數)，其方塊圖如下：

方塊圖：

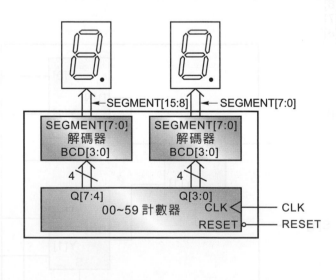

5-11　以 for 迴圈敘述，設計一個將 8 位元二進碼轉換成格雷碼的電路，其方塊圖與布林代數如下：

1.　方塊圖：

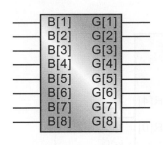

2.　布林代數：

$G[1] = B[2] \oplus B[1]$

$G[2] = B[3] \oplus B[2]$

$G[3] = B[4] \oplus B[3]$

$G[4] = B[5] \oplus B[4]$

$G[5] = B[6] \oplus B[5]$

$G[6] = B[7] \oplus B[6]$

$G[7] = B[8] \oplus B[7]$

$G[8] = B[8]$

5-12　以 for 迴圈敘述，設計一個將 8 位元格雷碼轉換成二進碼的電路，其方塊圖與布林代數如下：

1.　方塊圖：

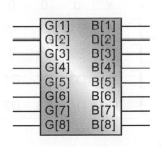

2.　布林代數：

$D[0] = G[0]$

$B[7] = B[8] \oplus G[7]$

$B[6] = B[7] \oplus G[6]$

$B[5] = B[6] \oplus G[5]$

$B[4] = B[5] \oplus G[4]$

$B[3] = B[4] \oplus G[3]$

$B[2] = B[3] \oplus G[2]$

$B[1] = B[2] \oplus G[1]$

5-13　以 for 迴圈敘述，設計一個 8 位元的偶同位產生器電路，其方塊圖與布林代數如下：

1.　方塊圖：

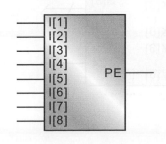

2.　布林代數：

$PE = I[1] \oplus I[2] \oplus I[3] \oplus I[4] \oplus$
$I[5] \oplus I[6] \oplus I[7] \oplus I[8]$

5-14 將上題 5-13 的電路改成 8 位元奇同位產生器電路。

5-15 以 for 迴圈敘述，設計一個用來計算在 16 位元的資料中，含有高電位 1 數量的電路，其方塊圖如下：

方塊圖：

5-16 以 for 迴圈敘述，設計一個 4 位元的向右移位暫存器，其方塊圖及真值表如下：

1. 方塊圖：

2. 真值表：

RESET	CLK	DIN	Q[0]	Q[1]	Q[2]	Q[3]
0	x	x	0	0	0	0
1	↑	D1	D1	0	0	0
1	↑	D2	D2	D1	0	0
1	↑	D3	D3	D2	D1	0
1	↑	D4	D4	D3	D2	D1

5-17 以 while 迴圈敘述，重新設計上面 5-12 的電路。

5-18 以 while 迴圈敘述，設計一個 4 位元的全加器，其動作狀況及方塊圖如下：

1. 動作狀況：

```
                    C0
        X[3] X[2] X[1] X[0]
    +   Y[3] Y[2] Y[1] Y[0]
    ─────────────────────────
    C4  S[3] S[2] S[1] S[0]
```

2. 方塊圖：

5-19　以 while 迴圈敘述,重新設計上面 5-14 的電路。

5-20　以 while 迴圈敘述,設計一個 4 位元向右移位暫存器電路,其方塊圖與真值表如下:

1.　方塊圖:

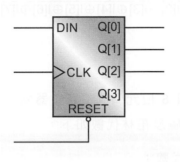

2.　真值表:

RESET	CLK	DIN	Q[0]	Q[1]	Q[2]	Q[3]
0	x	x	0	0	0	0
1	⌐	D1	D1	0	0	0
1	⌐	D2	D2	D1	0	0
1	⌐	D3	D3	D2	D1	0
1	⌐	D4	D4	D3	D2	D1

5-21　以 while 迴圈敘述,重新設計上面 5-15 的電路。

5-22　以 while 迴圈敘述,設計一個 8 位元二進碼轉換成格雷碼的電路,其方塊圖及布林代數如下:

1.　方塊圖:

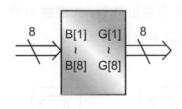

2.　布林代數:

$G[1] = B[2] \oplus B[1]$

$G[2] = B[3] \oplus B[2]$

$\vdots$

$G[7] = B[8] \oplus B[7]$

$G[8] = B[8]$

5-23　以 REPEAT 迴圈敘述,重新設計上面 5-11 的電路。

5-24　以 REPEAT 迴圈敘述,重新設計上面 5-12 的電路。

5-25　以 REPEAT 迴圈敘述,重新設計上面 5-13 的電路。

5-26　以 REPEAT 迴圈敘述,重新設計上面 5-18 的電路。

5-27　以 REPEAT 迴圈敘述,重新設計上面 5-20 的電路。

5-28 以 repeat 迴圈敘述,設計一個 8 位元奇同位產生器電路,其方塊圖及布林代數
如下:

1. 方塊圖:

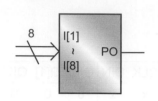

2. 布林代數:

$$PO = \overline{I[1] \oplus I[2] \oplus I[3] \oplus I[4] \oplus I[5] \oplus I[6] \oplus I[7] \oplus I[8]}$$

5-29 以函數敘述的結構,設計一個連續叫用一個 8 位元偶同位產生器兩次,以完成
一個 16 位元偶同位產生器的電路,其方塊圖及布林代數如下:

1. 方塊圖:

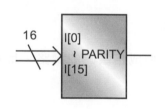

2. 布林代數:

$$PARITY = I[0] \oplus I[1] \oplus I[2] \oplus I[3] \oplus$$
$$I[4] \oplus I[5] \oplus I[6] \oplus I[7] \oplus$$
$$I[8] \oplus I[9] \oplus I[10] \oplus I[11] \oplus$$
$$I[12] \oplus I[13] \oplus I[14] \oplus I[15]$$

5-30 以函數敘述的結構,設計一個兩位數 00～59 上算計數器,並連續叫用一個 BCD
對共陽極七段顯示解碼器兩次的電路,其方塊圖及結構圖如下:

1. 方塊圖:

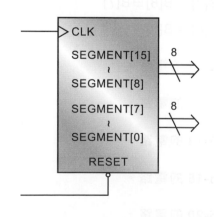

2. 結構圖:

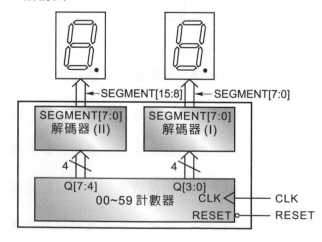

5-31　以函數敘述的結構，設計一個連續叫用低態動作 2 對 4 解碼器兩次，以完成一個低態動作 3 對 8 的解碼器電路，其方塊圖與內部結構圖如下：

1.　方塊圖：　　　　　　　　　2.　內部結構圖：

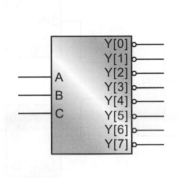

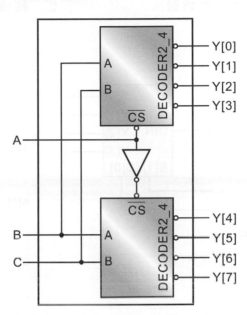

5-32　以函數敘述的結構，設計一個連續叫用半加器兩次與 OR 閘一次，以便完成 1 位元的全加器電路，其方塊圖與內部結構圖如下：

1.　方塊圖：　　　　　　　　　2.　內部結構圖：

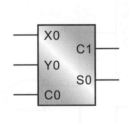

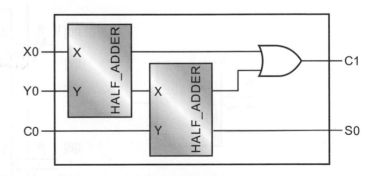

5-33 以函數敘述的結構,設計一個連續叫用 1 對 2 解多工器三次,以完成一個 1 對 4 解多工器電路,其方塊圖與結構圖如下:

1. 方塊圖:　　　　　　　2. 結構圖:

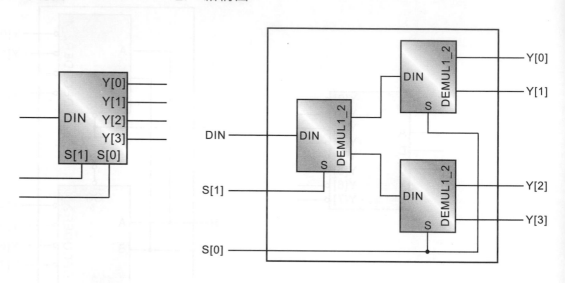

5-34 以函數敘述的結構,設計一個連續叫用 8 位元奇同位產生器兩次,以完成一個 16 位元奇同位產生器電路,其方塊圖與結構圖如下:

1. 方塊圖:　　　　　　　2. 結構圖:

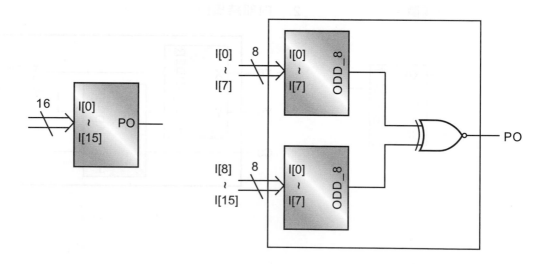

5-35　以任務敘述的結構，設計一個連續叫用 1 位元 4 對 1 多工器兩次，叫用 1 位元
　　　2 對 1 多工器一次，以完成一個 1 位元 8 對 1 多工器的電路，其方塊圖與結構
　　　圖如下：

1.　方塊圖：　　　　　　　2.　結構圖：

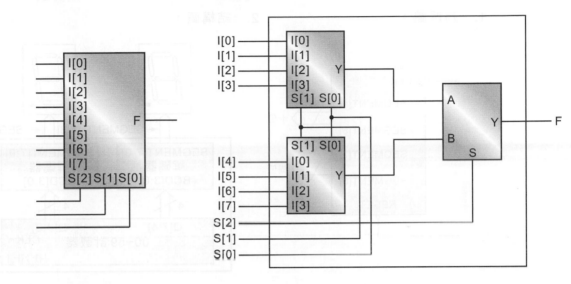

5-36　以任務敘述的結構，設計一個連續叫用 8 位元偶同位產生器兩次，以完成一個
　　　16 位元偶同位產生器，其方塊圖與結構圖如下：

1.　方塊圖：　　　　　　　2.　結構圖：

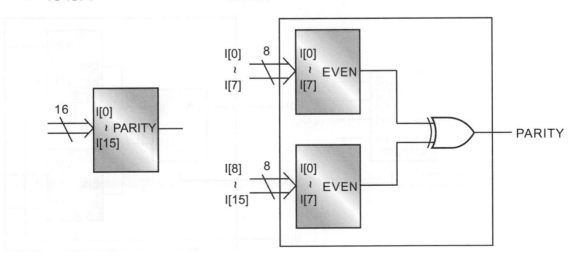

5-37 以任務敘述的結構，重新設計上面 5-34 的電路。

5-38 以任務敘述的結構，重新設計上面 5-31 的電路。

5-39 以任務敘述的結構，設計一個兩位數 00～59 上算計數器，並連續叫用一個 BCD 對共陽極七段顯示解碼器兩次的電路，其方塊圖與結構圖如下：

1. 方塊圖：　　　　　　　　　　2. 結構圖：

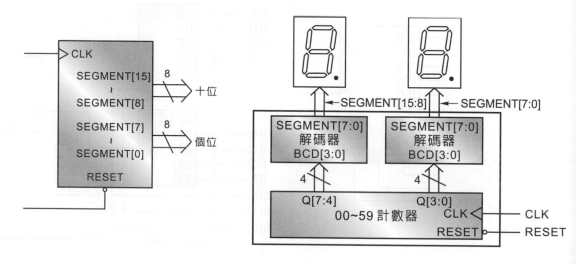

5-40 以任務敘述的結構，設計一個連續叫用 1 對 2 解多工器三次，以完成一個 1 對 4 解多工器的電路，其方塊圖與結構圖如下：

1. 方塊圖：　　　　2. 結構圖：

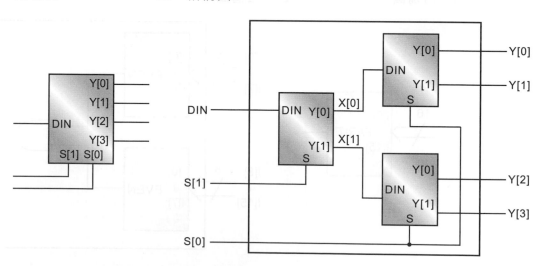

5-41 以任務敘述的結構,設計一個連續叫用半加器兩次與 OR 閘一次,以便完成 1
位元的全加器電路,其方塊圖與結構圖如下:

1. 方塊圖:

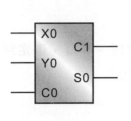

2. 結構圖:

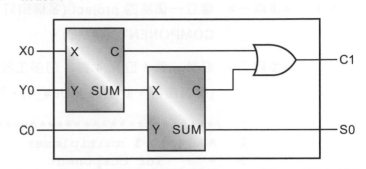

第五章　自我練習與評量解答

5-1　　<步驟一>　建立一個新的 project (名稱自訂,此處為 MULTIPLEXER8_1_
　　　　　　　　　COMPONENT_NAME)。

　　　　<步驟二>　設計一個 1 位元 4 對 1 的多工器,經合成、模擬,確定無誤後存檔
　　　　　　　　　(檔名自訂,此處為 MUL4_1),其內容如下:

```
1   /***************************
2   *    4 to 1 multiplexer    *
3   *       for component      *
4   *    Filename : MUL4_1.v   *
5   ***************************/
6
7   module MUL4_1(I, S, F);
8
9     input  [0:3] I;
10    input  [1:0] S;
11    output F;
12
13    reg F;
14
15    always @(I or S)
16      case (S)
17        2'b00   : F = I[0];
18        2'b01   : F = I[1];
19        2'b10   : F = I[2];
20        default : F = I[3];
21      endcase
22
23  endmodule
```

　　　　<步驟三>　設計一個 1 位元 2 對 1 的多工器,經合成、模擬,確定無誤後存檔 (檔
　　　　　　　　　名自訂,此處為 MUL2_1),其內容如下:

```
1   /***************************
2   *    2 to 1 multiplexer    *
3   *       for component      *
4   *    Filename : MUL2_1.v   *
5   ***************************/
```

```
 6
 7  module MUL2_1(I, S, F);
 8
 9    input  S;
10    input  [0:1] I;
11    output F;
12
13    reg F;
14
15    always @(I or S)
16      case (S)
17        1'b0    : F = I[0];
18        default : F = I[1];
19      endcase
20
21  endmodule
```

<步驟四> 設計一個 1 位元 8 對 1 多工器的主電路，並以名稱對應的連線方式
叫用 4 對 1 多工器 2 次，2 對 1 多工器 1 次後存檔 (檔名自訂，此
處為 MULTIPLEXER8_1)，其內容如下：

```
 1  /*******************************
 2  *         8 to 1 multiplexer      *
 3  *       using component by name   *
 4  *  Filename : MULTIPLEXER8_1.v    *
 5  *******************************/
 6
 7  module MULTIPLEXER8_1(I, S, Y);
 8
 9    input  [0:7] I;
10    input  [2:0] S;
11    output Y;
12
13    wire [0:1] X;
14
15    MUL4_1  MUL1(.I(I[0:3]), .S(S[1:0]),.F(X[0]));
16    MUL4_1  MUL2(.I(I[4:7]), .S(S[1:0]), .F(X[1]));
17    MUL2_1  MUL3(.I(X),.S(S[2]),. F(Y));
18
19  endmodule
```

合成後的完整電路如下：

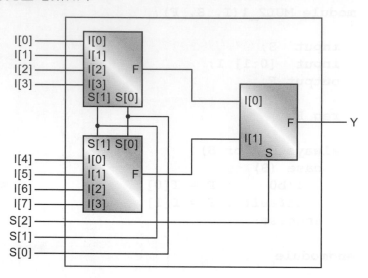

功能模擬 (function simulation)：

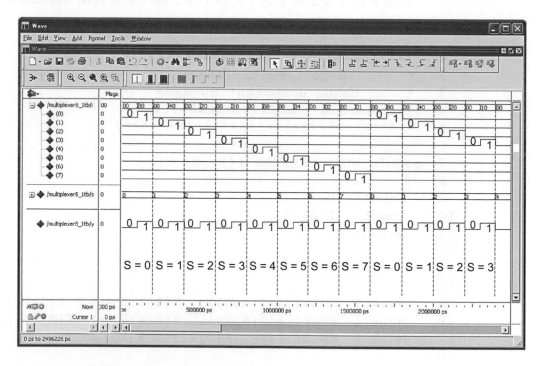

5-3　<步驟一>　建立一個新的 project (名稱自訂，此處為 MULTIPLE_DISPLAY_
　　　　　　　COMPONENT_NAME)。

<步驟二>　設計一個 1 位數 BCD 上算計數器，經合成、模擬，確定無誤後存檔
　　　　　(檔名自訂，此處為 UP_COUNTER)，其內容如下：

```
1   /*************************
2   *       bcd up counter     *
3   *       for component      *
4   * Filename : UP_COUNTER.v*
5   *************************/
6
7   module UP_COUNTER(CLK, RESET, Q);
8
9     input  CLK, RESET;
10    output [3:0] Q;
11
12    reg [3:0] Q;
13
14    always @(posedge CLK or negedge RESET)
15      if (!RESET)
16        Q <= 4'h0;
17      else
18        if (Q == 4'h9)
19          Q <= 4'h0;
20        else
21          Q <= Q + 1'b1;
22
23  endmodule
```

<步驟三>　設計一個 4 位元二進制下算計數器，經合成、模擬，確定無誤後存
　　　　　檔 (檔名自訂，此處為 DOWN_COUNTER)，其內容如下：

```
1   /*************************
2   *     binary down counter   *
3   *       for component       *
4   * Filename : DOWN_COUNTER.v*
5   *************************/
6
7   module DOWN_COUNTER(CLK, RESET, Q);
8
9     input  CLK, RESET;
10    output [3:0] Q;
11
12    reg [3:0] Q;
```

```
13
14    always @(posedge CLK or negedge RESET)
15      if (!RESET)
16        Q <= 4'h0;
17      else
18        Q <= Q - 1'b1;
19
20  endmodule
```

<步驟四> 設計一個 4 位元向右旋轉記錄器,經合成、模擬,確定無誤後存檔 (檔名自訂,此處為 ROTATE_RIGHT),其內容如下:

```
1   /***************************** *
2   *        rotate right        *
3   *        for component       *
4   * Filename : ROTATE_RIGHT.v  *
5   ***************************** */
6
7   module ROTATE_RIGHT(CLK, RESET, Q);
8
9     input  CLK, RESET;
10    output [3:0] Q;
11
12    reg [3:0] Q;
13
14    always @(posedge CLK or negedge RESET)
15      if (!RESET)
16        Q <= 4'h1;
17      else
18        Q <= {Q[0], Q[3:1]};
19
20  endmodule
```

<步驟五> 設計一個 4 位元向左旋轉記錄器,經合成、模擬,確定無誤後存檔 (檔名自訂,此處為 ROTATE_LEFT),其內容如下:

```
1   /*****************************
2   *        rotate left         *
3   *        for component       *
4   * Filename : ROTATE_LEFT.v *
5   ***************************** /
6
7   module ROTATE_LEFT(CLK, RESET, Q);
8
9     input  CLK, RESET;
10    output [3:0] Q;
```

```
11
12    reg [3:0] Q;
13
14    always @(posedge CLK or negedge RESET)
15      if (!RESET)
16        Q <= 4'h1;
17      else
18        Q <= {Q[2:0], Q[3]};
19
20  endmodule
```

<步驟六> 設計一個主電路,並以名稱對應的連線方式叫用上述 BCD 上算計數
器、4 位元二進制下算計數器、4 位元向右旋轉記錄器、4 位元向左旋
轉記錄器各一次,再以 4 位元 4 對 1 多工器選取它們的輸出後存檔 (檔
名自訂,此處為 DISPLAY),其內容如下:

```
1   /****************************
2    *        multiple_display      *
3    *  using component by name  *
4    *     Filename : DISPLAY.v    *
5    ****************************/
6
7   module DISPLAY(CLK, RESET, S, Q);
8
9     input CLK, RESET;
10    input  [1:0] S;
11    output [3:0] Q;
12
13    wire [3:0] UP;
14    wire [3:0] DOWN;
15    wire [3:0] RIGHT;
16    wire [3:0] LEFT;
17
18    UP_COUNTER    A1(.CLK(CLK),.RESET(RESET),.Q(UP));
19    DOWN_COUNTER A2(.CLK(CLK),.RESET(RESET),.Q(DOWN));
20    ROTATE_RIGHT A3(.CLK(CLK),.RESET(RESET),.Q(RIGHT));
21    ROTATE_LEFT   A4(.CLK(CLK),.RESET(RESET),.Q(LEFT));
22
23    assign Q = (S == 2'b00) ? UP     :
24               (S == 2'b01) ? DOWN   :
25               (S == 2'b10) ? RIGHT  :
26                              LEFT;
27
28  endmodule
```

合成後的完整電路如下：

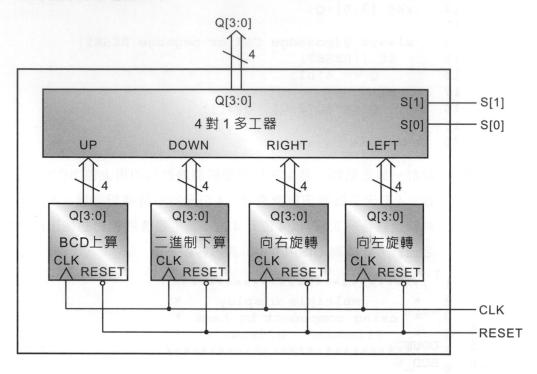

功能模擬 (function simulation)：

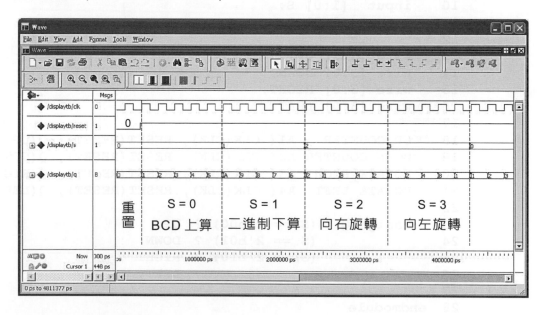

5-5　元件建立步驟與內文 5-2 節中，檔名為 BCD_SEVEN_SEGMENT_
COMPONENT_NAME 的範例幾乎一樣，而其唯一不同之處在於步驟四的叫用
程式，此處我們是以位置對應的方式進行連線，而其原始程式 (source program)
如下：

```
1   /********************************
2   *  1 dig up counter and decoder  *
3   *  using component by position   *
4   *    Filename : BCD_DECODER.v    *
5   ********************************/
6
7   module BCD_DECODER(CLK, RESET, SEGMENT);
8
9     input   CLK;
10    input   RESET;
11    output [7:0] SEGMENT;
12
13    wire [3:0] BCD;
14
15    COUNTER    A1 (CLK, RESET, BCD);
16    BCD_SEVEN A2  (BCD, SEGMENT);
17
18  endmodule
```

功能模擬 (function simulation)：

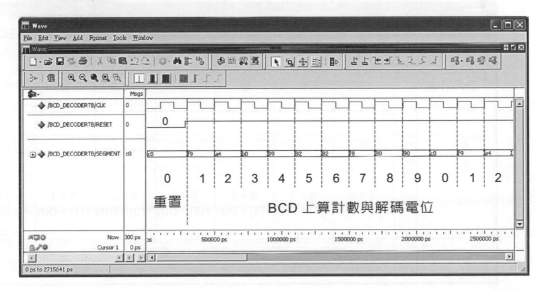

5-7 元件建立步驟與上面 5-6 的練習幾乎一樣，而其唯一不同之處在於步驟三的叫用程式，此處是以名稱對應的方式進行連線，而其原始程式 (source program) 如下：

```
1   /********************************
2   *       1 to 4 demultiplexer      *
3   *     using component by name     *
4   *        Filename : DEMUL1_4.v    *
5   ********************************/
6
7   module DEMUL1_4(DIN, S, Y);
8
9     input  DIN;
10    input  [1:0] S;
11    output [0:3] Y;
12
13    wire [0:1] X;
14
15    DEMUL1_2 A1 (.DIN(DIN), .S(S[1]), .Y(X));
16    DEMUL1_2 A2 (.DIN(X[0]),.S(S[0]), .Y(Y[0:1]));
17    DEMUL1_2 A3 (.DIN(X[1]),.S(S[0]), .Y(Y[2:3]));
18
19  endmodule
```

功能模擬 (function simulation)：

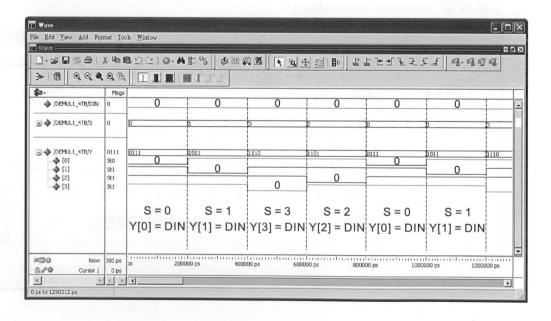

5-9 元件建立步驟與上面 5-8 的練習幾乎一樣，而其唯一不同之處在於步驟四的叫
用程式，此處是以名稱對應的方式進行連線，而其原始程式 (source program)
如下：

```
1   /*********************************
2    *        1 bit full adder        *
3    *      using component by name   *
4    *        Filename : FULL_ADDER.v *
5    *********************************/
6
7   module FULL_ADDER(X0, Y0, C0, S0, C1);
8
9     input  X0, Y0, C0;
10    output S0, C1;
11
12    wire CT, ST, CA;
13
14    HALF_ADDER A1 (.X(X0), .Y(Y0), .C(CT), .SUM(ST));
15    HALF_ADDER A2 (.X(ST), .Y(C0), .C(CA), .SUM(S0));
16    OR_GATE    A3 (.A(CT), .B(CA), .F(C1));
17
18  endmodule
```

功能模擬 (function simulation)：

1 位元全加器相加電位

5-53

5-11 原始程式 (source program)：

```
1   /*********************************
2   *    8 bits binary to gray code    *
3   *        using for statement        *
4   *     Filename : BINARY_GRAY.v      *
5   *********************************/
6
7   module BINARY_GRAY(B, G);
8
9     input  [8:1] B;
10    output [8:1] G;
11
12    reg [8:1] G;
13    integer i;
14
15    always @(B)
16      begin
17        for (i = 1; i < 8; i = i + 1)
18           G[i] = B[i+1] ^ B[i];
19        G[8] = B[8];
20      end
21
22  endmodule
```

功能模擬 (function simulation)：

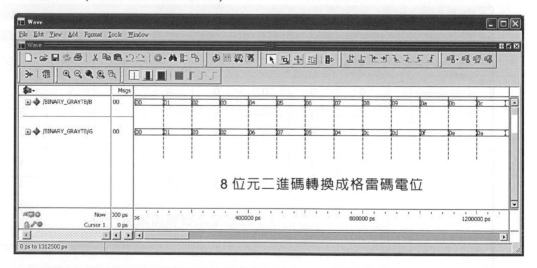

8 位元二進碼轉換成格雷碼電位

5-13　原始程式 (source program)：

```
1   /********************************
2   *  8 bits even parity generator  *
3   *        using for statement      *
4   *      Filename : EVEN_PARITY.v   *
5   ********************************/
6
7   module EVEN_PARITY(I, PE);
8
9     input  [1:8] I;
10    output PE;
11
12    reg PE;
13    integer j;
14
15    always @(I)
16      begin
17        PE = 1'b0;
18        for (j = 1; j < 9; j = j + 1)
19            PE = PE ^ I[j];
20      end
21
22  endmodule
```

功能模擬 (function simulation)：

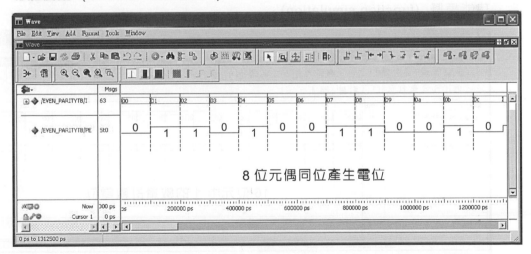

8 位元偶同位產生電位

5-15 原始程式 (source program)：

```
1   /*********************************
2   *     count total one's number     *
3   *       using for statement        *
4   *     Filename : ONE_NUMBER.v     *
5   *********************************/
6
7   module ONE_NUMBER(I, NUMBER);
8
9     input  [15:0] I;
10    output [4:0] NUMBER;
11
12    reg [4:0] NUMBER;
13    integer j;
14
15    always @(I)
16      begin
17        NUMBER = 5'b00000;
18        for (j = 15; j >= 0; j = j - 1)
19          if (I[j])
20            NUMBER = NUMBER + 1;
21      end
22
23  endmodule
```

功能模擬 (function simulation)：

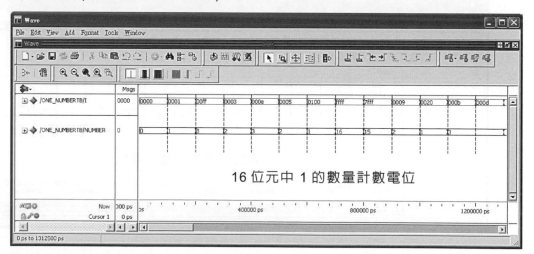

16 位元中 1 的數量計數電位

5-17　原始程式 (source program)：

```
1   /********************************
2   *    8 bits gray to binary code   *
3   *        using while statement    *
4   *     Filename : GRAY_BINARY.v    *
5   ********************************/
6
7   module GRAY_BINARY(G, B);
8
9     input  [8:1] G;
10    output [8:1] B;
11
12    reg [8:1] B;
13    integer i;
14
15    always @(G)
16      begin
17        B[8] = G[8];
18        i = 7;
19        while (i)
20          begin
21            B[i] = B[i+1] ^ G[i];
22            i = i - 1;
23          end
24      end
25
26  endmodule
```

功能模擬 (function simulation)：

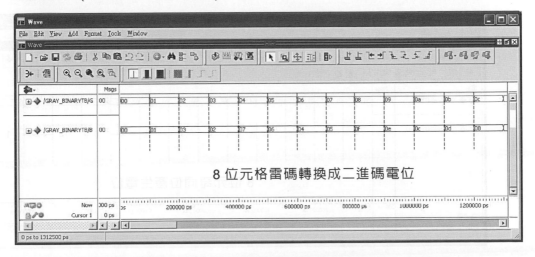

8 位元格雷碼轉換成二進碼電位

5-19 原始程式 (source program)：

```
1   /********************************
2    *    8 bits odd parity generator    *
3    *        using while statement      *
4    *      Filename : ODD_PARITY.v       *
5    ********************************/
6
7   module ODD_PARITY(I, PO);
8
9     input  [1:8] I;
10    output PO;
11
12    reg PO;
13    integer j;
14
15    always @(I)
16      begin
17        PO = 1'b1;
18        j  = 1;
19        while (j < 9)
20          begin
21            PO  = PO ^ I[j];
22            j   = j + 1;
23          end
24      end
25
26  endmodule
```

功能模擬 (function simulation)：

8 位元奇同位產生電位

5-21　原始程式 (source program)：

```
1   /****************************
2    * count total one's number *
3    *   using while statement   *
4    * Filename : ONE_NUMBER.v   *
5    ****************************/
6
7   module ONE_NUMBER(I, NUMBER);
8
9     input  [15:0] I;
10    output [4:0] NUMBER;
11
12    reg [4:0] NUMBER;
13    integer j;
14
15    always @(I)
16      begin
17        NUMBER = 5'b00000;
18        j = 15;
19        while (j >= 0)
20          begin
21            if (I[j])
22              NUMBER = NUMBER + 1;
23            j = j - 1;
24          end
25      end
26
27  endmodule
```

功能模擬 (function simulation)：

16 位元 1 的數量計數電位

5-23 原始程式 (source program)：

```
1   /*********************************
2   *    8 bits binary to gray code   *
3   *      using repeat statement     *
4   *      Filename : BINARY_GRAY.v    *
5   *********************************/
6
7   module BINARY_GRAY(B, G);
8
9     parameter  LENGTH = 8;
10    input   [LENGTH:1] B;
11    output  [LENGTH:1] G;
12
13    reg [LENGTH:1] G;
14    integer i;
15
16    always @(B)
17      begin
18        i = 1;
19        repeat (LENGTH-1)
20          begin
21            G[i] = B[i+1] ^ B[i];
22            i = i + 1;
23          end
24        G[LENGTH] = B[LENGTH];
25      end
26
27  endmodule
```

功能模擬 (function simulation)：

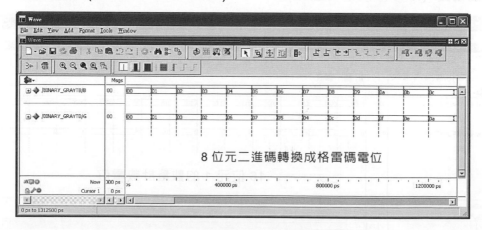

8位元二進碼轉換成格雷碼電位

5-25　原始程式 (source program)：

```
1   /********************************
2   *        4 bits full adder      *
3   *     using repeat statement    *
4   *    Filename : FULL_ADDER.v     *
5   ********************************/
6
7   module FULL_ADDER(C0, X, Y, S, C4);
8
9     parameter  LENGTH = 4;
10    input  C0;
11    input [LENGTH-1:0] X, Y;
12    output C4;
13    output [LENGTH-1:0] S;
14
15    reg [LENGTH-1:0] S;
16    reg CARRY, C4;
17    integer i;
18
19    always @(C0 or X or Y or CARRY)
20      begin
21        CARRY = C0;
22        i = 0;
23        repeat (LENGTH)
24          begin
25            S[i]  = X[i] ^ Y[i] ^ CARRY;
26            CARRY = (X[i] & Y[i]) |
27                    (X[i] & CARRY)|
28                    (Y[i] & CARRY);
29            i = i + 1;
30          end
31        C4 = CARRY;
32      end
33
34  endmodule
```

功能模擬 (function simulation)：

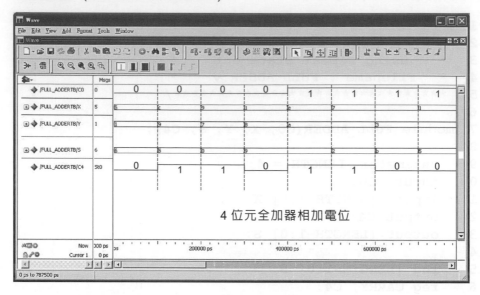

4 位元全加器相加電位

5-27　原始程式 (source program)：

```
1   /*********************************
2   *     4 bits data shift right    *
3   *     using repeat statement     *
4   *        Filename : SHIFT.v      *
5   *********************************/
6
7   module SHIFT(CLK, RESET, DIN, Q);
8
9     parameter  LENGTH = 4;
10    input       CLK, RESET, DIN;
11    output      [0:LENGTH-1] Q;
12
13    reg [0:LENGTH-1] Q;
14    integer i;
15
16    always @(posedge CLK or negedge RESET)
17      if (!RESET)
18        Q <= 4'h0;
19      else
20        begin
21          Q[0] <= DIN;
22          i = 1;
23          repeat (LENGTH-1)
```

```
24          begin
25            Q[i] <= Q[i-1];
26            i = i + 1;
27          end
28      end
29
30  endmodule
```

功能模擬 (function simulation)：

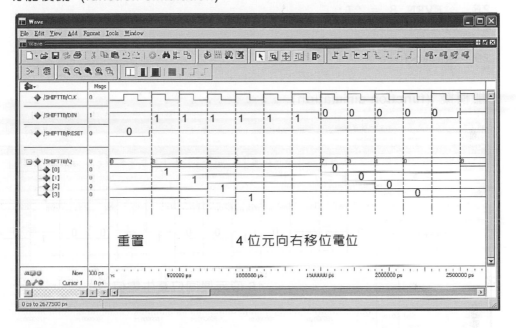

重置　　　　　　4 位元向右移位電位

5-29 原始程式 (source program)：

```
1   /*********************************
2    * 16 bits even parity generator *
3    *      using function call       *
4    *    Filename : PARITY_EVEN.v    *
5    *********************************/
6
7   module PARITY_EVEN(I, PARITY);
8
9     input  [15:0] I;
10    output PARITY;
11
12    reg [7:0] HIGH_BYTE, LOW_BYTE;
13    reg PARITY;
14
15    always @(I)
```

```
16      begin
17        LOW_BYTE  = I[7:0];
18        HIGH_BYTE = I[15:8];
19        PARITY    = EVEN_8(LOW_BYTE) ^
20                    EVEN_8(HIGH_BYTE);
21      end
22
23  function EVEN_8;
24    input [7:0] I;
25
26    EVEN_8 = ^I;
27  endfunction
28
29  endmodule
```

功能模擬 (function simulation)：

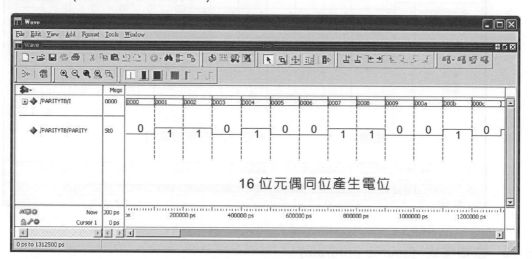

5-31 原始程式 (source program)：

```
1   /*********************************
2   *    3 to 8 decoder active low    *
3   *        using function call      *
4   *    Filename : DECODER3_8.v      *
5   *********************************/
6
7   module DECODER3_8(A, B, C, Y);
8
9     input  A, B, C;
10    output [7:0] Y;
11
12    reg [7:0] Y;
13
```

```
14      always @(A or B or C)
15        begin
16          Y[3:0] = DECODER2_4(B, C,  A);
17          Y[7:4] = DECODER2_4(B, C, ~A);
18        end
19
20    function [3:0] DECODER2_4;
21      input A, B, CS;
22
23      reg [3:0] Y;
24
25      if (~CS)
26        case ({A, B})
27          2'b00   : DECODER2_4 = {4'b1110};
28          2'b01   : DECODER2_4 = {4'b1101};
29          2'b10   : DECODER2_4 = {4'b1011};
30          default : DECODER2_4 = {4'b0111};
31        endcase
32      else
33        DECODER2_4 = 4'b1111;
34
35    endfunction
36
37    endmodule
```

功能模擬 (function simulation)：

3 對 8 低態動作解碼電位

5-33　原始程式 (source program)：

```
1  /********************************
2  *        1 to 4 DEMULTIPLEXER       *
3  *         using function call       *
4  *        Filename : DEMUL1_4.v      *
5  ********************************/
6
7  module DEMUL1_4(DIN, S, Y);
8
9    input  DIN;
10   input  [1:0]S;
11   output [3:0] Y;
12
13   reg [3:0] Y;
14   reg [1:0] X;
15
16   always @(DIN or S)
17     begin
18       X = DEMUL1_2(DIN, S[1]);
19       Y[1:0] = DEMUL1_2(X[0], S[0]);
20       Y[3:2] = DEMUL1_2(X[1], S[0]);
21     end
22
23   function [1:0] DEMUL1_2;
24     input  DIN, S ;
25
26     if (S)
27       DEMUL1_2 = {DIN, 1'b0};
28     else
29       DEMUL1_2 = {1'b0, DIN};
30   endfunction
31
32 endmodule
```

功能模擬 (function simulation)：

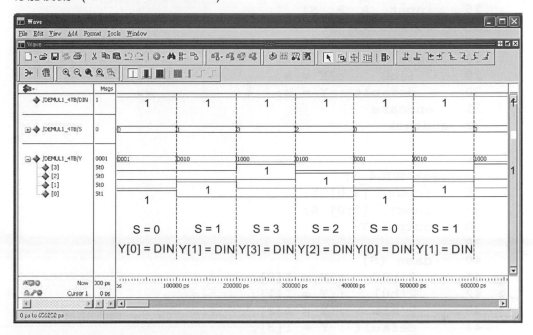

5-35　原始程式 (source program)：

```
1   /***************************
2   *     8 to 1 multiplexer    *
3   *     using tasking call    *
4   *     Filename : MUL8_1.v   *
5   ***************************/
6
7   module MUL8_1(I, S, F);
8
9     input  [7:0] I;
10    input  [2:0] S;
11    output F;
12
13    reg [1:0] X;
14    reg F;
15
16    always @(I or S)
17      begin
18        MUL4_1(I[3:0], S[1:0], X[0]);
19        MUL4_1(I[7:4], S[1:0], X[1]);
20        MUL2_1(X[0], X[1], S[2], F);
21      end
22
23
```

```
24  task MUL2_1;
25    input  A, B, S;
26    output Y;
27
28    case (S)
29      1'b0    : Y = A;
30      default : Y = B;
31    endcase
32  endtask
33
34
35  task MUL4_1;
36    input  [3:0] I;
37    input  [1:0] S;
38    output Y;
39
40    case (S)
41      2'b00   : Y = I[0];
42      2'b01   : Y = I[1];
43      2'b10   : Y = I[2];
44      default : Y = I[3];
45    endcase
46  endtask
47
48  endmodule
```

功能模擬 (function simulation)：

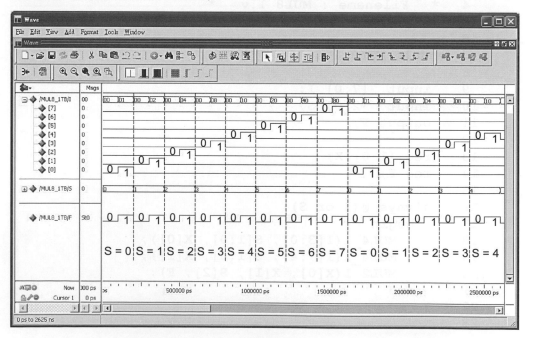

5-37　原始程式 (source program)：

```
1   /*******************************
2   * 16 bits odd parity generator  *
3   *        using tasking call      *
4   *      Filename : PARITY_ODD.v   *
5   *******************************/
6
7   module PARITY_ODD(I, PARITY);
8
9     input [15:0] I;
10    output PARITY;
11
12    reg [7:0] HIGH_BYTE, LOW_BYTE;
13    reg HIGH, LOW, PARITY;
14
15    always @(I)
16      begin
17        LOW_BYTE = I[7:0];
18        HIGH_BYTE = I[15:8];
19        ODD_8(LOW_BYTE, LOW);
20        ODD_8(HIGH_BYTE, HIGH);
21        PARITY = HIGH ~^ LOW;
22      end
23
24  task ODD_8;
25    input [7:0] I;
26    output ODD;
27
28    ODD = ~^I;
29  endtask
30
31  endmodule
```

功能模擬 (function simulation)：

16 位元奇同位產生電位

5-39　原始程式 (source program)：

```
1    /*********************************
2     * bcd counter and decoder 2digs *
3     *       using tasking call       *
4     *     Filename : BCD_DECODER.v   *
5     *********************************/
6
7    module BCD_DECODER(CLK, RESET, SEGMENT);
8
9      input   CLK;
10     input   RESET;
11     output [15:0] SEGMENT;
12
13     reg [15:0] SEGMENT;
14     reg [7:0] Q;
15
16     always @(posedge CLK or negedge RESET)
17       begin
18         if (!RESET)
19           Q <= 8'h00;
20         else
21           begin
22             if (Q[3:0] == 4'h9)
23               begin
24                 [3:0] <= 4'h0;
25                 [7:4] <= Q[7:4] + 1'b1;
26               end
27             else
28               Q[3:0] <= Q[3:0] + 1'b1;
29
30             if (Q == 8'h59)
31               Q <= 8'h00;
32           end
33       end
34
35   always @(Q)
36     begin
37       DECODER(Q[3:0], SEGMENT[7:0]);
38       DECODER(Q[7:4], SEGMENT[15:8]);
39     end
40
41   task DECODER;
42     input   [3:0] BCD;
43     output [7:0] SEGMENT;
44
45       case (BCD)
46         4'h0    : SEGMENT = 8'hC0;
```

```
47          4'h1    : SEGMENT = 8'hF9;
48          4'h2    : SEGMENT = 8'hA4;
49          4'h3    : SEGMENT = 8'hB0;
50          4'h4    : SEGMENT = 8'h99;
51          4'h5    : SEGMENT = 8'h92;
52          4'h6    : SEGMENT = 8'h82;
53          4'h7    : SEGMENT = 8'hF8;
54          4'h8    : SEGMENT = 8'h80;
55          4'h9    : SEGMENT = 8'h90;
56          default : SEGMENT = 8'hFF;
57     endcase
58  endtask
59
60  endmodule
```

功能模擬 (function simulation)：

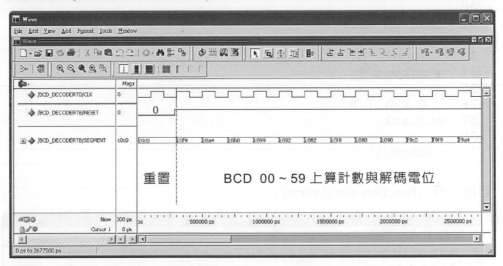

5-41 原始程式 (source program)：

```
1   /***************************
2   *     1 bit full adder      *
3   *     using tasking call    *
4   *  Filename : FULL_ADDER.v  *
5   ***************************/
6
7   module FULL_ADDER(X0, Y0, C0, S0, C1);
8
9     input  X0, Y0, C0;
10    output S0, C1;
11
12    reg CT, ST, CA, S0, C1;
13
```

```
14    always @(X0 or Y0 or C0 or CT or CA or ST)
15      begin
16        HALF_ADDER (X0, Y0, CT, ST);
17        HALF_ADDER (ST, C0, CA, S0);
18        OR_GATE    (CT, CA, C1);
19      end
20
21  task HALF_ADDER;
22    input  X, Y;
23    output C, SUM;
24
25    begin
26      SUM = X ^ Y;
27      C   = X & Y;
28    end
29  endtask
30
31  task OR_GATE;
32    input  A;
33    input  B;
34    output F;
35
36    F = A | B;
37  endtask
38
39  endmodule
```

功能模擬 (function simulation)：

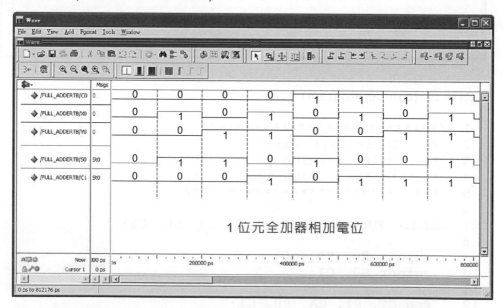

Chapter

6

Digital Logic Design

編譯器指令與狀態機器

編譯器指令 compiler directives

當我們完成一個控制電路之後,往往會進行各種不同測試向量的模擬,也就是需要不同的參數,為了讓設計師有更大的變通與彈性,verilog 語言系統提供了與 C 語言類似的編譯器指令 (compiler directives),它們包括了 `ifdef、`else、`endif、`define、`undef、`include …… 等,底下我們就來討論這些編譯器指令的特性與使用方法。

define 與 undefine 敘述

與 C 語言相同,我們可以將某一特定的字串指定給某一個巨集變數名稱,當合成器在進行編譯時,它會以字串內容來取代巨集變數名稱,而其基本語法如下:

> `define 巨集變數 <字串內容>

於上面的敘述中,我們將巨集變數 (名稱必須符合識別字的要求) 的內容定義成後面的字串,當合成器進行編譯時,它會將程式內的所有巨集變數,以後面所定義的字串

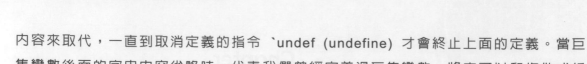
內容來取代，一直到取消定義的指令 `undef (undefine) 才會終止上面的定義。當巨集變數後面的字串內容省略時，代表我們曾經定義過巨集變數，將來可以和條件式編譯指令配合使用 (參閱 `ifdef 的範例)，取消定義指令的基本語法如下：

> `undef 巨集變數

範例 檔名：UP_COUNTER_1DIG_DEFINE

以 `define 指令，設計一個從 0 上算到 N 的 BCD 計數器 (N 為 `define 後面的字串內容)，也就是當我們改變字串內容時，BCD 上算計數器的上限就會跟著改變。

原始程式 (source program)：

```
1  /***************************
2  *    1 digital counter    *
3  *      using define       *
4  *  Filename : COUNTER.v   *
5  ***************************/
6
7  `define LAST 9
8
9  module COUNTER(CLK, RESET, Q);
10
11 input  CLK, RESET;
12 output [3:0] Q;
13
14 reg [3:0] Q;
15
16 always @(posedge CLK or negedge RESET)
17   if (!RESET)
18     Q <= 4'h0;
19   else
20     if (Q == `LAST)
21       Q <= 4'h0;
22     else
23       Q <= Q + 1'b1;
24
25 endmodule
```

重點說明：

1. 行號 7 內我們將巨集變數 LAST 定義成字串 9。

2. 行號 20 內合成器會以字串 9 取代巨集變數 LAST 後進行電路的合成,請注意! 於 verilog 語言的語法必須在巨集變數名稱的前面加入 "`"。

3. 如果我們改變行號 7 的巨集變數字串內容 (0～9) 後,再進行電路合成時,上 算計數器的上限值就會被改變。

功能模擬 (function simulation):

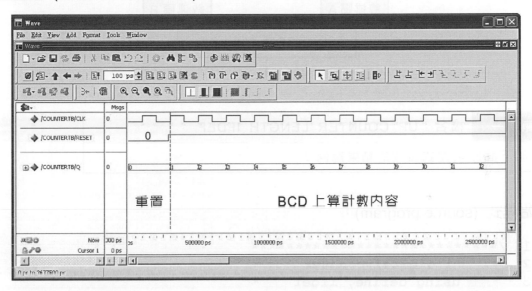

從上面輸入與輸出的電位可以知道,它是 個 BCD 上算計數器,其計數範圍為 0～9 (LAST 的內容)。

`ifdef 、 `else 、 `endif 敘述

條件式編譯指令 `ifdef 、 `else 、 `endif 可以用來配合 `define 敘述,以便選取適 當的條件進行電路的合成,其基本語法如下:

```
`ifdef 巨集變數
   敘述區 A;
`else
   敘述區 B;
`endif
```

當 `ifdef 後面的巨集變數有被 `define 敘述定義時，則進行敘述區 A 的合成，沒有被定義時則進行敘述區 B 的合成，如果我們以流程圖來表示時，其狀況如下：

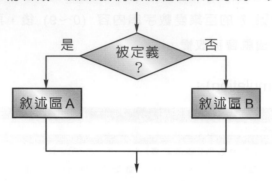

| 範例一 | 檔名：UP_COUNTER_LENGTH_IDEF |

說明下面原始程式合成的結果為何？

原始程式 (source program)：

```
 1  /*****************************
 2  *     1 digital counter       *
 3  *    using define, ifdef      *
 4  *    Filename : COUNTER.v     *
 5  *****************************/
 6
 7  `define LONG
 8
 9  `ifdef LONG
10    `define LENGTH 16
11  `else
12    `define LENGTH 8
13  `endif
14
15  module COUNTER(CLK, RESET, Q);
16
17    input  CLK, RESET;
18    output [`LENGTH-1:0] Q;
19
20    reg [`LENGTH-1:0] Q;
21
22    always @(posedge CLK or negedge RESET)
23      if (!RESET)
```

```
24        Q <= 0;
25     else
26        Q <= Q + 1;
27
28 endmodule
```

重點說明：

1. 行號 9~13 中，如果我們曾經定義過 LONG 時，則將巨集變數 LENGTH 的內容定義成字串 16，否則將 LENGTH 的內容定義成字串 8，由於在行號 7 內我們曾經定義過 LONG，因此巨集變數 LENGTH 的內容被定義成字串 16。

2. 行號 15~28 為一個二進制上算計數器，由於前面 (行號 7~13) 的敘述，因此巨集變數 LENGTH 將會被字串 16 取代，所以程式經合成後的電路為一個 16 位元的二進制上算計數器。

3. 如果我們將行號 7 的定義刪除時，程式經合成後的電路為一個 8 位元的二進制上算計數器。

功能模擬 (function simulation)：

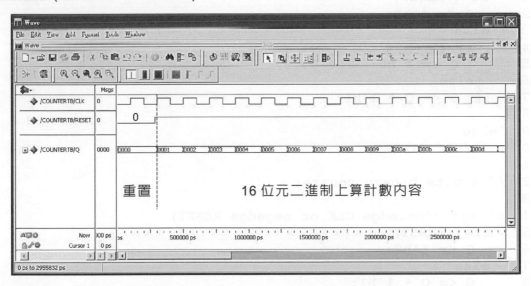

從上面輸入與輸出的電位可以知道，它是一個 16 位元的二進制上算計數器。

範例二	檔名：UP_COUNTER_4BITS_DEFINE_IFDEFINE
說明下面原始程式合成的結果為何？	

原始程式 (source program)：

```
1   /********************************
2   *        4 bits up counter        *
3   *   using define, ifdef, else     *
4   *        Filename : COUNTER.v      *
5   ********************************/
6
7   module COUNTER(CLK, RESET, Q);
8
9   input  CLK, RESET;
10  output [3:0] Q;
11
12  reg [3:0] Q;
13
14  `define BINARY
15
16  `ifdef BCD
17
18  // 4 bits BCD counter
19
20  always @(posedge CLK or negedge RESET)
21    if (!RESET)
22      Q <= 4'h0;
23    else
24      if (Q == 4'h9)
25        Q <= 4'h0;
26      else
27        Q <= Q + 1'b1;
28
29  `else
30    `ifdef BINARY
31
32  // 4 bits binary counter
33
34  always @(posedge CLK or negedge RESET)
35    if (!RESET)
36      Q <= 4'h0;
37    else
38      Q <= Q + 1'b1;
39
40    `endif
41
42  `endif
43
44  endmodule
```

重點說明：

1. 行號 20～27 為一個 BCD 上算計數器。

2. 行號 34～38 為一個 4 位元二進制上算計數器。

3. 行號 16 判斷，如果我們曾經定義過 BCD，則合成 20～27 的 BCD 上算計數器，否則再往下判斷是否定義過 BINARY (行號 29～30)，如果有則合成行號 34～38 的 4 位元二進制上算計數器，當兩者都沒有定義過，則合成器不會進行任何電路的合成。

4. 由於行號 14 內我們已經定義 BINARY，因此合成器會選取行號 34～38 的程式，因而合成出一個二進制的上算計數器。

功能模擬 (function simulation)：

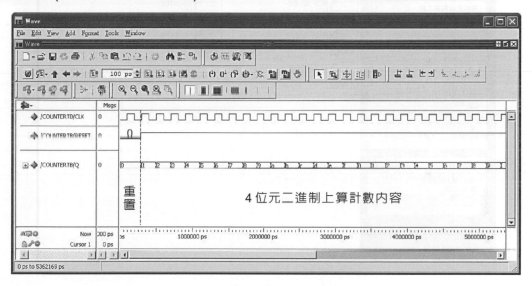

從上面輸入與輸出的電位可以知道，它是一個 BCD 上算計數器。

`include 敘述

為了要達到電路分工的目的，於 verilog 語言中系統亦提供引入標頭檔 `include 的敘述，我們可以將常用或共用的參數、控制電路……等，以元件 (component) 的型態儲存在某一個檔案內，將來如果需要使用時，不用重新設計或定義，可以直接以 "`include" 敘述將檔案引入程式即可，而其基本語法如下：

`include "儲存路徑/標頭檔案名稱"

於上面的語法中，比較特別的是用來指示儲存路徑、目錄與目錄中間的隔開字元為 "/" 而非一般的反斜線 "\" (沿襲 C 語言的語法)。

為了讓讀者很清楚的了解本敘述的用法，底下我們就舉幾個範例來說明，首先假設工程師已經在 D 磁碟的 TEXT_LIBRARY 目錄內建立如下的元件檔案 (儲存路徑為 D:/TEXT_LIBRARY)：

其中 COUNTER.v 、 BCD_SEVEN.v 與前面 6-2 節內名稱對應範例二的程式內容完全相同，HALF_ADDER.v 、 OR_GATE 與前面 6-2 節內位置對應範例二的程式內容完全相同，PRE_DEFINE.v 的檔案內容如下：

```
1    /****************************************
2    *   define data, component and store in  *
3    *     D:\TEXE LIBRARY\PRE_DEFINR.v       *
4    *        FILENAME : PRE_DEFINE.v         *
5    ****************************************/
6
```

```
 7   `ifdef WORD
 8     `define LENGTH 16
 9   `else
10     `define LENGTH 8
11   `endif
12
13   `define LAST 4'd9
14
15   module DEMUL1_2(DIN, S, Y);
16
17     input  DIN, S;
18     output [0:1] Y;
19
20     reg [0:1] Y;
21
22     always @(DIN or S)
23       case (S)
24         1'b0    : Y = {DIN, 1'b1};
25         default : Y = {1'b1, DIN};
26       endcase
27
28   endmodule
```

其內部包括一些定義的巨集資料與一個 1 對 2 的解多工器元件 DEMUL1_2。

範例一	檔名：UP_COUNTER_1DIG_DEFINE_INCLUDE

以 `include 敘述，配合儲存在 D:/TEXT_LIBRARY/PRE_DEFINE.v 的檔案內容，
設計一個功能與前面檔名為 UP_COUNTER_1DIG_DEFINE 相同的電路 (從 0 上算
到 N 的 BCD 計數器)。

原始程式 (source program)：

```
1   /*********************************
2    *        1 digital counter       *
3    *      using define library      *
4    *      Filename : COUNTER.v       *
5    *********************************/
6
7   `include "D:/TEXT_LIBRARY/PRE_DEFINE.v"
8
9   module COUNTER(CLK, RESET, Q);
```

```
10
11    input  CLK, RESET;
12    output [3:0] Q;
13
14    reg [3:0] Q;
15
16    always @(posedge CLK or negedge RESET)
17      if (!RESET)
18        Q <= 4'h0;
19      else
20        if (Q == `LAST)
21          Q <= 4'h0;
22        else
23          Q <= Q + 1'b1;
24
25  endmodule
```

重點說明：

由於巨集變數 LAST 的內容我們定義在路徑為 " D:/TEXT_LIBRARY " 底下
"PRE_DEFINE.v" 檔案內容的行號 13 中，因此於行號 7 內我們宣告 `include
"D:/TEXT_LIBRARY/PRE_DEFINE.v"，將它引入本程式內，其餘的部分與前面檔名
為 UP_COUNTER_1DIG_DEFINE 的說明完全一樣，請自行參閱。

功能模擬 (function simulation)：

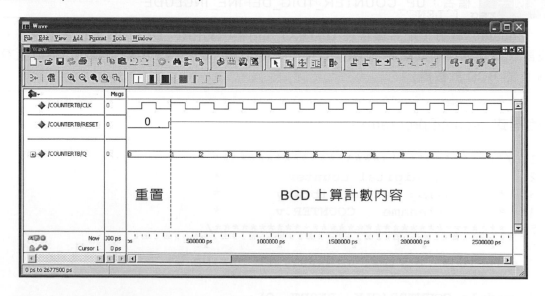

從上面輸入與輸出的電位可以知道，它是一個 BCD 上算計數器，其計數範圍為 0～9 (LAST 的內容)。

範例二	檔名：UP_COUNTER_LENGTH_IFDEF_INCLUDE

配合儲存在 D:/TEXT_LIBRARY/PRE_DEFINE.v 的檔案內容，說明
下面原始程式合成的結果為何？

原始程式 (source program)：

```
1   /*********************************
2   *      1 digital counter using     *
3   *        library define, ifdef     *
4   *        Filename : COUNTER.v       *
5   *********************************/
6
7   `define WORD
8
9   `include "D:/TEXT_LIBRARY/PRE_DEFINE.v"
10
11  module COUNTER(CLK, RESET, Q);
12
13    input  CLK, RESET;
14    output [`LENGTII 1:0] Q;
15
16    reg [`LENGTH-1:0] Q;
17
18    always @(posedge CLK or negedge RESET)
19      if (!RESET)
20        Q <= 0;
21      else
22        Q <= Q + 1'b1;
23
24  endmodule
```

重點說明：

由於行號 7 內我們事先定義過 WORD，因此於檔案 "PRE_DEFINE.v" 內容的行號 7
～11 中，巨集變數 LENGTH 的內容會被定義成字串 16，如此一來本程式就會被合成
出一個 16 位元的二進制上算計數器。

功能模擬 (function simulation)：

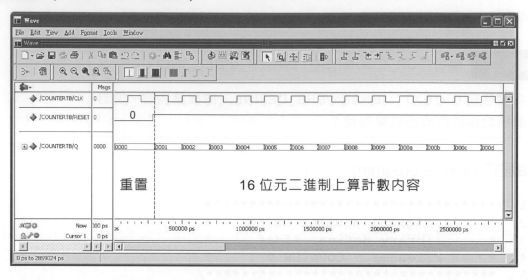

從上面輸入與輸出的電位可以知道，它是一個 16 位元的二進制上算計數器。

範例三	檔名：DEMULTIPLEXER1_4_POSITION_INCLUDE

以 `include 敘述，連續叫用前面我們所建立儲存在 "D:/TEXT_LIBRARY" 底下 "PRE_DEFINE.v" 檔案內的 1 對 2 解多工器元件 DEMUL1_2 (行號 15～28) 3 次，並以位置對應的連線方式完成一個 1 對 4 的解多工器電路。

1. 方塊圖：　　　　　　　2. 結構圖：

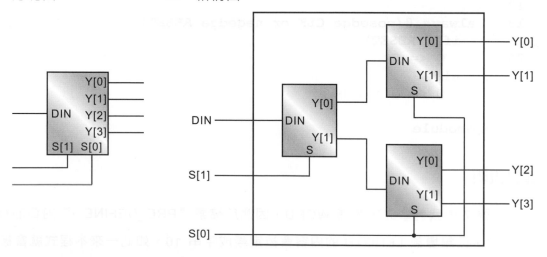

原始程式 (source program)：

```
1   /*********************************
2    *    1 to 4 demultiplexer using    *
3    *   include library by position    *
4    *        Filename : DEMUL1_4.v      *
5    *********************************/
6
7    `include "D:/TEXT_LIBRARY/PRE_DEFINE.v"
8
9    module DEMUL1_4(DIN, S, Y);
10
11     input  DIN;
12     input  [1:0] S;
13     output [0:3] Y;
14
15     wire [0:1] X;
16
17     DEMUL1_2 A1 (DIN, S[1], X);
18     DEMUL1_2 A2 (X[0], S[0], Y[0:1]);
19     DEMUL1_2 A3 (X[1], S[0], Y[2:3]);
20
21   endmodule
```

重點說明：

由於元件內容是存放在 "D:/TEXT_LIBRARY" 目錄底下的 "PRE_DEFINE.v" 檔案內 (行號 15~28)，因此於行號 7 內我們以 `include "D:/TEXT_LIBRARY/PRE_DEFINE.v" 將它引入本程式內，其餘部分請自行參閱前面有關元件的敘述。

功能模擬 (function simulation)：

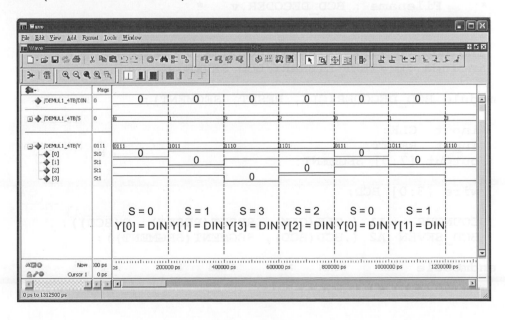

從上面輸入與輸出的電位可以知道，它是一個 1 對 4 的解多工器電路。

範例四	檔名：BCD_SEVEN_SEGMENT_1DIG_NAME_INCLUDE

以 `include 敘述，叫用前面我們所建立儲存在 "D:/TEXT_LIBRARY" 底下的兩個元件 "COUNTER.v" 與 "BCD_SEVEN.v"，並以名稱對應的連線方式進行連線，以便完成一個帶有共陽極七段解碼器的 1 位數 BCD 上算計數器。

---

1. 方塊圖：

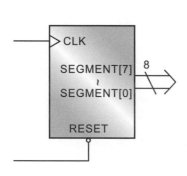

2. 結構圖：

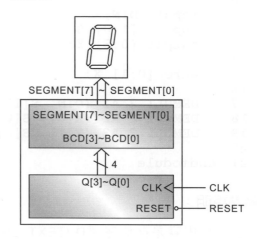

原始程式 (source program)：

```
 1  /*********************************
 2   *  1 dig up counter and decoder  *
 3   * using include library by name *
 4   *    Filename : BCD_DECODER.v    *
 5   *********************************/
 6
 7  `include "D:/TEXT_LIBRARY/COUNTER.v"
 8  `include "D:/TEXT_LIBRARY/BCD_SEVEN.v"
 9
10  module BCD_DECODER(CLK, RESET, SEGMENT);
11
12    input  CLK;
13    input  RESET;
14    output [7:0] SEGMENT;
15
16    wire [3:0] BCD;
17
18    COUNTER    A1 (.CLK(CLK), RESET(RESET), Q(BCD));
19    BCD_SEVEN A2 (.BCD(BCD), SEGMENT(SEGMENT));
20
21  endmodule
```

重點說明：

由於程式使用檔名為 "COUNTER.v" 與 "BCD_SEVEN.v" 的元件，因此於行號 7～8 中我們將儲存在 "D:/TEXT_LIBRARY" 目錄內的兩個元件引入本程式，其餘部分與前面相同。

功能模擬 (function simulation)：

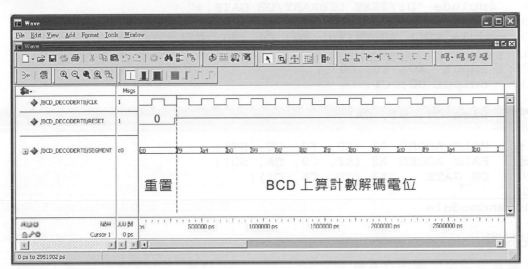

從上面輸入與輸出的電位可以知道，它是一個帶有共陽極七段顯示解碼器的 1 位數 BCD 上算計數器。

範例五	檔名：FULL_ADDER_POSITION_INCLUDE

以 `include 敘述，叫用我們所建立儲存在 "D:/TEXT_LIBRARY" 底下的兩個元件 "HALF_ADDER.v" 與 "OR_GATE.v"，並以位置對應的連線方式進行連線，以便完成一個 1 位元的全加器電路。

1. 方塊圖：　　　　　　　　2. 結構圖：

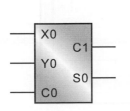

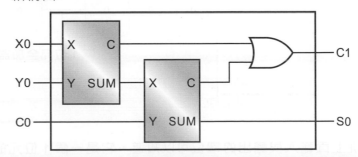

原始程式 (source program)：

```
1   /**********************************
2   *      1 bit full adder using      *
3   *   include library by position    *
4   *      Filename : FULL_ADDER.v      *
5   **********************************/
6
7   `include "D:/TEXT_LIBRARY/HALF_ADDER.v"
8   `include "D:/TEXT_LIBRARY/OR_GATE.v"
9
10  module FULL_ADDER(X0, Y0, C0, S0, C1);
11
12    input  X0, Y0, C0;
13    output S0, C1;
14
15    wire CT, ST, CA;
16
17    HALF_ADDER A1 (X0, Y0, CT, ST);
18    HALF_ADDER A2 (ST, C0, CA, S0);
19    OR_GATE    A3 (CT, CA, C1);
20
21  endmodule
```

重點說明：

與前面範例相似，請自行參閱。

功能模擬 (function simulation)：

1 位元全加器相加電位

從上面輸入與輸出的電位可以知道，它是一個 1 位元的全加器。

6-2　Moore 與 Mealy 狀態機

在大專的數位邏輯設計課程中，時常會提到有限狀態機器 (Finite State Machine) 簡稱為 FSM，它是在有限的狀態之下，以目前電路所記錄的狀態為準，一旦外加時脈及輸入訊號來臨時，它會以目前的狀態及輸入訊號的變化狀況為依據，產生下一次的狀態及輸出電位。有限狀態機依其工作特性可以區分為下面兩種：

1. Moore Machine：此種狀態機器的輸出電位只與目前所記錄的狀態有關，與輸入訊號無立即的關係。

2. Mealy Machine：此種狀態機器的輸出電位不只與目前所記錄的狀態有關，而且與輸入訊號有立即的關係。

比較兩種機器後會發現到，Mealy Machine 可以使用較少的狀態來完成一個序向控制電路，但由於它的輸出會受到輸入電位的影響，因此在輸出端容易產生 glitch。於 verilog 語言系統中，我們只要將所要設計控制電路的動作狀況以狀態圖 (state diagram) 方式繪出，系統就可以將它轉換成硬體電路，甚至可以轉換成 verilog 的描述語言，於本章節內我們就來討論如何以 verilog 語言來描述有限狀態機器 FSM。

Moore 有限狀態機器

於 Moore 有限狀態機器中，它的輸出只與目前所記錄的狀態有關，與輸入訊號並無立即的關係，在設計過程我們先將所要設計電路的動作狀況以狀態圖繪出 (請自行參閱邏輯設計的書籍或本人所出版的 "最新數位邏輯電路設計"，限於篇幅在此不作陳述)，然後再以參數定出電路內可能出現的所有狀態，之後再依其動作的方式與順序，以 verilog 語言的行為模式加以描述即可。

範例	檔名：MOORE_MACHINE_DETECT_101
以 Moore Machine 設計一個從一連串的輸入訊號 X 中，偵測出連續的 101 訊號。	

方塊圖：

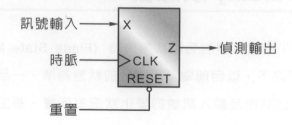

訊號輸入 ──→ X

時脈 ──→ CLK   Z ──→ 偵測輸出

RESET

重置

動作狀況：

從 X 端輸入一連串 0 與 1 的訊號中：

偵測到 101 時，輸出端 Z 為高電位 1。

沒有偵測到 101 時，輸出端 Z 為低電位 0。

訊號輸入 X：1100101100101010100

偵測輸出 Z：0000001000001010100

<步驟一> 繪出電路的狀態圖 (圖形說明請參閱本人所寫的 "最新數位邏輯電路設計" 一書)：

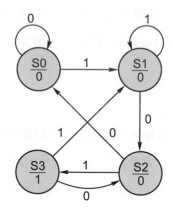

<步驟二> 整理出狀態表：

目前狀態	下一個狀態		輸出
PS	X = 0	X = 1	Z
S0	S0	S1	0
S1	S2	S1	0
S2	S0	S3	0
S3	S2	S1	1

<步驟三>　將上述的狀態變化與輸出狀況，以 verilog 語言的行為模式加以描述，其原
　　　　始程式的內容如下：

原始程式 (source program)：

```
1   /********************************
2    *      detect "101" from series    *
3    *    input signal (moor machine)   *
4    *        Filename : DETECTOR.v      *
5    ********************************/
6
7   module DETECTOR(CLK, RESET, X, Z);
8     input  CLK, RESET, X;
9     output Z;
10
11    parameter S0 = 2'b00, S1 = 2'b01,
12              S2 = 2'b10, S3 = 2'b11 ;
13
14    reg Z;
15    reg [1:0] present_state, next_state;
16
17    always @(posedge CLK or negedge RESET)
18      begin
19        if (!RESET)
20          present_state <= S0;
21        else
22          present_state <= next_state;
23      end
24
25    always @(present_state or X)
26      begin
27        case(present_state)
28          S0 :
29            begin
30              if (X)
31                next_state <= S1;
32              else
33                next_state <= S0;
34              Z <= 1'b0;
35            end
36          S1 :
37            begin
38              if (X)
39                next_state <= S1;
```

```
40              else
41                  next_state <= S2;
42              Z <= 1'b0;
43              end
44          S2 :
45              begin
46              if (X)
47                  next_state <= S3;
48              else
49                  next_state <= S0;
50              Z <= 1'b0;
51              end
52          default :
53              begin
54              if (X)
55                  next_state <= S1;
56              else
57                  next_state <= S2;
58              Z <= 1'b1;
59              end
60          endcase
61      end
62
63  endmodule
```

重點說明：

1. 行號 7～9 為所要描述電路的方塊圖，其狀況如下：

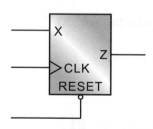

2. 行號 11～12 內以參數 (parameter) 分為設定狀態 S0～狀態 S3 的內容 (因為用來記錄狀態的狀況只有四種)。

3. 行號 17～23 內當電路發生重置 (RESET) 時，電路處在狀態 S0，每當時脈信號 CLK 發生正緣變化時，則跳到下一個狀態。

4. 行號 25～61 將狀態表的動作狀況，以 verilog 語言的行為模式依順序描述出來。

功能模擬 (function simulation)：

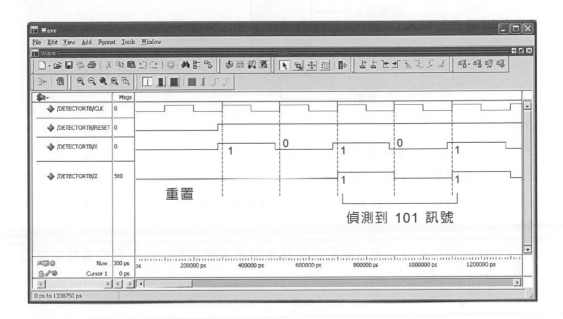

從上面輸入與輸出的電位可以發現到，它與我們所要求的動作狀況完全相同，因此可以知道系統所合成的電路是正確的。

Mealy 有限狀態機器

於 Mealy 有限狀態機器中，它的輸出不只與目前所記錄的狀態有關，它還跟輸入訊號有著立即的關係，於 verilog 語言中，Mealy Machine 的設計方式與前面所討論的 Moore Machine 相似，我們先將所要設計電路的動作狀況以狀態圖繪出，然後再以參數定出電路內可能出現的所有狀態，之後再依其動作的方式與順序，以 verilog 語言的行為模式加以描述即可。

範例	檔名：MEALY_MACHINE_DETECT_101

以 Mealy Machine 設計一個，從一連串的輸入訊號 X 中，偵測出連續的 101 訊號。(讀者可以將它與前面範例二做個比較，就可以知道 Moore 與 Mealy Machine 之間的差別)

方塊圖:

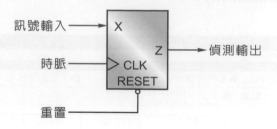

動作狀況:

從 X 端輸入一連串 0 與 1 的訊號中:

偵測到 101 時,輸出端 Z 為高電位 1。

沒有偵測到 101 時,輸出端 Z 為低電位 0。

<步驟一> 繪出電路的狀態圖 (圖形說明請參閱本人所寫的 "最新數位邏輯電路設計" 一書):

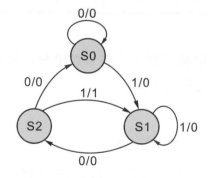

<步驟二> 整理出狀態表:

目前狀態	下一個狀態	
PS	X = 0	X = 1
S0	S0,0	S1,0
S1	S2,0	S1,0
S2	S0,0	S1,1

<步驟三> 將上述的狀態變化與輸出狀況,以 verilog 語言的行為模式加以描述,其原始程式的內容如下:

原始程式 (source program)：

```
1    /*********************************
2    *     detect "101" from series    *
3    *   input signal (mealy machine)  *
4    *        Filename : DETECTOR.v     *
5    *********************************/
6
7    module DETECTOR(CLK, RESET, X, Z);
8
9      input  CLK, RESET, X;
10     output Z;
11
12       parameter S0 = 2'b00, S1 = 2'b01, S2 = 2'b10;
13
14     reg Z;
15     reg [1:0] present_state, next_state;
16
17     always @(posedge CLK or negedge RESET)
18       begin
19         if (!RESET)
20           present_state <= S0;
21         else
22           present_state <= next_state;
23       end
24
25     always @(present_state or X)
26       begin
27         case(present_state)
28           S0 :
29             begin
30               if (X)
31                 begin
32                   next_state <= S1;
33                   Z <= 1'b0;
34                 end
35               else
36                 begin
37                   next_state <= S0;
38                   Z <= 1'b0;
39                 end
40             end
41           S1 :
42             begin
43               if (X)
```

```
44              begin
45                next_state <= S1;
46                Z <= 1'b0;
47              end
48            else
49              begin
50                next_state <= S2;
51                Z <= 1'b0;
52              end
53        end
54    default :
55      begin
56        if (X)
57          begin
58            next_state <= S1;
59            Z <= 1'b1;
60          end
61        else
62          begin
63            next_state <= S0;
64            Z <= 1'b0;
65          end
66      end
67    endcase
68  end
69
70 endmodule
```

重點說明：

程式架構與 Moore Machine 的範例相似，唯一不同點為其輸出 Z 會隨著狀態與輸入訊號 X 而改變，因此於每一個判斷式內都會改變輸出端 Z 的電位，我們以行號 27～40 的敘述來分析，當目前的狀態 present_state 處在 S0 時，輸入訊號 X 的電位：

1. X = 0 時，下一個狀態 next_state 停留在 S0 (行號 37)，且輸出訊號 Z 為低電位 0 (行號 38)。

2. X = 1 時，下一個狀態 next_state 前進到 S1 (行號 32)，且輸出訊號 Z 為低電位 0 (行號 33)。

功能模擬 (function simulation)：

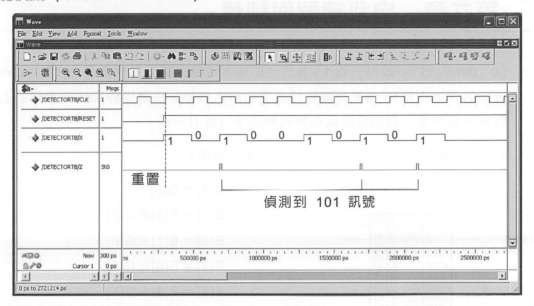

從上面輸入與輸出的電位可以發現到，它們的對應關係與我們所要求的動作狀況完全相同，因此可以知道，系統所合成的電路是正確的。

第六章 自我練習與評量

6-1 以 `define 敘述,設計一個 1～N 位元的格雷碼轉換成二進碼電路 (N 為 `define 後面的字串內容),也就是當我們改變字串內容時,格雷碼轉換成二進碼的上限就會跟著改變,其方塊圖與布林代數如下 (當 N = 8):

1. 方塊圖:

```
G[1]    B[1]
G[2]    B[2]
G[3]    B[3]
G[4]    B[4]
G[5]    B[5]
G[6]    B[6]
G[7]    B[7]
G[8]    B[8]
```

2. 真值表:

$B[8] = G[8]$

$B[7] = B[8] \oplus G[7]$

$B[6] = B[7] \oplus G[6]$

$B[5] = B[6] \oplus G[5]$

$B[4] = B[5] \oplus G[4]$

$B[3] = B[4] \oplus G[3]$

$B[2] = B[3] \oplus G[2]$

$B[1] = B[2] \oplus G[1]$

6-2 說明下面原始程式的合成結果為何?

原始程式 (source program):

```
1   /*****************************
2   *       8 bits full adder     *
3   *     using define, ifdef     *
4   *  Filename : FULL_ADDER.v    *
5   *****************************/
6
7   `define BYTE
8
9   `ifdef BYTE
10    `define LENGTH 8
11   `else
12    `define LENGTH 16
13   `endif
14
15  module FULL_ADDER(C0, X, Y, S, CN);
16
17    input C0;
```

```
18      input   [`LENGTH-1:0] X, Y;
19      output CN;
20      output [`LENGTH-1:0] S;
21
22      reg [`LENGTH-1:0] S;
23      reg CARRY, CN;
24      integer i;
25
26      always @ (C0 or X or Y or CARRY)
27        begin
28          CARRY = C0;
29          for (i = 0; i < `LENGTH; i = i + 1)
30            begin
31              S[i] = X[i] ^ Y[i] ^ CARRY;
32              CARRY= (X[i] & Y[i]) |
33                     (X[i] & CARRY)|
34                     (Y[i] & CARRY);
35            end
36          CN = CARRY;
37        end
38
39  endmodule
```

6-3 說明下面原始程式合成的結果為何？

原始程式 (source program)：

```
1   /*********************************
2    *  8 bits even parity generator  *
3    *  using define ifdef statement  *
4    *     Filename : EVEN_PARITY.v   *
5    *********************************/
6
7   module EVEN_PARITY(I, PARITY);
8
9     input   [1:8] I;
10    output PARITY;
11
12  reg PARITY;
13    integer j;
14
15  `define PARITY_EVEN
16
17  `ifdef PARITY_EVEN
18
19  // 8bits parity even generator
20
```

```verilog
21    always @(I)
22      begin
23        PARITY = 0;
24        for (j = 1; j < 9; j = j + 1)
25          PARITY = PARITY ^ I[j];
26      end
27
28  `else
29    `ifdef PARITY_ODD
30
31  // 8bits parity odd generator
32
33    always @(I)
34      begin
35        PARITY = 1;
36        for (j = 1; j < 9; j = j + 1)
37          PARITY = PARITY ^ I[j];
38      end
39
40    `endif
41
42  `endif
43
44  endmodule
```

6-4　假設工程師已經在 D 磁碟的 PRACTICE_LIBRARY 目錄內建立如下的元件檔案
　　　(儲存路徑為 D:/PRACTICE_LIBRARY)：

其中 PRE_DEFINE.v 的檔案內容如下：

```
1    /*******************************************
2     * define data, component and store in   *
3     *  D:\PRACTICE_LIBRARY\PRE_DEFINR.v      *
4     *        FILENAME : PRE_DRFINE.v         *
5     *******************************************/
6
7    `ifdef BYTE
8      `define LENGTH 8
9    `else
10     `define LENGTH 16
11   `endif
12
13   `define SIZE 8
14
15   module COUNT_2DIGS(CLK, RESET, Q);
16
17     input  CLK, RESET;
18     output [7:0] Q;
19
20     reg [7:0] Q;
21
22     always @(posedge CLK or negedge RESET)
23       begin
24         if (!RESET)
25           Q <= 8'h00;
26         else
27           begin
28             if (Q[3:0] == 4'h9)
29               begin
30                 Q[3:0] <= 4'h0;
31                 Q[7:4] <= Q[7:4] + 1'b1;
32               end
33             else
34               Q[3:0] <= Q[3:0] + 1'b1;
35
36             if (Q == 8'h59)
37               Q <= 8'h00;
38           end
39       end
40
41   endmodule
42
43
```

```
44  module COUNT_1DIG(CLK, RESET, Q);
45
46    input  CLK, RESET;
47    output [3:0] Q;
48
49    reg [3:0] Q;
50
51    always @(posedge CLK or negedge RESET)
52      if (!RESET)
53        Q <= 4'h0;
54      else
55        if (Q == 4'h9)
56          Q <= 4'h0;
57        else
58          Q <= Q + 1'b1;
59
60  endmodule
61
62  module DECODER(BCD,SEGMENT);
63
64    input  [3:0] BCD;
65    output [7:0] SEGMENT;
66
67    reg [7:0] SEGMENT;
68
69    always @(BCD)
70      case (BCD)
71        4'h0     : SEGMENT = 8'hC0;
72        4'h1     : SEGMENT = 8'hF9;
73        4'h2     : SEGMENT = 8'hA4;
74        4'h3     : SEGMENT = 8'hB0;
75        4'h4     : SEGMENT = 8'h99;
76        4'h5     : SEGMENT = 8'h92;
77        4'h6     : SEGMENT = 8'h82;
78        4'h7     : SEGMENT = 8'hF8;
79        4'h8     : SEGMENT = 8'h80;
80        4'h9     : SEGMENT = 8'h90;
81        default  : SEGMENT = 8'hFF;
82      endcase
83
84  endmodule
```

其餘皆為經過模擬且功能無誤的元件 (component)，其內容與我們在前面 5-2
章節所設計的程式完全相同 (讀者請自行參閱內文)。

試以 `include 敘述，配合儲存在 D:/PRACTICE_LIBRARY/PRE_DEFINE.v 的
檔案內容，設計一個功能與 6-1 相同，將格雷碼轉換成二進碼的電路。

6-5　配合 6-4 儲存在 D:/PRACTICE_LIBRARY/PRE_DEFINE.v 的檔案內容，說明下
面原始程式合成的結果。

原始程式 (source program)：

```
1   /********************************
2   *      8 bits full adder using     *
3   *          include library         *
4   *      Filename : FULL_ADDER.v     *
5   ********************************/
6
7   `define BYTE
8
9   `include "D:/PRACTICE_LIBRARY/PRE_DEFINE.v"
10
11  module FULL_ADDER(C0, X, Y, S, CN);
12
13     input  C0;
14     input [`LENGTH-1:0] X, Y;
15     output CN;
16     output [`LENGTH-1:0] S;
17
18     reg [`LENGTH-1:0] S;
19     reg CARRY, CN;
20     integer i;
21
22     always @(C0 or X or Y or CARRY)
23       begin
24         CARRY = C0;
25         for (i = 0; i < `LENGTH; i = i + 1)
26           begin
27             S[i]  = X[i] ^ Y[i] ^ CARRY;
28             CARRY = (X[i] & Y[i]) |
29                     (X[i] & CARRY)|
30                     (Y[i] & CARRY);
31           end
32         CN = CARRY;
33       end
34
35  endmodule
```

6-6 配合 6-4 儲存在 D:/PRACTICE_LIBRARY/PRE_DEFINE.v 的檔案內容，說明下面原始程式合成的結果。

原始程式 (source program)：

```
1   /********************************
2   * 1 dig counter, decoder using  *
3   *  include library by position  *
4   *    Filename : BCD_DECODER.v    *
5   ********************************/
6
7   `include "D:/PRACTICE_LIBRARY/PRE_DEFINE.v"
8
9   module BCD_DECODER(CLK, RESET, SEGMENT);
10
11    input  CLK;
12    input  RESET;
13    output [7:0] SEGMENT;
14
15    wire [3:0] BCD;
16
17    COUNT_1DIG  A1 (CLK, RESET, BCD);
18    DECODER     A2 (BCD, SEGMENT);
19
20  endmodule
```

6-7 配合 6-4 儲存在 D:/PRACTICE_LIBRARY/PRE_DEFINE.v 的元件檔案內容，以 `include 敘述，叫用 "COUNT_2DIGS.v" 元件一次，"DECODER.v" 元件兩次，並以名稱對應的方式進行連線，以便完成一個帶有共陽極七段解碼器的 2 位數 BCD 00～59 上算計數器電路，其方塊圖與結構圖如下：

方塊圖： 結構圖：

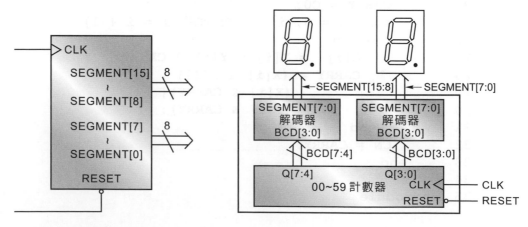

6-8 將上題 6-7 的元件連線方式改成位置對應方式。

6-9 配合 6-4 儲存在 D:/PRACTICE_LIBRARY 的元件，以 `include 敘述，連續叫用 "DEMUL1_2.v" 元件 3 次，並以名稱對應的方式進行連線，以便完成一個 1 對 4 解多工器電路，其方塊圖與結構圖如下：

方塊圖：　　　　　　　　　　結構圖：

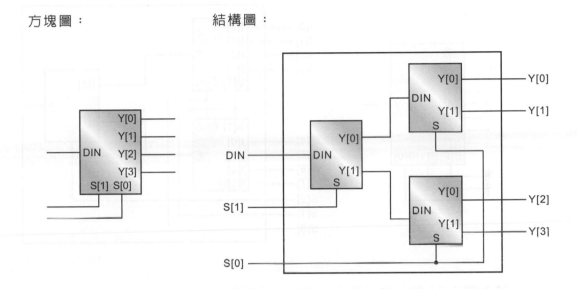

6-10 配合 6-4 儲存在 D:/PRACTICE_LIBRARY 的元件，以 `include 敘述，連續叫用 "HALF_ADDER.v" 元件 2 次，"OR_GATE.v" 元件 1 次，並以名稱對應的方式進行連線，以便完成一個 1 位元全加器電路，其方塊圖與結構圖如下：

方塊圖：　　　　　　　　　　結構圖：

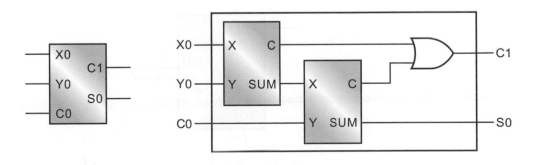

6-11 配合 6-4 儲存在 D:/PRACTICE_LIBRARY 的元件，以 `include 敘述，連續叫用 "MUL4_1.v" 2 次，"MUL2_1.v" 1 次，並以位置對應的方式進行連線，以便完成一個 8 對 1 的多工器電路，其方塊圖與結構圖如下：

方塊圖：　　　　　　　　　　結構圖：

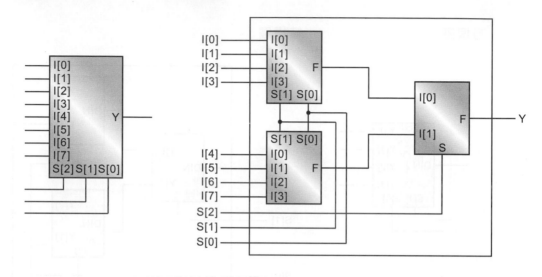

6-12 將上題 6-11 的元件連線方式改成名稱對應方式。

6-13 配合 6-4 儲存在 D:/PRACTICE_LIBRARY 的元件，以 `include 敘述叫用 "UP_COUNTER.v"，"DOWN_COUNTER.v"，"ROTATE_RIGHT.v"，"ROTATE_LEFT.v" 元件各 1 次，並以名稱對應的方式進行連線，以便完成一個輸出共用，可以選擇元件輸出的電路，其方塊圖與結構圖如下：

方塊圖：

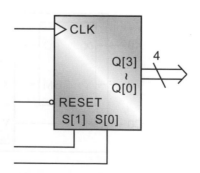

結構圖：

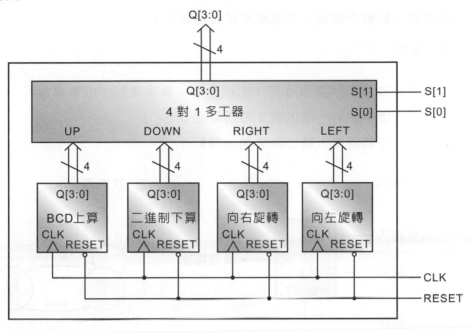

6-14　將上題 6-13 的元件連線改成位置對應方式。

6-15　以 Moore machine 設計一個，當輸入端 X 連續出現 2 個低電位 0 以後，才開始輸出同位位元的電路 (偶同位 Z 輸出為 0，奇同位 Z 輸出為 1)，其輸入與輸出電位的對應關係、方塊圖與狀態圖如下：

X 輸入電位：1 0 1 1 0 1 1 0 1 0 0 1 1 0 1 0 1 1 0

Z 輸出電位：Z Z Z Z Z Z Z Z Z Z 0 1 0 0 1 1 0 1 1

1. 方塊圖：

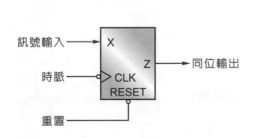

2. 狀態圖：

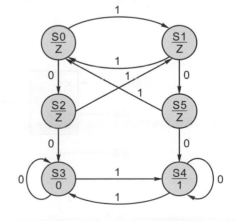

6-16 以 Moore Machine 設計一個從一連串的輸入訊號 X 中,偵測出同位狀況的同位偵測器,其動作狀況、方塊圖及狀態圖如下:

動作狀況:

從 X 端輸入一連串 0 與 1 的訊號中,當高電位 1 的數量為:

偶數個時,輸出端 Z 為低電位 0。

奇數個時,輸出端 Z 為高電位 1。

1. 方塊圖:　　　　　　　　　　　　　　2. 狀態圖:

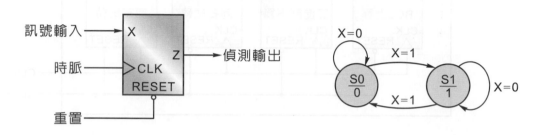

6-17 以 Mealy machine 設計一個從輸入端 X 偵測出以 4 位元為一組,當其電位為 0101 或 1001 時,輸出端 Z 為高電位 1,否則為低電位 0,其輸入與輸出電位的對應關係、方塊圖與狀態圖如下:

X 輸入電位:	0000	0101	0111	1111	1001	0101	1111
Y 輸出電位:	0000	0001	0000	0000	0001	0001	0000

1. 方塊圖:　　　　　　　　　　　　2. 狀態圖:

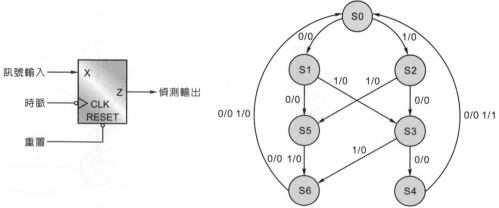

6-18　以 Mealy Machine 設計一個，當輸入端 X 連續輸入 3 個位元後，於輸出端 Z 就
　　　會自動產生前面 3 個位元的偶同位訊號，其動作狀況、方塊圖及狀態圖如下：

動作狀況：

　　從輸入端 X 連續輸入 3 個位元後，如果 3 位元中 1 的數量為：

　　　奇數個，則 Z 輸出高電位 1。

　　　偶數個，則 Z 輸出低電位 0。

X 輸入電位：

| 1 | 0 | 0 | 1 | 1 | 1 | 0 | 0 | 1 | 1 | 1 | 1 | 1 | 0 | 1 | 0 |

　　　　　　　　　　　Z　　　　　　Z　　　　　　Z　　　　　Z

1. 方塊圖：　　　　　　　　　　　2. 狀態圖：

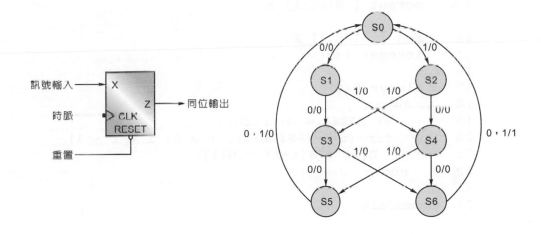

第六章　自我練習與評量解答

6-1　原始程式 (source program)：

```
1   /********************************
2   *      8 bits gray to binary      *
3   *      using define statement      *
4   *      Filename : GRAY_BINARY.v    *
5   ********************************/
6
7   `define SIZE 8
8
9   module GRAY_BINARY(G, B);
10
11    input  [`SIZE:1] G;
12    output [`SIZE:1] B;
13
14    reg [`SIZE:1] B;
15    integer i;
16
17    always @(G)
18      begin
19        B[`SIZE] = G[`SIZE];
20        for (i = (`SIZE-1); i > 0; i = i - 1)
21          B[i] = B[i+1] ^ G[i];
22      end
23
24  endmodule
```

功能模擬 (function simulation)：

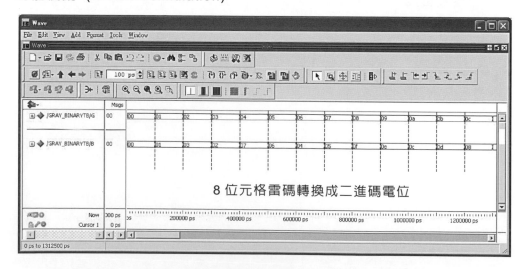

8 位元格雷碼轉換成二進碼電位

6-3　由於行號 15 已經定義 PARITY_EVEN，因此電路會被合成出一個 8 位元偶同位產生器，其方塊圖如下：

功能模擬 (function simulation)：

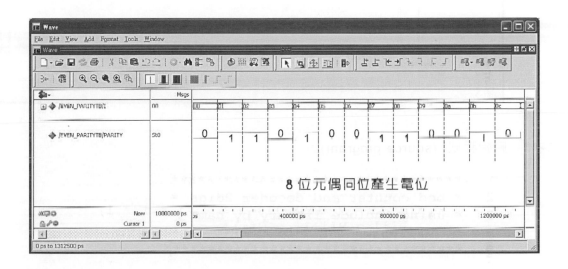

6-5　電路會被合成出一個 8 位元的全加器電路，其方塊圖如下：

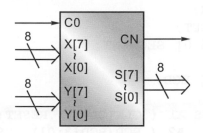

功能模擬 (function simultaion)：

6-7 原始程式 (source program)：

```
1  /*********************************
2  * bcd counter and decoder 2digs *
3  * using include library by name *
4  *    Filename : BCD_DECODER.v    *
5  *********************************/
6
7  `include "D:/PRACTICE_LIBRARY/PRE_DEFINE.v"
8
9  module BCD_DECODER(CLK, RESET, SEGMENT);
10
11   input  CLK;
12   input  RESET;
13   output [15:0] SEGMENT;
14
15   wire [7:0] BCD;
16
17   COUNT_2DIGS A1 (.CLK(CLK), .RESET(RESET), .Q(BCD));
18   DECODER     A2 (.BCD(BCD[3:0]), .SEGMENT(SEGMENT[7:0]));
19   DECODER     A3 (.BCD(BCD[7:4]), .SEGMENT(SEGMENT[15:8]));
20
21  endmodule
```

功能模擬 (function simultaion)：

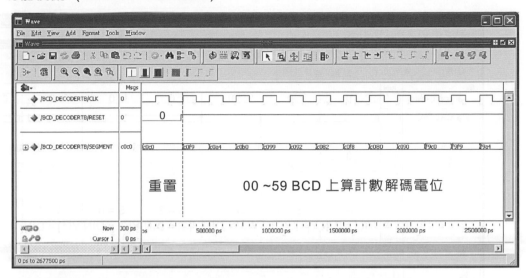

6-9　原始程式 (source program)：

```
1   /*********************************
2   *    1 to 4 demultiplexer using   *
3   *      include library by name    *
4   *        Filename : DEMUL1_4.v    *
5   *********************************/
6
7   `include "D:/PRACTICE_LIBRARY/DEMUL1_2.v"
8
9   module DEMUL1_4(DIN, S, Y);
10
11    input  DIN;
12    input  [1:0] S;
13    output [0:3] Y;
14
15    wire  [0:1] X;
16
17    DEMUL1_2 A1 (.DIN(DIN),  .S(S[1]), .Y(X));
18    DEMUL1_2 A2 (.DIN(X[0]), .S(S[0]), .Y(Y[0:1]));
19    DEMUL1_2 A3 (.DIN(X[1]), .S(S[0]), .Y(Y[2:3]));
20
21  endmodule
```

功能模擬 (function simultaion)：

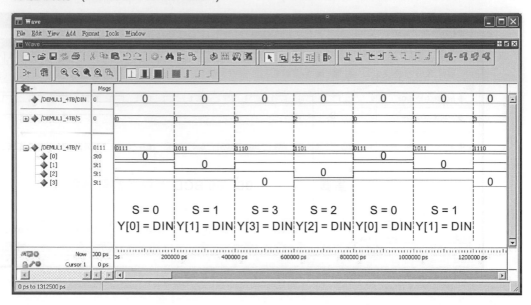

6-11 原始程式 (source program)：

```
1   /*********************************
2   *    8 to 1 multiplexer using    *
3   *    include library by position *
4   *    Filename : MULTIPLEXER8_1.v *
5   *********************************/
6
7   `include "D:/PRACTICE_LIBRARY/MUL4_1.v"
8   `include "D:/PRACTICE_LIBRARY/MUL2_1.v"
9
10  module MULTIPLEXER8_1(I, S, Y);
11
12    input  [0:7] I;
13    input  [2:0] S;
14    output Y;
15
16    wire [0:1] X;
17
18    MUL4_1 MUL1 (I[0:3], S[1:0], X[0]);
19    MUL4_1 MUL2 (I[4:7], S[1:0], X[1]);
20    MUL2_1 MUL3 (X, S[2], Y);
21
22  endmodule
```

功能模擬 (function simultaion)：

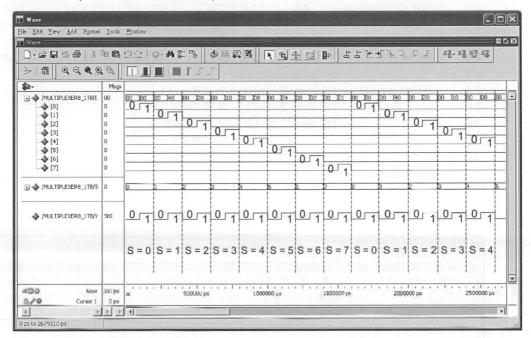

6-13 原始程式 (source program)：

```
1   /**********************************
2   *       Multiple_display using    *
3   *       include library by name   *
4   *         Filename : DISPLAY.v    *
5   **********************************
6
7   `include "D:/PRACTICE_LIBRARY/UP_COUNTER.v"
8   `include "D:/PRACTICE_LIBRARY/DOWN_COUNTER.v"
9   `include "D:/PRACTICE_LIBRARY/ROTATE_RIGHT.v"
10  `include "D:/PRACTICE_LIBRARY/ROTATE_LEFT.v"
11
12  module DISPLAY(CLK, RESET, S, Q);
13
14    input  CLK, RESET;
15    input  [1:0] S;
16    output [3:0] Q;
17
18    wire [3:0] UP;
19    wire [3:0] DOWN;
20    wire [3:0] RIGHT;
21    wire [3:0] LEFT;
```

```
22
23    UP_COUNTER     A1 (.CLK(CLK), .RESET(RESET), .Q(UP));
24    DOWN_COUNTER   A2 (.CLK(CLK), .RESET(RESET), .Q(DOWN));
25    ROTATE_RIGHT   A3 (.CLK(CLK), .RESET(RESET), .Q(RIGHT));
26    ROTATE_LEFT    A4 (.CLK(CLK), .RESET(RESET), .Q(LEFT));
27
28    assign Q = (S == 2'b00) ? UP     :
29                (S == 2'b01) ? DOWN   :
30                (S == 2'b10) ? RIGHT :
31                                LEFT;
32
33 endmodule
```

功能模擬 (function simultaion)：

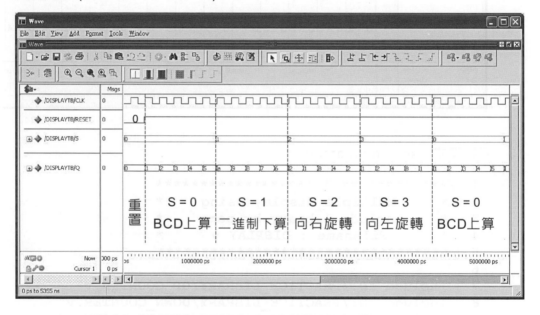

6-15 原始程式 (source program)：

```
1    /********************************
2    *    Parity detector after two    *
3    *      zero (moore machine)       *
4    *    Z = 0 for even parity        *
5    *    Z = 1 for odd  parity        *
6    *    Filename : DETECTOR.v        *
7    ********************************/
8
9 module DETECTOR(CLK, RESET, X, Z);
10
```

```
11      input  CLK, RESET, X;
12      output Z;
13
14      parameter  S0 = 3'b000, S1 = 3'b001,
15                 S2 = 3'b010, S3 = 3'b011,
16                 S4 = 3'b100, S5 = 3'b101;
17
18      reg Z;
19      reg [2:0] present_state, next_state;
20
21
22      always @(posedge CLK or negedge RESET)
23        begin
24          if (!RESET)
25            present_state <= S0;
26          else
27            present_state <= next_state;
28        end
29
30      always @(present_state or X)
31        begin
32          case (present_state)
33            S0 :
34              begin
35                if (X)
36                   next_state <= S1;
37                else
38                   next_state <= S2;
39                Z <= 1'bz;
40              end
41            S1 :
42              begin
43                if (X)
44                   next_state <= S0;
45                else
46                   next_state <= S5;
47                Z <= 1'bz;
48              end
49            S2 :
50              begin
51                if (X)
52                   next_state <= S1;
53                else
54                   next_state <= S3;
55                Z <= 1'bz;
56              end
```

```
57          S3 :
58            begin
59              if (X)
60                next_state <= S4;
61              else
62                next_state <= S3;
63              Z <= 1'b0;
64            end
65          S4 :
66            begin
67              if (X)
68                next_state <= S3;
69              else
70                next_state <= S4;
71              Z <= 1'b1;
72            end
73          default :
74            begin
75              if (X)
76                next_state <= S0;
77              else
78                next_state <= S4;
79              Z <= 1'bz;
80            end
81        endcase
82      end
83
84  endmodule
```

功能模擬 (function simultaion)：

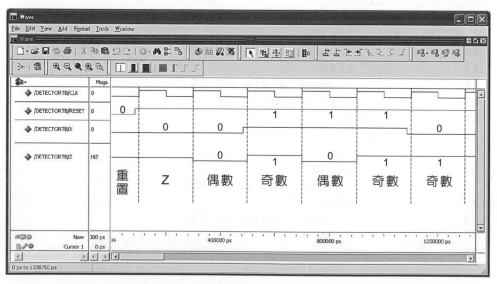

6-17　原始程式 (source program)：

```
 1   /*********************************
 2    *  Detect "0101" or "1001" from  *
 3    *   series data (mealy machine)  *
 4    *      Filename : DETECTOR.v      *
 5    *********************************/
 6
 7   module DETECTOR(CLK, RESET, X, Z);
 8
 9     input  CLK, RESET, X;
10     output Z;
11
12     parameter S0 = 3'o0, S1 = 3'o1,
13               S2 = 3'o2, S3 = 3'o3,
14               S4 = 3'o4, S5 = 3'o5,
15               S6 = 3'o6;
16
17     reg Z;
18     reg [2:0] present_state, next_state;
19
20
21     always @(negedge CLK or negedge RESET)
22       begin
23         if (!RESET)
24           present_state <= S0;
25         else
26           present_state <= next_state;
27       end
28
29     always @(present_state or X)
30       begin
31         case(present_state)
32           S0 :
33             begin
34               if (X)
35                 begin
36                   next_state <= S2;
37                   Z <= 1'b0;
38                 end
39               else
40                 begin
41                   next_state <= S1;
42                   Z <= 1'b0;
```

```
43                    end
44                end
45            S1 :
46              begin
47                if (X)
48                  begin
49                    next_state <= S3;
50                    Z <= 1'b0;
51                  end
52                else
53                  begin
54                    next_state <= S5;
55                    Z <= 1'b0;
56                  end
57              end
58            S2 :
59              begin
60                if (X)
61                  begin
62                    next_state <= S5;
63                    Z <= 1'b0;
64                  end
65                else
66                  begin
67                    next_state <= S3;
68                    Z <= 1'b0;
69                  end
70              end
71            S3 :
72              begin
73                if (X)
74                  begin
75                    next_state <= S6;
76                    Z <= 1'b0;
77                  end
78                else
79                  begin
80                    next_state <= S4;
81                    Z <= 1'b0;
82                  end
83              end
84            S4 :
85              begin
86                if (X)
```

```verilog
87                        begin
88                          next_state <= S0;
89                          Z <= 1'b1;
90                        end
91                      else
92                        begin
93                          next_state <= S0;
94                          Z <= 1'b0;
95                        end
96                  end
97              S5 :
98                begin
99                  if (X)
100                      begin
101                        next_state <= S6;
102                        Z <= 1'b0;
103                      end
104                  else
105                      begin
106                        next_state <= S6;
107                        Z <= 1'b0;
108                      end
109                end
110             default :
111               begin
112                 if (X)
113                      begin
114                        next_state <= S0;
115                        Z <= 1'b0;
116                      end
117                  else
118                      begin
119                        next_state <= S0;
120                        Z <= 1'b0;
121                      end
122               end
123           endcase
124       end
125
126     endmodule
```

功能模擬（function simulation）：

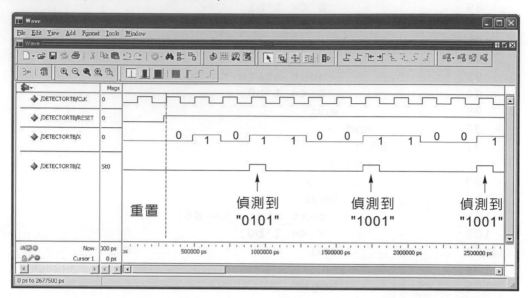

各種控制電路設計與
應用實例

前言

於市面上常看到用來發展控制電路的板子，除了內部 FPGA 或 CPLD 晶片的提供廠商 (如 Xilinx、Altera……等) 與編號不同之外，它們的基本配備也各有差異，有些只提供晶片外部接腳的插座供設計師擴接使用 (陽春機種)，有些將各種被控制的元件裝置 (如 LED、七段顯示器。指撥開關、彩色點矩陣 LED、鍵盤、喇叭、LCD 的文字顯示器、LCD 的繪圖顯示器……等) 直接連接到晶片接腳，由於這些被控制元件裝置的電路十分相似，因此不管您使用的是那一種板子，只要留意晶片與被控制元件裝置之間的接腳位置和被控制元件裝置的控制電位即可。

當工程師於系統內將電路合成並經過功能模擬確定無誤後，接下來的工作就是要將它轉換成所指定晶片 (FPGA 或 CPLD) 內部的電路 (即電路實現 implementation)，此時我們必須進一步指定此電路外接埠 (port) 與連接到晶片的被控制元件裝置之間的接腳關係，由於它們的關係會隨著我們所使用的控制板而有所差異，因此系統通常會以建立一個接腳指定 (pin assignment) 檔案的方式來處理，我們只要在檔案內部指定電路外接埠與晶片接腳的關係後存檔，當系統在進行電路實現 (implementation) 時，它會去開啟檔案，並依其內容進行內部接腳指定與繞線 (routing) 的工作，如此一來工程師們就可以在任意的控制板子上發展自己所要設計的控制電路。

在序向的電路上往往會使用到時脈 (CLOCK) 與重置 (RESET) 兩種訊號，因此於控制板上通常會提供石英振盪電路供我們使用，而其振盪頻率則取決於所使用的控制板，(此處我們使用頻率為 40 MHz 的石英振盪器)，至於重置訊號又可以分成高態重置與低態重置兩種，一個低態動作的重置或按鈕電路即如下圖所示：

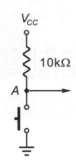

於上面的按鈕電路中，A 點的電位被接到 FPGA 或 CPLD 的接腳，而其電位：

1. 未按下按鈕時為高電位 (1)。
2. 按下按鈕時為低電位 (0)。

由於在控制電路上時常會使用到這種訊號，因此一個控制板子通常會提供數個上述控制電路供設計師使用。

有了上述的基本概念之後，底下我們就可以分門別類設計各種輸入與輸出裝置元件的電路 (讀者可以自行製作或使用市面上的各種控制板子)，並以這些裝置元件為輸入或輸出，進一步設計一些控制電路來驅動它們。

7-1 　LED 顯示控制電路篇

Digital Logic Design

電路實例

1. 多點輸出除頻電路。

2. 精準 1Hz 頻率產生器。

3. 自動改變速度與方向的旋轉移位控制電路。

4. 速度可以改變的霹靂燈控制電路。

5. 以建表方式的廣告燈控制電路。

6. 八種變化的廣告燈控制電路。

LED 顯示控制電路

一顆 LED 有陽極 (anode) 與陰極 (cathode) 兩支接腳，要讓它發亮的條件為同時在：

1. 陽極加入高電位。

2. 陰極加入低電位。

為了防止過大的電流流過 LED 造成燒毀或不正常的動作 (尤其是電路的輸出還要驅動下一級)，於實際的電路我們還會加上一個限流電阻，此電阻的大小則取決於加入 LED 的正電壓大小以及 LED 的工作電流，此處我們所設計的 16 顆 LED 的顯示電路如下：

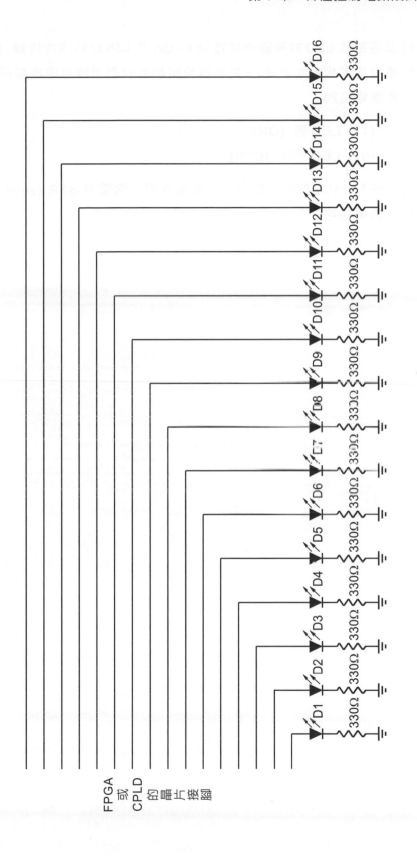

上圖中我們可以將每個 LED 的陽極直接接到 FPGA 或 CPLD 的晶片接腳 (其實際接腳請參閱自己所使用控制板的說明書),之後再利用前面我們所陳述的接腳指定檔案來設定即可,而其控制電位為:

1. 高電位 (1):LED 亮 (ON)。
2. 低電位 (0):LED 不亮 (OFF)。

如果我們要直接控制 110V 的電燈炮時,可以加入固態繼電器 SSR (solid state relay) 作為控制電位的轉換即可。

電路設計實例一

檔案名稱：DIVIDERS

電路功能描述

設計一個 29 位元的二進制計數器 (除頻器)，並將其後面八個除頻輸出分別接到 LED
顯示電路，它們的輸出週期依次約為：

> LED[0]：約 0.1048 sec
>
> LED[1]：約 0.2097 sec
>
> LED[2]：約 0.4194 sec
>
> LED[3]：約 0.8388 sec
>
> LED[4]：約 1.6777 sec
>
> LED[5]：約 3.3554 sec
>
> LED[6]：約 6.7108 sec
>
> LED[7]：約 13.421 sec

如果我們以 LED 來顯示時，其狀況如下：

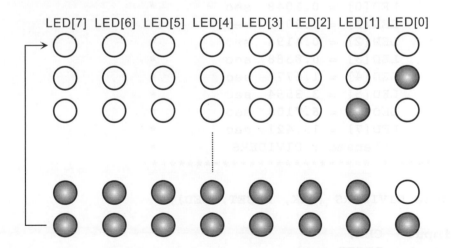

也就是 LED[7] 每 13.421 sec 閃爍一次、LED[6] 每 6.7108 sec 閃爍一次、……等。

實作目標

練習設計：

除頻器（即二進制計數器），以便產生控制晶片所需要的任何工作時基（time base)，並計算出它們的輸出週期。

控制電路方塊圖

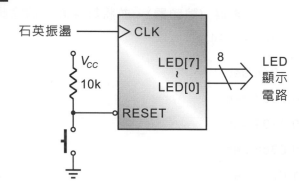

原始程式（source program)：

```
 1  /********************************
 2  *       frequency generator :    *
 3  *       LED[0] = 0.1048  sec      *
 4  *       LED[1] = 0.2097  sec      *
 5  *       LED[2] = 0.4194  sec      *
 6  *       LED[3] = 0.8388  sec      *
 7  *       LED[4] = 1.6777  sec      *
 8  *       LED[5] = 3.3554  sec      *
 9  *       LED[6] = 6.7108  sec      *
10  *       LED[7] = 13.421  sec      *
11  *       Filename : DIVIDERS       *
12  ********************************/
13
14  module DIVIDERS (CLK, RESET, LED);
15
16    input   CLK;
17    input   RESET;
18    output  [7:0] LED;
19
20    wire [7:0]  LED;
21    reg  [28:0] DIVIDER;
```

```
22
23  /************************
24   * frequency generators *
25   ************************/
26
27    always @(posedge CLK or negedge RESET)
28      begin
29        if (!RESET)
30          DIVIDER <= {28'h0000000, 1'b0};
31        else
32          DIVIDER <= DIVIDER + 1'b1;
33      end
34
35    assign  LED[0] = DIVIDER[21],   // 0.1048 sec;
36            LED[1] = DIVIDER[22],   // 0.2097 sec;
37            LED[2] = DIVIDER[23],   // 0.4194 sec;
38            LED[3] = DIVIDER[24],   // 0.8388 sec;
39            LED[4] = DIVIDER[25],   // 1.6777 sec;
40            LED[5] = DIVIDER[26],   // 3.3554 sec;
41            LED[6] = DIVIDER[27],   // 6.7108 sec;
42            LED[7] = DIVIDER[28];   // 13.421 sec;
43
44  endmodule
```

重點說明：

1. 行號 1～12 為註解欄（ "/*" 開始直到 "*/" 結束），其目的在於說明：

    (1) 程式所規劃的電路為一個頻率產生器，以及其 8 個輸出的工作週期分佈
    狀況。

    (2) 程式的檔案名稱為 DIVIDERS。

2. 行號 14～18 宣告本程式所要規劃硬體電路的外部接腳（工作方塊圖）為：

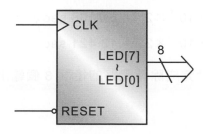

3. 行號 20～21 宣告控制電路內部所需用到各物件的資料型態（參閱第一章的敘
    述）。

4. 行號 27～33 為一個 29 位元的二進制計數器，也就是一個除頻器，其方塊圖如下 (配合行號 35～42)：

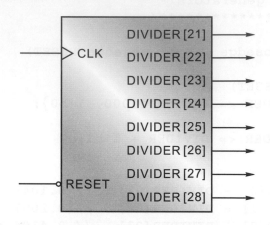

由於工作時序的頻率 f 為 40 MHz，所以工作週期 T 為：

$$f = 40\,\text{MHz}$$
$$T = \frac{1}{f} = \frac{1}{40\,\text{M}}$$
$$\quad = 25 \times 10^{-9}\,\text{sec}$$

因此其 8 個輸出端的工作週期分別為：

$$\text{DIVIDER}[21] = 25 \times 10^{-9} \times 2^{22} = 0.1048\ \text{sec}$$
$$\text{DIVIDER}[22] = 25 \times 10^{-9} \times 2^{23} = 0.2097\ \text{sec}$$
$$\text{DIVIDER}[23] = 25 \times 10^{-9} \times 2^{24} = 0.4194\ \text{sec}$$
$$\text{DIVIDER}[24] = 25 \times 10^{-9} \times 2^{25} = 0.8388\ \text{sec}$$
$$\text{DIVIDER}[25] = 25 \times 10^{-9} \times 2^{26} = 1.6777\ \text{sec}$$
$$\text{DIVIDER}[26]) = 25 \times 10^{-9} \times 2^{27} = 3.3554\ \text{sec}$$
$$\text{DIVIDER}[27] = 25 \times 10^{-9} \times 2^{28} = 6.7108\ \text{sec}$$
$$\text{DIVIDER}[28] = 25 \times 10^{-9} \times 2^{29} = 13.421\ \text{sec}$$

5. 行號 35～42 將所設計完成除頻電路的後面 8 個輸出接到控制板上的 LED 電路去顯示。

電路設計實例二

檔案名稱：DIVIDER_1Hz

電路功能描述

設計一個頻率為 1 Hz 的精準時基 (time base) 產生器，以便往後作為電子時鐘的計秒時序，並將其輸出接到八個 LED 顯示電路，讓它們很準確的每秒鐘閃爍一次，其狀況如下：

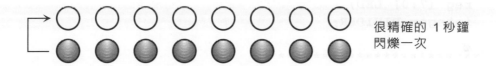

很精確的 1 秒鐘
閃爍一次

實作目標

練習設計：

　　一個頻率為 1 Hz 的標準時基 (time base) 產生器。

控制電路方塊圖

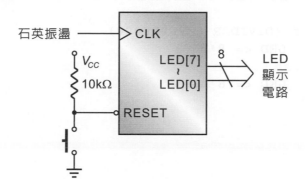

石英振盪 ── CLK

V_{CC}

10kΩ

LED[7]
~
LED[0]

8

LED
顯示
電路

RESET

原始程式 (source program)：

```
1   /*********************************
2    *      1 HZ frequency generator     *
3    *        Filename : DIVIDER_1HZ     *
4    *********************************/
5
6   module DIVIDER_1HZ (CLK, RESET, LED);
7
8     input   CLK;
9     input   RESET;
10    output  [7:0] LED;
11
12    reg [7:0] LED;
13    integer DIVIDER;
14
15  /***********************
16   * frequency generators *
17   ***********************/
18
19    always @(posedge CLK or negedge RESET)
20      begin
21        if (!RESET)
22          DIVIDER <= 0;
23        else
24          begin
25            if (DIVIDER == 39999999)
26              DIVIDER <= 0;
27            else
28              DIVIDER <= DIVIDER + 1;
29
30            if (DIVIDER < 20000000)
31              LED <= 8'h00;
32            else
33              LED <= 8'hFF;
34          end
35      end
36  endmodule
```

重點說明：

程式架構與前面相似，行號 25～28 為一個 0～39999999 的計數器，由於我們所使用的石英振盪週期為 25 nsec，因此計數器的週期為：

$$25 \times 10^{-9} \times 40000000 = 1 \ sec$$

行號 30～33 中，接到八個 LED 顯示電路的週期為：

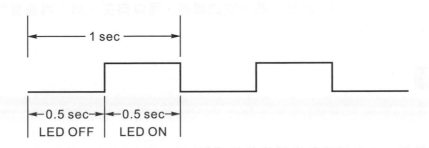

因此 8 個 LED 很精準的每秒鐘閃爍一次。

電路設計實例三

檔案名稱：RORL_FAST_SLOW_4BITS

電路功能描述

以十六個 LED 為顯示裝置，設計一個一次四個亮，可以向左、向右且速度可以快、慢變化的旋轉移位記錄器。

實作目標

練習設計：

1. 除頻電路，以供給控制電路的各種時基 (time base)。
2. 2 對 1 多工器，以便切換電路的移位速度。
3. 可以向左、向右旋轉的移位記錄器。

並將它們組合出一個可以向左、向右且速度可以快、慢變化的旋轉移位記錄器。

控制電路方塊圖

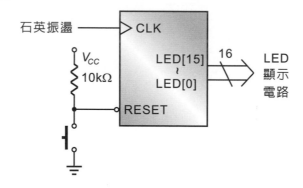

由於我們所要設計的控制電路，其移位速度及移位方向皆可以自動變化，因此它的詳細內部電路方塊如下：

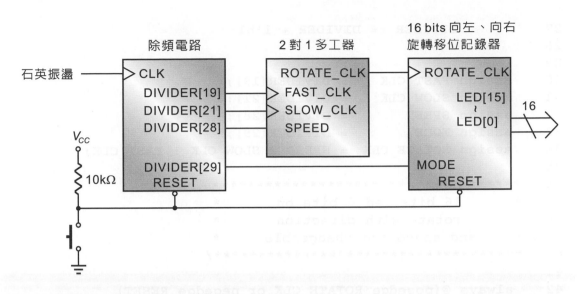

原始程式 (source program)：

```
1   /*********************************
2   *    16 bits rotate control with   *
3   *    1. led     : 4 bits on        *
4   *    2. SPEED   : fast, slow        *
5   *    3. MODE    : left, right       *
6   *    Filename : RORL_FAST_SLOW      *
7   *********************************/
8
9   module RORL_FAST_SLOW (CLK, RESET, LED);
10
11     input   CLK;
12     input   RESET;
13     output  [15:0] LED;
14
15     reg [15:0] LED;
16     reg [29:0] DIVIDER;
17
18  /**********************
19   * time base generator *
20   **********************/
21
22     always@(posedge CLK or negedge RESET)
23       begin
24         if (!RESET)
25           DIVIDER <= 30'o0000000000;
26         else
```

```
27            DIVIDER <= DIVIDER + 1'b1;
28      end
29
30   assign FAST_CLK   = DIVIDER[19];
31   assign SLOW_CLK   = DIVIDER[21];
32   assign SPEED      = DIVIDER[28];
33   assign MODE       = DIVIDER[29];
34   assign ROTATE_CLK = SPEED ? SLOW_CLK : FAST_CLK;
35
36  /**********************************
37   *       16 bits led 4 bits on      *
38   *        rotate with direction     *
39   *     and speed are changeable     *
40   **********************************/
41
42   always @(posedge ROTATE_CLK or negedge RESET)
43     begin
44       if (!RESET)
45         LED <= 16'hF000;
46       else
47         if (MODE)
48           LED <= {LED[0], LED[15:1]};
49         else
50           LED <= {LED[14:0], LED[15]};
51     end
52
53  endmodule
```

重點說明：

1. 行號 1～16 的功能與前面相同。

2. 行號 22～33 為一個除頻電路，以便產生各種時基 (time base) 供後面的控制
    電路使用，其電路方塊如下：

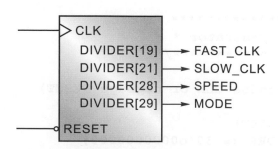

用來控制移位速度的 SPEED 訊號,以及用來控制旋轉移位方向的 MODE 訊號
之工作週期分別為

SPEED 之週期:

$$T = 25 \times 10^{-9} \times 2^{29}$$

$$= 13.5 \text{ sec}$$

MODE 之週期:

$$T = 25 \times 10^{-9} \times 2^{30}$$

$$= 27 \text{ sec}$$

它們的電位及其所代表的意義分別為:

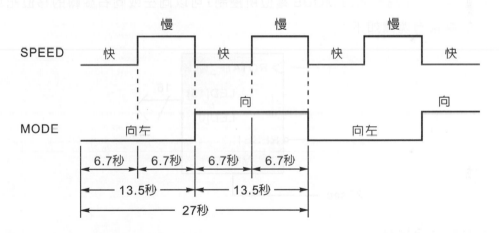

當 SPEED 控制訊號的電位:

　0:代表目前旋轉移位的速度為快速。

　1:代表目前旋轉移位的速度為慢速。

當 MODE 控制訊號的電位:

　0:代表目前旋轉移位的方向為向左邊。

　1:代表目前旋轉移位的方向為向右邊。

3. 行號 34 為一個負責控制旋轉速度的多工器,其工作方塊如下:

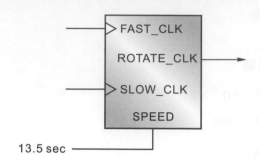

當速度選擇訊號 SPEED 的電位:

    0:時則ROTATE_CLK＝FAST_CLK。

    1:時則ROTATE_CLK＝SLOW_CLK。

4. 行號 42～51 為一個由 MODE 電位所控制,可以向左或向右旋轉的移位記錄器, 它的電路方塊圖如下:

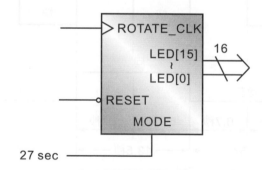

而其設計流程為:

    (1) 當電路重置 RESET 時,將移位資料設定成 hF000,即二進制的 "1111000000000000",也就是 LED 4 個亮,12 個不亮 (行號 44～45)。

    (2) 當旋轉移位時序 ROTATE_CLK 發生正緣變化時 (行號 42),則依 MODE 的電位來決定向左或向右旋轉移位,而它們的電位關係為當 MODE 的電位:

        0:時則向左旋轉移位 (行號49～50)。

        1:時則向右旋轉移位 (行號47～48)。

5. 值得一提的是行號 34 的多工器，其資料選擇切換並不與 CLK 同步，如果要與
   CLK 同步切換時，可以使用序向敘述的語法在行號 22～28 內描述，其程式內
   容即如下面所述，注意！往後電路設計實例內的程式也是一樣。

原始程式 (source program)：

```
1   /******************************
2   * 16 bits rotate control with *
3   *   1. led    :  4 bits on     *
4   *   2. SPEED  :  fast, slow    *
5   *   3. MODE   :  left, right    *
6   *  Filename : RORL_FAST_SLOW   *
7   ******************************/
8
9   module RORL_FAST_SLOW (CLK, RESET, LED);
10
11    input  CLK;
12    input  RESET;
13    output [15:0] LED;
14
15    reg [15:0] LED;
16    reg [29:0] DIVIDER;
17    reg ROTATE_CLK;
18
19  /***********************
20   * time base generator *
21   ***********************/
22
23    always@(posedge CLK or negedge RESET)
24      begin
25        if (!RESET)
26          DIVIDER <= 30'o0000000000;
27        else
28            begin
29              DIVIDER <= DIVIDER + 1'b1;
30
31              if(DIVIDER[28])
32                  ROTATE_CLK <= DIVIDER[21];
33              else
34                  ROTATE_CLK <= DIVIDER[19];
35          end
36      end
37    assign MODE = DIVIDER[29];
38
```

```
39   /******************************
40    *   16 bits led 4 bits on   *
41    *   rotate with direction   *
42    * and speed are changeable  *
43    ******************************/
44
45   always @(posedge ROTATE_CLK or negedge RESET)
46     begin
47       if (!RESET)
48           LED <= 16'h0FFF;
49       else
50         if (MODE)
51             LED <= {LED[0], LED[15:1]};
52         else
53             LED <= {LED[14:0], LED[15]};
54     end
55
56   endmodule
```

電路設計實例四

檔案名稱：PILI_LIGHT_FAST_SLOW

電路功能描述

以十六個 LED 為顯示裝置，設計一個一次兩個亮，速度可快、慢改變的霹靂燈控制電路，其顯示狀況如下：

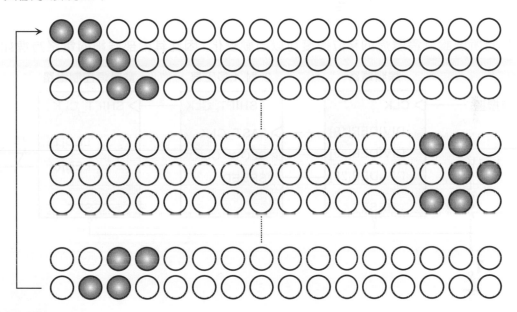

實作目標

練習設計：

1. 除頻電路，以供給控制電路的各種工作時基 (time base)。
2. 2 對 1 多工器，以便切換電路的移位速度。
3. 一次 2 個亮的霹靂燈控制電路。

並將它們組合出一個速度可以自動快、慢變化的霹靂燈控制電路。

控制電路方塊圖

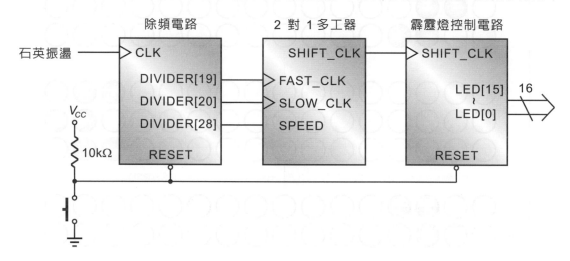

由於我們所要設計霹靂燈的移位速度可以自動變化,因此其內部詳細的電路方塊如下:

原始程式 (source program):

```
 1   /**********************************
 2   *    16 bits pili light control    *
 3   *      1. led    : 2 bits on       *
 4   *      2. speed  : fast, slow       *
 5   *    Filename : PILI_FAST_SLOW      *
 6   **********************************/
 7
 8   module PILI_FAST_SLOW (CLK, RESET, LED);
 9
10     input  CLK;
11     input  RESET;
12     output [15:0] LED;
13
```

```verilog
14    reg [15:0] LED;
15    reg [28:0] DIVIDER;
16    reg DIRECTION;
17
18  /***********************
19   * time base generator *
20   ***********************/
21
22    always @(posedge CLK or negedge RESET)
23      begin
24        if (!RESET)
25          DIVIDER <= {28'h0000000, 1'b0};
26        else
27          DIVIDER <= DIVIDER + 1'b1;
28      end
29
30    assign FAST_CLK  = DIVIDER[19];
31    assign SLOW_CLK  = DIVIDER[20];
32    assign SPEED     = DIVIDER[28];
33    assign SHIFT_CLK = SPEED ? FAST_CLK : SLOW_CLK;
34
35  /******************************
36   * 16 bits pili light control *
37   ******************************/
38
39    always @(posedge SHIFT_CLK or negedge RESET)
40      begin
41        if (!RESET)
42          begin
43            DIRECTION = 1'b0;
44            LED <= 16'hC000;
45          end
46        else
47          begin
48            if (LED == 16'h0003)
49              DIRECTION  = 1'b1;
50            else if (LED == 16'hC000)
51              DIRECTION  = 1'b0;
52
53            if (DIRECTION == 1'b0)
54              LED <= {1'b0, LED[15:1]};
55            else
56              LED <= {LED[14:0], 1'b0};
57          end
58      end
59
60  endmodule
```

重點說明:

1.　行號 1~16 的功能與前面相同。

2.　行號 22~33 為一個除頻與多工選擇電路,目的在產生後面電路所需要的各種工作時基 (time base),程式結構與前面相似,請自行參閱。

3.　行號 39~58 為一個霹靂燈控制電路,其方塊圖如下:

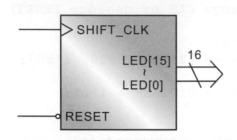

而其設計流程為:

(1)　當電路發生重置 RESET 時 (行號 41):

　①　移位方向旗號設定為 0,表示電路往右邊移位 (行號 43)。

　②　將輸出設定成 hC000,即二進制的 "1100000000000000",表示 LED 2 個亮,14 個不亮 (行號 44)。

(2)　當移位時序 SHIFT_CLK 發生正緣變化時 (行號 39),

　①　當移位資料為 h0003,即二進制的 "0000000000000011",此即表示下一次資料的移位方向必須由右移變成左移,因此方向旗號 DIRECTION 被設定為 1 (行號 48~49)。

　②　當移位資料為 hC000,即二進制的 "1100000000000000",此即表示下一次資料的移位方向必須由左移變成右移,因此方向旗號 DIRECTION 被設定為 0 (行號 50~51)。

　③　如果方向旗號為 0 時,霹靂燈向右移位一次,且移入的電位為 0 (行號 53~54)。

　④　如果方向旗號為 1 時,霹靂燈向左移位一次,且移入的電位為 0 (行號 55~56)。

電路設計實例五

檔案名稱：LIGHT_CONTROL_TABULATE

電路功能描述

以十六個 LED 為顯示裝置，利用建表方式設計一個速度可以改變的不規則且重覆的廣告燈控制電路，其顯示狀況為：

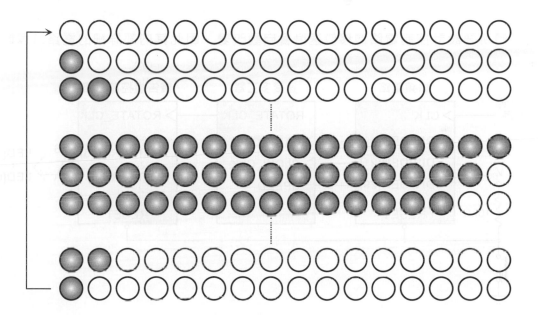

實作目標

練習設計：

1. 除頻電路，以供給控制電路的所有工作時基 (time base)。
2. 2 對 1 多工器，以便控制電路的移位速度。
3. 沒有明顯規則且重覆的廣告燈控制電路。

並將它們組合出一個移位速度可以改變的不規則廣告燈控制電路。

控制電路方塊圖

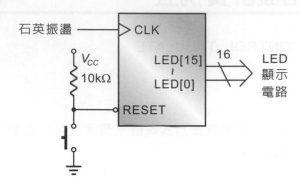

由於我們所要設計控制電路的移位速度會自動改變，因此其內部詳細的電路方塊圖如下：

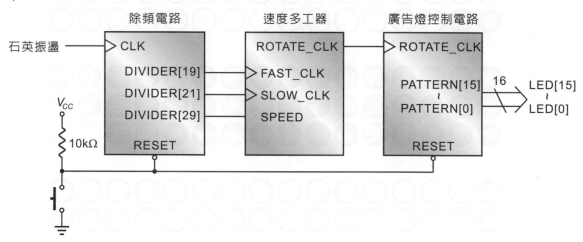

原始程式 (source program)：

```
 1   /************************************
 2    *    light control with tabulate    *
 3    * Filename : LIGHT_CONTROL_TABULATE *
 4    ************************************/
 5
 6   module LIGHT_CONTROL_TABULATE (CLK, RESET, LED);
 7
 8     input   CLK;
 9     input   RESET;
10     output  [15:0] LED;
11
12     reg [16:0] PATTERN;
```

```
13    reg [29:0] DIVIDER;
14
15  /***********************
16   *  time base generator  *
17   ***********************/
18
19    always@(posedge CLK or negedge RESET)
20      begin
21        if (!RESET)
22          DIVIDER <= {28'h0000000,2'b00};
23        else
24          DIVIDER <= DIVIDER + 1'b1;
25      end
26
27    assign FAST_CLK   = DIVIDER[19];
28    assign SLOW_CLK   = DIVIDER[21];
29    assign SPEED      = DIVIDER[29];
30    assign ROTATE_CLK = SPEED ? FAST_CLK : SLOW_CLK;
31
32  /***************************
33   *  light control by tabulate  *
34   ***************************/
35
36    always @(posedge ROTATE_CLK or negedge RESET)
37      begin
38        if (!RESET)
39          PATTERN <= {1'b0, 16'h0000};
40        else
41          case (PATTERN)
42            {1'b0, 16'h0000} : PATTERN <= {1'b0, 16'h8000};
43            {1'b0, 16'h8000} : PATTERN <= {1'b0, 16'hC000};
44            {1'b0, 16'hC000} : PATTERN <= {1'b0, 16'hE000};
45            {1'b0, 16'hE000} : PATTERN <= {1'b0, 16'hF000};
46            {1'b0, 16'hF000} : PATTERN <= {1'b0, 16'hF800};
47            {1'b0, 16'hF800} : PATTERN <= {1'b0, 16'hFC00};
48            {1'b0, 16'hFC00} : PATTERN <= {1'b0, 16'hFE00};
49            {1'b0, 16'hFE00} : PATTERN <= {1'b0, 16'hFF00};
50            {1'b0, 16'hFF00} : PATTERN <= {1'b0, 16'hFF80};
51            {1'b0, 16'hFF80} : PATTERN <= {1'b0, 16'hFFC0};
52            {1'b0, 16'hFFC0} : PATTERN <= {1'b0, 16'hFFE0};
53            {1'b0, 16'hFFE0} : PATTERN <= {1'b0, 16'hFFF0};
54            {1'b0, 16'hFFF0} : PATTERN <= {1'b0, 16'hFFF8};
55            {1'b0, 16'hFFF8} : PATTERN <= {1'b0, 16'hFFFC};
56            {1'b0, 16'hFFFC} : PATTERN <= {1'b0, 16'hFFFE};
57            {1'b0, 16'hFFFE} : PATTERN <= {1'b0, 16'hFFFF};
```

```
58              {1'b0, 16'hFFFF} : PATTERN <= {1'b1, 16'hFFFE};
59              {1'b1, 16'hFFFE} : PATTERN <= {1'b1, 16'hFFFC};
60              {1'b1, 16'hFFFC} : PATTERN <= {1'b1, 16'hFFF8};
61              {1'b1, 16'hFFF8} : PATTERN <= {1'b1, 16'hFFF0};
62              {1'b1, 16'hFFF0} : PATTERN <= {1'b1, 16'hFFE0};
63              {1'b1, 16'hFFE0} : PATTERN <= {1'b1, 16'hFFC0};
64              {1'b1, 16'hFFC0} : PATTERN <= {1'b1, 16'hFF80};
65              {1'b1, 16'hFF80} : PATTERN <= {1'b1, 16'hFF00};
66              {1'b1, 16'hFF00} : PATTERN <= {1'b1, 16'hFE00};
67              {1'b1, 16'hFE00} : PATTERN <= {1'b1, 16'hFC00};
68              {1'b1, 16'hFC00} : PATTERN <= {1'b1, 16'hF800};
69              {1'b1, 16'hF800} : PATTERN <= {1'b1, 16'hF000};
70              {1'b1, 16'hF000} : PATTERN <= {1'b1, 16'hE000};
71              {1'b1, 16'hE000} : PATTERN <= {1'b1, 16'hC000};
72              {1'b1, 16'hC000} : PATTERN <= {1'b1, 16'h8000};
73              {1'b1, 16'h8000} : PATTERN <= {1'b0, 16'h0000};
74              default           : PATTERN <= {1'b0, 16'h0000};
75          endcase
76      end
77
78    assign LED = PATTERN[15:0];
79
80  endmodule
```

重點說明：

1. 行號 1～13 的功能與前面相同。

2. 行號 19～29 為一個除頻電路，以便產生各種時基 (time base) 供後面電路使用，其電路方塊圖如下：

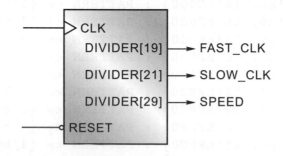

    它們工作頻率與週期的計算方式和前面相同，請讀者自行參閱。

3. 行號 30 為一個移位速度快、慢的多工控制器，它的工作方塊圖如下：

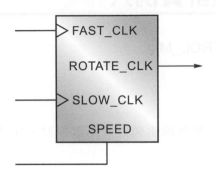

當 SPEED 接腳的電位：

0：代表廣告燈慢速移位。

1：代表廣告燈快速移位。

4. 行號 36～76 為一個利用建表方式所建立可重覆顯示的廣告燈控制器，它的工作
方塊圖如下：

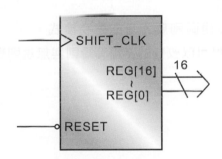

而其列表內容是依據我們前面所規劃的顯示順序去編輯，沒有什麼技術可談，
其唯一目的是讓讀者熟悉建立表格指令的格式與用法。

5. 行號 78 將前面所控制的廣告燈內容接到 LED 顯示電路，注意！由於廣告燈的
顯示方式很多地方都相同，因此於上述的建表過程我們在最前面加入了一個旗
號位元，此位元只是用來區隔相同的顯示資料 (PATTERN[15]～PATTERN[0])，
不可以送到 LED 去顯示。

電路設計實例六

檔案名稱：LIGHT_CONTROL_MIX

電路功能描述

以十六個 LED 為顯示裝置，利用規劃與建表方式設計一個速度可以改變的八種不同變化廣告燈控制電路。

實作目標

練習設計：

1. 除頻電路，以供給控制電路的所有工作時基 (time base)。
2. 2 對 1 多工器，以便切換速度。
3. 沒有明顯規則的移位記錄器。
4. 有規則的移位記錄器。
5. 控制模式計數器，以便區別廣告燈的控制模式。

並將它們組合出一個移位速度可以改變的 8 種有規則與無規則變化的廣告燈控制電路。

控制電路方塊圖

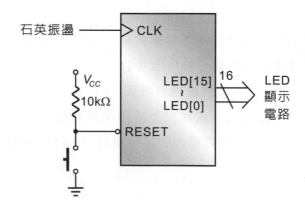

由於我們所要設計控制電路的閃爍速度會自動改變，因此其內部詳細的電路方塊圖如下：

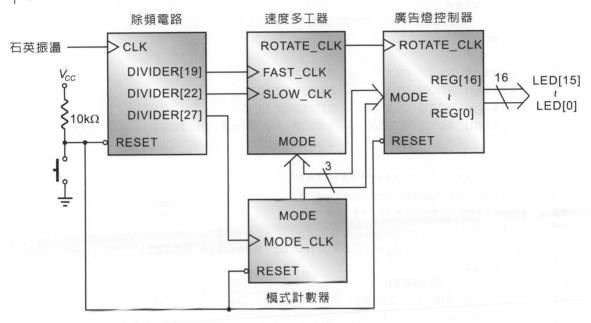

原始程式 (source program)：

```
 1   /***************************
 2    * 8 kinds of light control *
 3    * Filename : LIGHT_CONTROL *
 4    ***************************/
 5
 6   module LIGHT_CONTROL(CLK, RESET, LED);
 7
 8     input   CLK;
 9     input   RESET;
10     output  [15:0] LED;
11
12     reg [2:0]  MODE;
13     reg [16:0] REG;
14     reg [27:0] DIVIDER;
15
16   /**********************
17    * time base generator *
18    **********************/
19
20     always@(posedge CLK or negedge RESET)
21       begin
```

```
22          if (!RESET)
23            DIVIDER <= 28'h0000000;
24          else
25            DIVIDER <= DIVIDER + 1'b1;
26       end
27
28    assign FAST_CLK    = DIVIDER[19];
29    assign SLOW_CLK    = DIVIDER[22];
30    assign MODE_CLK    = DIVIDER[27];
31    assign ROTATE_CLK  = (MODE == 3'o4 || MODE == 3'o5)
32                            ? SLOW_CLK : FAST_CLK;
33
34  /**************************
35   * display mode generator *
36   *************************/
37
38    always @(posedge MODE_CLK or negedge RESET)
39      begin
40        if (!RESET)
41          MODE <= 3'o0;
42        else
43          MODE <= MODE + 1'b1;
44      end
45
46  /****************************
47   * 8 kinds of light control *
48   ***************************/
49
50    always @(posedge ROTATE_CLK or negedge RESET)
51      begin
52        if (!RESET)
53          REG <= {16'h0000,1'b0};
54        else
55          begin
56            if (MODE == 3'o0)
57              case (REG)
58                {1'b0,16'h0000} : REG <= {1'b0,16'h8000};
59                {1'b0,16'h8000} : REG <= {1'b0,16'hC000};
60                {1'b0,16'hC000} : REG <= {1'b0,16'hE000};
61                {1'b0,16'hE000} : REG <= {1'b0,16'hF000};
62                {1'b0,16'hF000} : REG <= {1'b0,16'hF800};
63                {1'b0,16'hF800} : REG <= {1'b0,16'hFC00};
64                {1'b0,16'hFC00} : REG <= {1'b0,16'hFE00};
65                {1'b0,16'hFE00} : REG <= {1'b0,16'hFF00};
66                {1'b0,16'hFF00} : REG <= {1'b0,16'hFF80};
```

```
67              {1'b0,16'hFF80} : REG <= {1'b0,16'hFFC0};
68              {1'b0,16'hFFC0} : REG <= {1'b0,16'hFFE0};
69              {1'b0,16'hFFE0} : REG <= {1'b0,16'hFFF0};
70              {1'b0,16'hFFF0} : REG <= {1'b0,16'hFFF8};
71              {1'b0,16'hFFF8} : REG <= {1'b0,16'hFFFC};
72              {1'b0,16'hFFFC} : REG <= {1'b0,16'hFFFE};
73              {1'b0,16'hFFFE} : REG <= {1'b0,16'hFFFF};
74              {1'b0,16'hFFFF} : REG <= {1'b1,16'hFFFE};
75              {1'b1,16'hFFFE} : REG <= {1'b1,16'hFFFC};
76              {1'b1,16'hFFFC} : REG <= {1'b1,16'hFFF8};
77              {1'b1,16'hFFF8} : REG <= {1'b1,16'hFFF0};
78              {1'b1,16'hFFF0} : REG <= {1'b1,16'hFFE0};
79              {1'b1,16'hFFE0} : REG <= {1'b1,16'hFFC0};
80              {1'b1,16'hFFC0} : REG <= {1'b1,16'hFF80};
81              {1'b1,16'hFF80} : REG <= {1'b1,16'hFF00};
82              {1'b1,16'hFF00} : REG <= {1'b1,16'hFE00};
83              {1'b1,16'hFE00} : REG <= {1'b1,16'hFC00};
84              {1'b1,16'hFC00} : REG <= {1'b1,16'hF800};
85              {1'b1,16'hF800} : REG <= {1'b1,16'hF000};
86              {1'b1,16'hF000} : REG <= {1'b1,16'hE000};
87              {1'b1,16'hE000} : REG <= {1'b1,16'hC000};
88              {1'b1,16'hC000} : REG <= {1'b1,16'h8000};
89              {1'b1,16'h8000} : REG <= {1'b0,16'h0000};
90              default         : REG <= {1'b0,16'h0000};
91          endcase
92        else if (MODE == 3'o1)
93          case (REG)
94              {1'b0,16'h0000} : REG <= {1'b0,16'h8001};
95              {1'b0,16'h8001} : REG <= {1'b0,16'hC003};
96              {1'b0,16'hC003} : REG <= {1'b0,16'hE007};
97              {1'b0,16'hE007} : REG <= {1'b0,16'hF00F};
98              {1'b0,16'hF00F} : REG <= {1'b0,16'hF81F};
99              {1'b0,16'hF81F} : REG <= {1'b0,16'hFC3F};
100             {1'b0,16'hFC3F} : REG <= {1'b0,16'hFE7F};
101             {1'b0,16'hFE7F} : REG <= {1'b0,16'hFFFF};
102             {1'b0,16'hFFFF} : REG <= {1'b1,16'hFE7F};
103             {1'b1,16'hFE7F} : REG <= {1'b1,16'hFC3F};
104             {1'b1,16'hFC3F} : REG <= {1'b1,16'hF81F};
105             {1'b1,16'hF81F} : REG <= {1'b1,16'hF00F};
106             {1'b1,16'hF00F} : REG <= {1'b1,16'hE007};
107             {1'b1,16'hE007} : REG <= {1'b1,16'hC003};
108             {1'b1,16'hC003} : REG <= {1'b1,16'h8001};
109             {1'b1,16'h8001} : REG <= {1'b0,16'h0000};
110             default         : REG <= {1'b0,16'h0000};
111         endcase
```

```
112          else if (MODE == 3'o2)
113            case (REG)
114              {1'b0,16'hC000} : REG <= {1'b0,16'h6000};
115              {1'b0,16'h6000} : REG <= {1'b0,16'h3000};
116              {1'b0,16'h3000} : REG <= {1'b0,16'h1800};
117              {1'b0,16'h1800} : REG <= {1'b0,16'h0C00};
118              {1'b0,16'h0C00} : REG <= {1'b0,16'h0600};
119              {1'b0,16'h0600} : REG <= {1'b0,16'h0300};
120              {1'b0,16'h0300} : REG <= {1'b0,16'h0180};
121              {1'b0,16'h0180} : REG <= {1'b0,16'h00C0};
122              {1'b0,16'h00C0} : REG <= {1'b0,16'h0060};
123              {1'b0,16'h0060} : REG <= {1'b0,16'h0030};
124              {1'b0,16'h0030} : REG <= {1'b0,16'h0018};
125              {1'b0,16'h0018} : REG <= {1'b0,16'h000C};
126              {1'b0,16'h000C} : REG <= {1'b0,16'h0006};
127              {1'b0,16'h0006} : REG <= {1'b0,16'h0003};
128              {1'b0,16'h0003} : REG <= {1'b1,16'h0006};
129              {1'b1,16'h0006} : REG <= {1'b1,16'h000C};
130              {1'b1,16'h000C} : REG <= {1'b1,16'h0018};
131              {1'b1,16'h0018} : REG <= {1'b1,16'h0030};
132              {1'b1,16'h0030} : REG <= {1'b1,16'h0060};
133              {1'b1,16'h0060} : REG <= {1'b1,16'h00C0};
134              {1'b1,16'h00C0} : REG <= {1'b1,16'h0180};
135              {1'b1,16'h0180} : REG <= {1'b1,16'h0300};
136              {1'b1,16'h0300} : REG <= {1'b1,16'h0600};
137              {1'b1,16'h0600} : REG <= {1'b1,16'h0C00};
138              {1'b1,16'h0C00} : REG <= {1'b1,16'h1800};
139              {1'b1,16'h1800} : REG <= {1'b1,16'h3000};
140              {1'b1,16'h3000} : REG <= {1'b1,16'h6000};
141              {1'b1,16'h6000} : REG <= {1'b0,16'hC000};
142              default           : REG <= {1'b0,16'hC000};
143            endcase
144          else if (MODE == 3'o3)
145            REG <= {1'b0,REG[0],REG[15:1]};
146          else if (MODE == 3'o4)
147            case (REG)
148              {1'b0,16'h00FF} : REG <= {1'b0,16'hFF00};
149              {1'b0,16'hFF00} : REG <= {1'b0,16'h00FF};
150              default           : REG <= {1'b0,16'h00FF};
151            endcase
152          else if (MODE == 3'o5)
153            case (REG)
154              {1'b0,16'h0000} : REG <= {1'b0,16'hFFFF};
155              {1'b0,16'hFFFF} : REG <= {1'b0,16'h0000};
156              default           : REG <= {1'b0,16'h0000};
```

```
157              endcase
158           else if (MODE == 3'o6)
159             REG <= {1'b0,~REG[0],REG[15:1]};
160           else if (MODE == 3'o7)
161             REG <= {1'b0,REG[14:0],~REG[15]};
162         end
163     end
164
165   assign LED = REG[15:0];
166
167 endmodule
```

重點說明：

1. 行號 1～14 的功能與前面相同。

2. 行號 20～30 為一個除頻電路，以便產生各種時基 (time base) 供後面電路使
   用，其電路方塊圖如下：

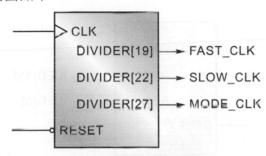

   它們工作週期的計算方式和前面相同，請讀者自行參閱。

3. 行號 31～32 為一個閃爍速度控制多工器，其工作方塊圖如下：

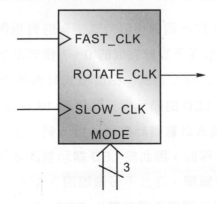

   當模式控制計數到第 4 與第 5 種時，送到移位記錄器的移位速度較慢
   (SLOW_CLK)，除了這兩種以外，第 0、1、2、3、6、7 種送到移位記錄器的移
   位速度較快(FAST_CLK)。

4. 行號 38～44 為一個廣告燈的模式計數器,其工作方塊圖如下:

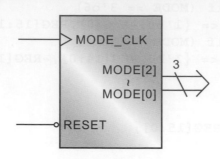

它是一個 0～7 的模式計數器,由於其工作時序 MODE_CLK 的週期為 13.5 sec,因此廣告燈的變化每隔 13.5 sec 變化一種 (模式計數器加 1),總共有 8 種不同的變化。

5. 行號 50～163 為一個具有 8 種變化有規則與沒有規則混合的廣告燈控制電路,其工作方塊圖如下:

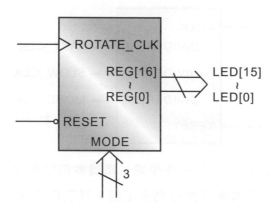

由於它的內部共有 8 種不同的移位方式,有的有規則變化,有的沒有規則變化 (建表部分),我們將前面所設計完成的 0～7 模式計數器的計數內容加入本控制電路,以便選擇目前的移位方式,由於模式計數器的計數時序 MODE_CLK 週期為 13.5 sec,因此 LED 的顯示模式會每隔 13.5 sec 變化一次,又因為在行號 31 的多工器中,當模式計數器計數到 4 與 5 時,多工器會自動選取慢速的移位速度,其餘皆為快速移位,因此於 LED 顯示畫面會有兩種不同的移位速度,至於程式設計流程十分簡單,在此不多做說明。

6. 行號 165 將上述 8 種不同廣告燈的輸出 REG[15]～REG[0] 接到 LED 電路去顯示。

7-2 掃描式七段顯示電路 控制篇

Digital Logic Design

電路實例

1. 一個位數 BCD 上算計數顯示電路。

2. 兩個位數 00～59 上算計數顯示電路。

3. 六個位數時、分、秒精準的時鐘顯示電路。

4. 兩個位數 30～00 下算計數顯示,低於 6 時 LED 閃爍電路。

5. 兩個位數上算與下算計數器多工顯示電路。

6. 唯讀記憶體 ROM 的位址與內容顯示電路。

7. 速度、方向自動改變並顯示其動作狀況的廣告燈電路。

掃描式七段顯示電路

於市面上常看到的七段顯示器 Seven Segment Display 是由八個 LED 所組合而成 (連同小數點 Decimal Pointer dp),而其每個 LED 的名稱依其分佈位置依次為 a、b、c、d、e、f、g 及 dp,其對應關係即如下圖所示:

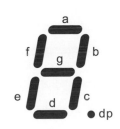

七段顯示器的架構

七段顯示器的外觀

於上圖中可以發現到，我們只要控制 a、b、c、d、e、f、g、dp 等 LED 亮或者不亮即可顯示出 0～9 等不同的字型，理論上 8 個 LED 總共有 16 隻接腳，為了節省元件的控制接腳，於元件的架構上我們採用了單邊公共的方式，如此一來七段顯示器的元件又可以分成共陽 Common Anode 及共陰 Common Cathode 兩種，而其電路結構分別如下：

(A) 共陽極七段顯示器 Common Anode：

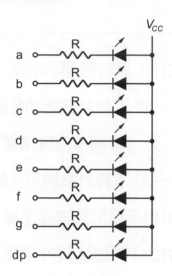

由於八個 LED 的陽極都被接到 V_{CC}，陰極則經由一限流電阻後接到外面去控制，因此我們只要在其相對的陰極上加入低電位 '0'，它所對應的 LED 就會發亮，也就是它是一個低態動作的七段顯示器。

(B) 共陰極七段顯示器 Common Cathode：

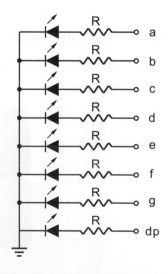

由於八個 LED 的陰極都被接地，陽極則經由一限流電阻後接到外面去控制，因此我們只要在其相對的陽極上加入高電位 '1'，它所對應的 LED 就會發亮，也就是它是一個高態動作的七段顯示器。

於實用的多個七段顯示電路中為了減少接線，通常都會將每個七段顯示器的 a 全部接在一起，b 全部接在一起，…g 全部接在一起，小數點全部接在一起，並以掃描方式來顯示，一組六個掃描式七段顯示的電路即如下面所示：

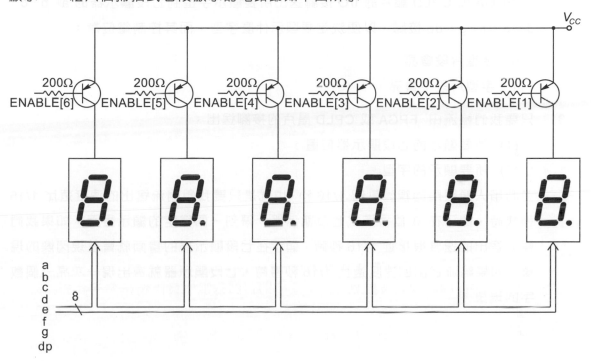

於上面的電路圖中：

1. 6 個七段顯示器皆為共陽極 Common Anode，而其公共端分別被接到每一個驅動電晶體的集極，以便藉由電晶體提升其驅動電流。

2. 6 個七段顯示器的顯示片段 a、b、c、d、e、f、g、dp 皆個別接在一起 (即所有的 a 並接，所有的 b 並接，所有的 c 並接……)，且分別被接到 FPGA 或 CPLD 晶片的 I/O 接腳。

3. 用來提升驅動電流的每一個電晶體之基極都串接一個 200Ω 的限流電阻後接到 FPGA 或 CPLD 晶片的 I/O 接腳。

綜合上面的分析我們可以知道，6 個數字的掃描式七段顯示器之控制方式為：

1. 由 FPGA 或 CPLD 晶片的 I/O 接腳送出所要顯示的位置到它們所對應電晶體的基極，以便在此七段顯示器的公共陽極 Anode 上加入正電壓，而其控制電位為：

    0：電晶體導通 (飽和)，七段顯示器被選上。

    1：電晶體截止，七段顯示器沒有被選上。

2. 由 FPGA 或 CPLD 晶片的 I/O 接腳送出所要顯示字型到七段顯示器的 a、b、c、d、e、f、g、dp 接腳，以便決定要顯示什麼字型，而其控制電位為：

    0：字型片段會亮。

    1：字型片段不會亮。

3. 只要我們輪流由 FPGA 或 CPLD 晶片的接腳送出：

    (1) 所要顯示的七段顯示器位置。

    (2) 所要顯示的字型。

    並利用人類眼睛的視覺暫留 1/16 秒，也就是只要我們輪流送出的速度遠比 1/16 秒快時，即可在 6 個掃描式七段顯示器上得到一個穩定的顯示畫面；如果我們輪流送出的速度很接近 1/16 秒時，顯示在七段顯示器的畫面就會呈現閃爍的現象；如果輪流送出的速度遠比 1/16 秒慢時，七段顯示器就會出現一次亮一個數字的現象。

電路設計實例一

檔案名稱：BCD_UP_COUNTER_IDIG

電路功能描述

以六個掃描式七段顯示電路為顯示裝置，設計一個驅動電路，在上面以一個顯示的方式顯示一個位數 0～9 的上算計數值，每當計數值加 1 時，小數點則閃爍一次。

實作目標

練習設計：

1. 除頻電路，以供給控制電路所需要的所有工作時基 (time base)。
2. 範圍為 0～9 的上算計數器。
3. BCD 對共陽極七段顯示器的解碼電路。
4. 六個掃描式七段顯示器一個顯示的控制電路。

控制電路方塊圖

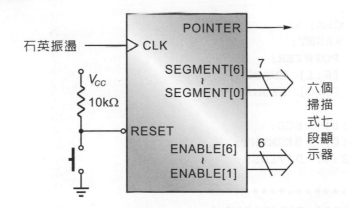

由於我們所設計的控制電路，其內部必須包括除頻電路、0～9 上算計數器、BCD 對七段顯示解碼器……等，因此其詳細的工作方塊如下：

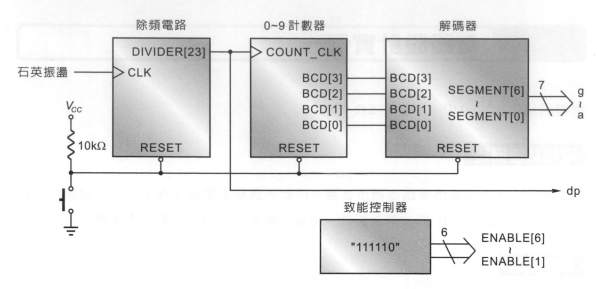

原始程式 (source program)：

```
 1   /***********************************
 2   *    BCD up counter and display in  *
 3   *    6 digs scanning seven segment  *
 4   *    Filename : BCD_COUNTER_1DIG    *
 5   ***********************************/
 6
 7   module BCD_COUNTER_1DIG (CLK, RESET, ENABLE,
 8                           SEGMENT, POINTER);
 9
10     input  CLK;
11     input  RESET;
12     output POINTER;
13     output [6:1] ENABLE;
14     output [6:0] SEGMENT;
15
16     reg [3:0]  BCD;
17     reg [6:0]  SEGMENT;
18     reg [23:0] DIVIDER;
19
20   /***********************
21    * time base generator *
22    ***********************/
23
24     always @(posedge CLK or negedge RESET)
25       begin
26         if (!RESET)
27           DIVIDER <= 24'h000000;
28         else
```

```
29              DIVIDER <= DIVIDER + 1'b1;
30        end
31
32    assign COUNT_CLK = DIVIDER[23];
33
34  /*****************************
35   * BCD up counter from 0 to 9 *
36   *****************************/
37
38    always @(posedge COUNT_CLK or negedge RESET)
39      begin
40        if (!RESET)
41          BCD <= 4'h0;
42        else
43          begin
44            if (BCD == 4'h9)
45              BCD <= 4'h0;
46            else
47              BCD <= BCD + 1'b1;
48          end
49      end
50
51  /*******************************
52   * BCD to seven segment decoder *
53   *******************************/
54
55    always @(BCD)
56      begin
57        case (BCD)
58          4'h0    : SEGMENT = 7'b1000000;    // 0
59          4'h1    : SEGMENT = 7'b1111001;    // 1
60          4'h2    : SEGMENT = 7'b0100100;    // 2
61          4'h3    : SEGMENT = 7'b0110000;    // 3
62          4'h4    : SEGMENT = 7'b0011001;    // 4
63          4'h5    : SEGMENT = 7'b0010010;    // 5
64          4'h6    : SEGMENT = 7'b0000010;    // 6
65          4'h7    : SEGMENT = 7'b1111000;    // 7
66          4'h8    : SEGMENT = 7'b0000000;    // 8
67          4'h9    : SEGMENT = 7'b0010000;    // 9
68          default : SEGMENT = 7'b1111111;
69        endcase
70      end
71
72    assign ENABLE  = 6'b111110;
73    assign POINTER = COUNT_CLK;
74
75  endmodule
```

重點說明:

1. 行號 1～5 為註解欄。

2. 行號 7～14 宣告所要設計控制電路的外部接腳為:

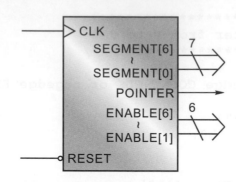

3. 行號 16～18 宣告控制電路內部所需用到各物件的資料型態。

4. 行號 24～32 為一個除頻電路,而其工作方塊如下:

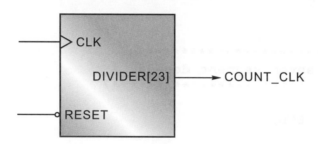

於輸出端 COUNT_CLK 的工作週期約為:

$T = 25 \times 10^{-9} \times 2^{24}$

   $= 0.42$ sec

因此上算計數器每隔 0.42 sec 上算一次。

5. 行號 38～49 為一個 0～9 的上算計數器,它的工作方塊為:

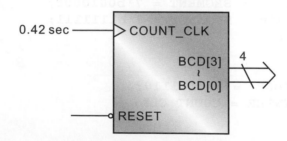

而其設計流程為：

(1) 當系統重置 RESET 時，則將計數器的值清除為 0 (行號 40～41)。

(2) 當計數時序 COUNT_CLK 發生正緣變化時 (行號 38) 如果：

　① 目前計數器的值為 9 時，則將它清除為 0 (行號 44～45)。

　② 目前計數器的值不為 9 時，則將計數值加 1 (行號 46～47)。

6. 行號 55～70 為一個 BCD 對共陽極七段顯示器的解碼電路，其工作方塊圖如下：

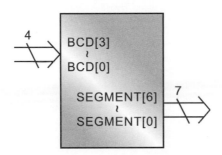

由於它是一個共陽極七段顯示器，因此輸入到 BCD 的 0～9 計數值與顯示字型 (低態動作) 中間的對應關係為：

BCD 碼				SEGMENT [6～0]							顯示字型
				g	f	e	d	c	b	a	
0	0	0	0	1	0	0	0	0	0	0	0
0	0	0	1	1	1	1	1	0	0	1	1
0	0	1	0	0	1	0	0	1	0	0	2
0	0	1	1	0	1	1	0	0	0	0	3
0	1	0	0	0	0	1	1	0	0	1	4
0	1	0	1	0	0	1	0	0	1	0	5
0	1	1	0	0	0	0	0	0	1	0	6
0	1	1	1	1	1	1	1	0	0	0	7
1	0	0	0	0	0	0	0	0	0	0	8
1	0	0	1	0	0	1	0	0	0	0	9

7. 行號 72 開啟右邊第一個七段顯示器的電源，以便固定將經過解碼後的 0～9 計數字型顯示在此七段顯示器上。

8. 行號 73 將計數時序 COUNT_CLK 送到七段顯示器的小數點上，因此每當計數器的內容加 1 時，小數點就會自動閃爍一次。

電路設計實例二

檔案名稱：BCD_UP_COUNTER_00_59

電路功能描述

以六個掃描式七段顯示電路為顯示裝置，設計一個驅動電路，在上面以二個顯示的方式顯示兩個位數 00～59 的上算計數值。

實作目標

練習設計：

1. 除頻電路，以供給控制電路所需要的工作時基 (time base)。

2. 範圍為 00～59 的上算計數器。

3. BCD 對共陽極七段顯示器的解碼電路。

4. 六個掃描式七段顯示器兩個顯示的控制電路。

控制電路方塊圖

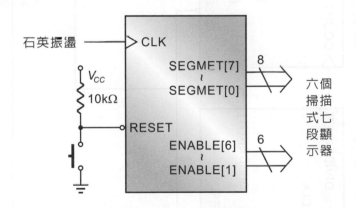

由於我們所設計的控制電路，其內部必須包括除頻電路、00～59 上算計數器、BCD 對七段顯示解碼器、兩個位數的掃描控制電路……等，因此其詳細的工作方塊如下：

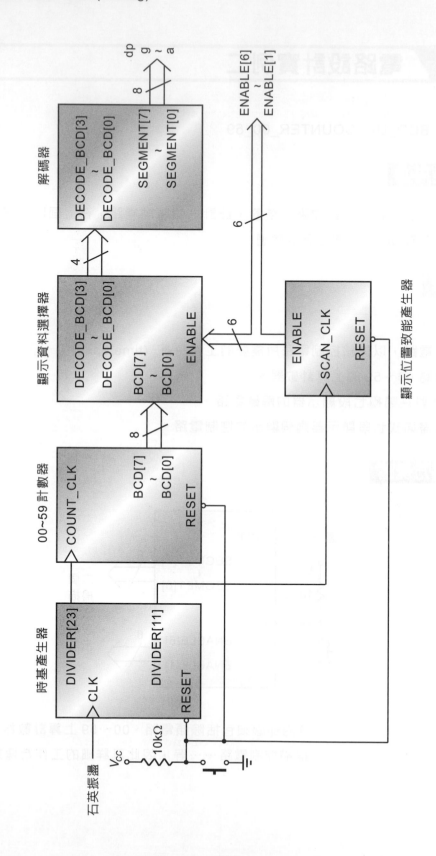

原始程式 (source program)：

```
1    /***********************************
2    * BCD counter 00-59 and display in *
3    *  6 digs scanning seven segment   *
4    *    Filename : COUNTER_00_59      *
5    ***********************************/
6
7    module COUNTER_00_59(CLK, RESET, ENABLE, SEGMENT);
8
9      input   CLK;
10     input   RESET;
11     output  [6:1] ENABLE;
12     output  [7:0] SEGMENT;
13
14     reg [7:0]   SEGMENT;
15     reg [6:1]   ENABLE;
16     reg [7:0]   BCD;
17     reg [3:0]   DECODE_BCD;
18     reg [23:0]  DIVIDER;
19
20   /**********************
21    * time base generator *
22    **********************/
23
24     always @(posedge CLK or negedge RESET)
25       begin
26         if (!RESET)
27           DIVIDER <= 24'h000000;
28         else
29           DIVIDER <= DIVIDER + 1'b1;
30       end
31
32     assign SCAN_CLK  = DIVIDER[11];
33     assign COUNT_CLK = DIVIDER[23];
34
35   /******************
36    * counter 00 to 59 *
37    ******************/
38
39     always @(posedge COUNT_CLK or negedge RESET)
40       begin
41         if (!RESET)
42           BCD <= 8'h00;
43         else
```

```
44              begin
45                if (BCD[3:0]  == 4'h9)
46                   begin
47                      BCD[3:0] <= 4'h0;
48                      BCD[7:4] <= BCD[7:4] + 1'b1;
49                   end
50                else
51                   BCD[3:0] <= BCD[3:0] + 1'b1;
52
53                if (BCD == 8'h59)
54                   BCD   <= 8'h00;
55              end
56        end
57
58  /***************************
59   * enable display location *
60   ***************************/
61
62    always @(posedge SCAN_CLK or negedge RESET)
63      begin
64        if (!RESET)
65          ENABLE <= 6'b111110;
66        else
67          ENABLE <= {6'b1111, ENABLE[1], ENABLE[2]};
68      end
69
70  /***********************
71   * select display data *
72   ***********************/
73
74    always @(ENABLE or BCD)
75      begin
76        case (ENABLE)
77          6'b111110 : DECODE_BCD = BCD[3:0];
78          default   : DECODE_BCD = BCD[7:4];
79        endcase
80      end
81
82  /********************************
83   * BCD to seven segment decoder *
84   ********************************/
85
86    always @(DECODE_BCD)
87      begin
88        case (DECODE_BCD)
```

```
89          4'h0    : SEGMENT = {1'b1,7'b1000000};   // 0
90          4'h1    : SEGMENT = {1'b1,7'b1111001};   // 1
91          4'h2    : SEGMENT = {1'b1,7'b0100100};   // 2
92          4'h3    : SEGMENT = {1'b1,7'b0110000};   // 3
93          4'h4    : SEGMENT = {1'b1,7'b0011001};   // 4
94          4'h5    : SEGMENT = {1'b1,7'b0010010};   // 5
95          4'h6    : SEGMENT = {1'b1,7'b0000010};   // 6
96          4'h7    : SEGMENT = {1'b1,7'b1111000};   // 7
97          4'h8    : SEGMENT = {1'b1,7'b0000000};   // 8
98          4'h9    : SEGMENT = {1'b1,7'b0010000};   // 9
99          default : SEGMENT = {1'b1,7'b1111111};
100      endcase
101    end
102
103  endmodule
```

重點說明：

1. 行號 1～18 的功能與前面相同。

2. 行號 24～33 為一個除頻電路，其工作方塊如下：

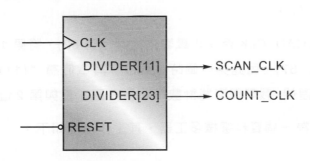

3. 行號 39～56 為一個上算計數器，其計數範圍為 00～59，而其設計流程為：

(1) 當系統發生重置時，將上算計數器清除為 00 (行號 41～42)。

(2) 當計數時序 COUNT_CLK 發生正緣變化時 (行號 39)，如果個位計數值為 9 時 (行號 45)：

　　① 將個位數清除為 0 (行號 47)。

　　② 將十位數加 1 (行號 48)。

如果個位計數值不為 9 時，則直接將其內容加 1 (行號 50～51)。

(3) 當兩位數的計數值為 59 時，則將它們清除為 00 (行號 53～54) 從頭開始計數。

4. 行號 62～68 為一個六位數兩個亮的致能電位產生器,其工作方塊如下:

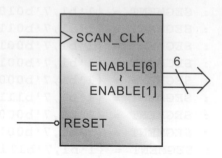

由於我們所要顯示七段顯示器的位置為 2 與 1,因此電路所需要的電位為:

ENABLE:　　2　　1

　　　　　　1　　0　　致能第1位

　　　　　　0　　1　　致能第2位

所以當系統發生重置時,我們設定 ENABLE 的電位為 "111110" (行號 64～65) 以便致能第 1 位。

當掃描時序 SCAN_CLK 產生正緣變化時 (行號 62),將第 1 與第 2 個位置的電位對調 (行號 67),因此第一個時序過後,其電位為 "111101" 以便致能第 2 位,如此週而復始,我們即可將計數值顯示在第 1 位與第 2 位七段顯示器上面 。

5. 行號 74～80 為一個資料選擇多工器,其工作方塊如下:

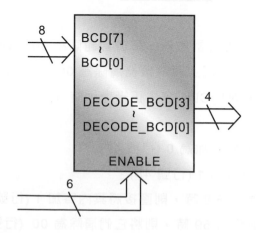

於上述的多工器中，當 ENABLE 的電位為：

(1) "111110" ： 表示致能個位數，因此送出去解碼的計數值也必須為個位數 (行號 77)，即：

$$DECODE\_BCD = BCD\ [3：0]$$

(2) "111101" ： 表示致能十位數，因此送出去解碼的計數值也必須為十位數 (行號 78)，即：

$$DECODE\_BCD = BCD\ [7：4]$$

6. 行號 86～101 為一個 BCD 對七段顯示器的解碼電路，其工作方塊為：

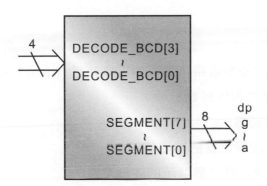

由於小數點我們安置在 SEGMENT[7]，顯示字型安排在 SEGMENT[6]～SEGMENT[0]，為了達到容易閱讀 readable，我們故意將小數點與字型分開(1'b1 代表小數點不亮)。

電路設計實例三

檔案名稱：CLOCK_24

電路功能描述

以六個掃描式七段顯示電路為顯示裝置，設計一個驅動電路，在上面以六個顯示的方式顯示精準電子鐘的時、分、秒計時值。

實作目標

練習設計：

1. 除頻電路，以供給控制電路所需要的工作時基 (time base)。
2. 精準 1 Hz 頻率產生器供時鐘計秒。
3. 24 小時電子鐘計時器。
4. BCD 對共陽極七段顯示器的解碼電路。
5. 六個掃描式七段顯示器六個顯示的控制電路。

控制電路方塊圖

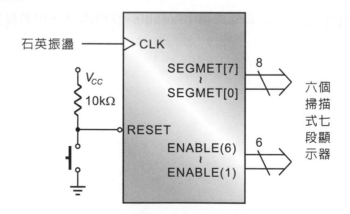

由於我們所設計的控制電路，其內部必須包括除頻電路、精準 1HZ 頻率產生器、00～59 的秒數計時器、00～59 的分數計時器、00～23 的小時計時器、BCD 對共陽極七段顯示解碼器、六個位數的掃描控制電路……等，因此其詳細的工作方塊如下：

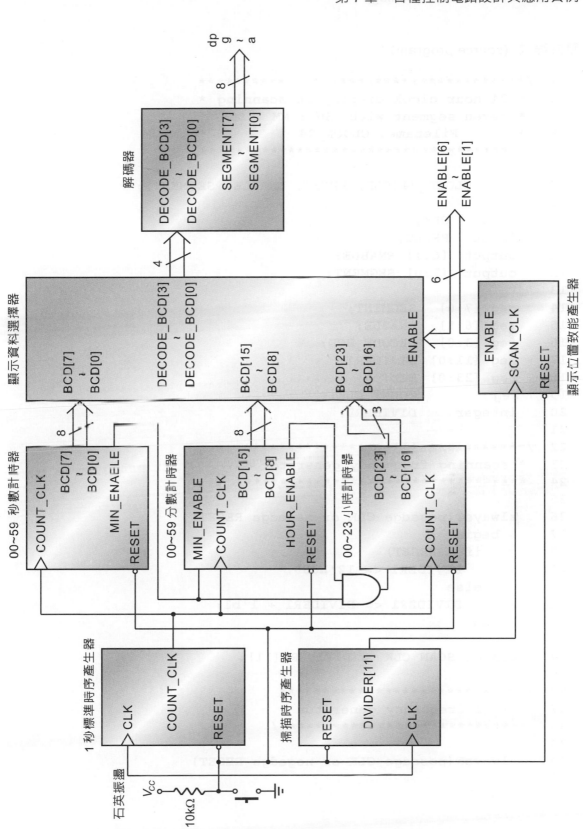

原始程式 (source program)：

```
1   /***********************************
2   * 24 hour clock display in scanning *
3   * seven segment with  HH : MM : SS   *
4   *          Filename: CLOCK_24         *
5   ***********************************/
6
7   module CLOCK_24(CLK, RESET, ENABLE, SEGMENT);
8
9     input   CLK;
10    input   RESET;
11    output  [6:1] ENABLE;
12    output  [7:0] SEGMENT;
13
14    reg [7:0]   SEGMENT;
15    reg [6:1]   ENABLE;
16    reg [3:0]   DECODE_BCD;
17    reg [11:0]  DIVIDER1;
18    reg [23:0]  BCD;
19    reg         COUNT_CLK;
20    integer     DIVIDER2;
21
22  /*******************************
23  * scanning frequency generator *
24  *******************************/
25
26    always@(posedge CLK or negedge RESET)
27      begin
28        if (!RESET)
29          DIVIDER1 <= 12'h000;
30        else
31          DIVIDER1 <= DIVIDER1 + 1'b1;
32      end
33
34    assign SCAN_CLK  = DIVIDER1[11];
35
36  /**************************
37  * 1 HZ frequency generator *
38  **************************/
39
40    always@(posedge CLK or negedge RESET)
41
42      begin
```

```
43          if (!RESET)
44            DIVIDER2 <= 0;
45          else
46            begin
47              if (DIVIDER2 == 39999999)
48                DIVIDER2 <= 0;
49              else
50                DIVIDER2 <= DIVIDER2 + 1;
51
52              if (DIVIDER2 < 20000000)
53                COUNT_CLK <= 1'b0;
54              else
55                COUNT_CLK <=  1'b1;
56            end
57      end
58
59  /***********************
60   * 00 - 59 second timer *
61   ***********************/
62
63    always @(posedge COUNT_CLK or negedge RESET)
64      begin
65        if (!RESET)
66          BCD[7:0] <= 8'h00;
67        else
68          begin
69            if (BCD[3:0] == 4'h9)
70              begin
71                BCD[3:0] <= 4'h0;
72                BCD[7:4] <= BCD[7:4] + 1'b1;
73              end
74            else
75              BCD[3:0]  <= BCD[3:0] + 1'b1;
76
77            if (BCD[7:0] ==  8'h59)
78              BCD[7:0]   <=  8'h00;
79          end
80      end
81
82    assign MIN_ENABLE = (BCD[7:0] == 8'h59)
83                          ? 1'b1 : 1'b0;
84
85  /***********************
86   * 00 - 59 minute timer *
87   ***********************/
```

```
88
89      always @(posedge COUNT_CLK or negedge RESET)
90        begin
91          if (!RESET)
92            BCD[15:8] <= 8'h00;
93          else
94            if (MIN_ENABLE)
95              begin
96                if (BCD[11:8] == 4'h9)
97                  begin
98                    BCD[11:8] <= 4'h0;
99                    BCD[15:12]<= BCD[15:12] + 1'b1;
100                 end
101               else
102                 BCD[11:8]  <= BCD[11:8] + 1'b1;
103
104               if (BCD[15:8] == 8'h59)
105                 BCD[15:8]   <= 8'h00;
106             end
107     end
108
109   assign HOUR_ENABLE = (BCD[15:8] == 8'h59)
110                         ? 1'b1 : 1'b0;
111
112 /**********************
113 * 00 - 24 hour timer *
114 **********************/
115
116   always @(posedge COUNT_CLK or negedge RESET)
117     begin
118       if (!RESET)
119         BCD[23:16] <= 8'h00;
120       else
121         if (HOUR_ENABLE & MIN_ENABLE)
122           begin
123             if (BCD[19:16] == 4'h9)
124               begin
125                 BCD[19:16] <= 4'h0;
126                 BCD[23:20] <= BCD[23:20] + 1'b1;
127               end
128             else
129               BCD[19:16]  <= BCD[19:16] + 1'b1;
130
131             if (BCD[23:16] == 8'h23)
132               BCD[23:16]   <= 8'h00;
```

```
133              end
134          end
135
136  /***************************
137   * enable display location *
138   ***************************/
139
140    always @(posedge SCAN_CLK or negedge RESET)
141      begin
142        if (!RESET)
143          ENABLE <= 6'b111110;
144        else
145          ENABLE <= {ENABLE[5:1], ENABLE[6]};
146      end
147
148  /************************
149   * select display timer *
150   ************************/
151
152    always @(ENABLE or BCD)
153      begin
154        case (ENABLE)
155          6'b111110 : DECODE_BCD = BCD[3:0];
156          6'b111101 : DECODE_BCD = BCD[7:4];
157          6'b111011 : DECODE_BCD = BCD[11:8];
158          6'b110111 : DECODE_BCD = BCD[15:12];
159          6'b101111 : DECODE_BCD = BCD[19:16];
160          default   : DECODE_BCD = BCD[23:20];
161        endcase
162      end
163
164  /*******************************
165   * BCD to seven segment decoder *
166   *******************************/
167
168    always @(DECODE_BCD)
169      begin
170        case (DECODE_BCD)
171          4'h0    : SEGMENT = {1'b1,7'b1000000};    // 0
172          4'h1    : SEGMENT = {1'b1,7'b1111001};    // 1
173          4'h2    : SEGMENT = {1'b1,7'b0100100};    // 2
174          4'h3    : SEGMENT = {1'b1,7'b0110000};    // 3
175          4'h4    : SEGMENT = {1'b1,7'b0011001};    // 4
176          4'h5    : SEGMENT = {1'b1,7'b0010010};    // 5
177          4'h6    : SEGMENT = {1'b1,7'b0000010};    // 6
```

```
178          4'h7    : SEGMENT = {1'b1,7'b1111000};    // 7
179          4'h8    : SEGMENT = {1'b1,7'b0000000};    // 8
180          4'h9    : SEGMENT = {1'b1,7'b0010000};    // 9
181          default : SEGMENT = {1'b1,7'b1111111};
182        endcase
183      end
184
185 endmodule
```

重點說明：

1. 行號 1～20 的功能與前面相同。

2. 行號 26～34 為一個除頻電路，用來產生六個七段顯示器的掃描時序 SCAN_CLK。

3. 行號 40～57 為另一個除頻電路，用來產生推動電子鐘的 1 Hz 標準時序 COUNT_CLK，它的工作週期為：

$$T = 25 \times 10^{-9} \times 40000000$$
$$= 1 \text{ sec}$$

工作波形如下：

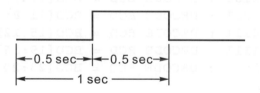

4. 行號 63～82 為一個帶有輸出致能 MIN_ENABLE 的秒數計時電路，它的工作方塊如下：

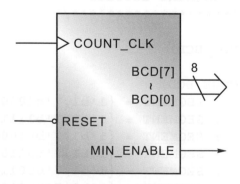

而其設計流程為：

(1) 行號 63～80 為一個 00～59 的上算秒數計時器，其設計流程和說明與前面相同。

(2) 行號 82 為一個多工器，其工作方塊如下：

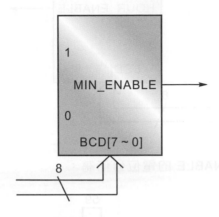

於輸出端 MIN_ENABLE 的電位分佈為：

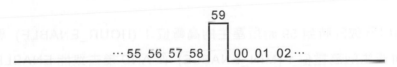

我們利用秒數計時到 59 時所產生的高電位 1 去致能 (ENABLE) 分數計時電路，以便產生進位的動作。

5. 行號 89～109 為一個帶有輸入致能 MIN_ENABLE 與輸出致能 HOUR_ENABLE 的 00～59 上算分數計時器，其工作方塊如下：

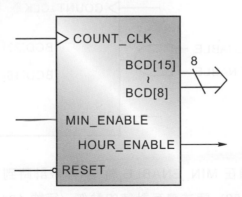

(1) 此分數計時器必須要 MIN_ENABLE 為高電位 1 (秒數計時到 59) 時才會有計時的動作 (行號 94)，而其計時範圍為 00～59 (行號 89～107)。

(2) 行號 109 為一個多工器，其工作方塊如下：

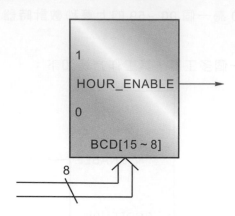

於輸出端 HOUR_ENABLE 的電位分佈為：

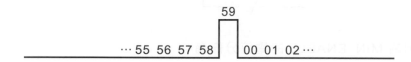

我們利用分數計時到 59 時所產生的高電位 1 (HOUR_ENABLE) 與秒數計時到 59 時所產生的高電位 1 (MIN_ENABLE) 作 AND 後去致能 ENABLE 小時計時電路，以便產生計時的動作 (行號 121)。

6. 行號 116～134 為一個帶有輸入致能 (MIN_ENABLE and HOUR_ENABLE) 的 00～23 上算小時計時器，其工作方塊如下：

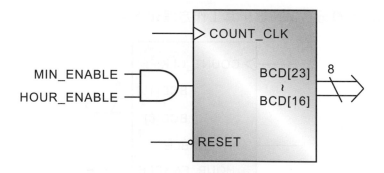

此小時計時器必須在 MIN_ENABLE 為 1 (秒數計時到 59) 與 HOUR_ENABLE 為 1 (分數計時到 59) 時才會有計時的動作 (行號 121)，而其計時範圍為 00～ 23 (行號 116～134)。

7. 行號 140～146 為一個六位數 6 個亮的致能電位產生器，它的工作方塊如下：

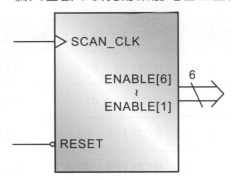

而其設計流程為：

(1) 當電路發生重置 RESET 時，則將 ENABLE 設定成 "111110"，以便讓最右邊的七段顯示器發亮 (行號 142～143)。

(2) 每當掃描時序 SCAN_CLK 發生正緣動作時，則將 ENABLE 的電位向左旋轉一次，因此 ENABLE 的電位變化以及它所代表的意義分別為：

```
1 1 1 1 1 0 ：  第一個七段顯示器（最右邊）
1 1 1 1 0 1 ：  第二個七段顯示器
1 1 1 0 1 1 ：  第三個七段顯示器
1 1 0 1 1 1 ：  第四個七段顯示器
1 0 1 1 1 1 ：  第五個七段顯示器
0 1 1 1 1 1 ：  第六個七段顯示器（最左邊）
```

8. 行號 152～162 為一個顯示資料選擇多工器，其工作方塊如下：

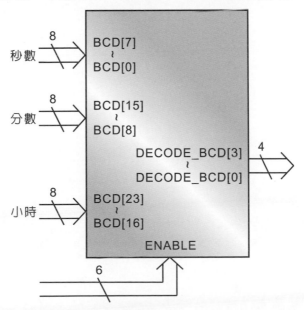

輸出端與選擇線 ENABLE 之間的關係為：

ENABLE 變化						DECODE_BCD 輸出與代表意義	
1	1	1	1	1	0	BCD [3：0]	秒數個位數
1	1	1	1	0	1	BCD [7：4]	秒數十位數
1	1	1	0	1	1	BCD [11：8]	分數個位數
1	1	0	1	1	1	BCD [15：12]	分數十位數
1	0	1	1	1	1	BCD [19：16]	小時個位數
0	1	1	1	1	1	BCD [23：20]	小時十位數

9. 行號 168～183 為一個 BCD 對共陽極七段顯示的解碼電路，其動作狀況請參閱前面的敘述。

電路設計實例四

檔案名稱：DOWN_COUNTER_LED_FLASH

電路功能描述

以六個掃描式七段顯示電路與十六個 LED 為顯示裝置，設計一個驅動電路，在七段顯示器上面顯示下算計數器 30～00 的計數值，一旦下算值低於 6 (即 5～0) 時，十六個 LED 開始閃爍，並不斷重覆上述動作。

實作目標

練習設計：

1. 除頻電路，以供給控制電路所需要的所有工作時基 (time base)。
2. 範圍 30～00 的下算計數器。
3. BCD 對共陽極七段顯示器的解碼電路。
4. 六個掃描式七段顯示器兩個亮的控制電路。
5. 16 個 LED 的閃爍控制電路。

控制電路方塊圖

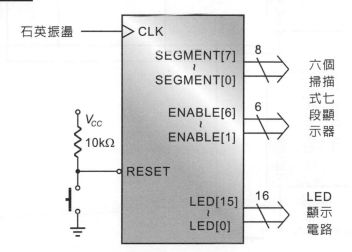

由於我們所設計的控制電路，其內部必須包括除頻電路、30～00 下算計數器、BCD 對共陽極七段解碼器、LED 的閃爍控制電路，因此其詳細的工作方塊如下：

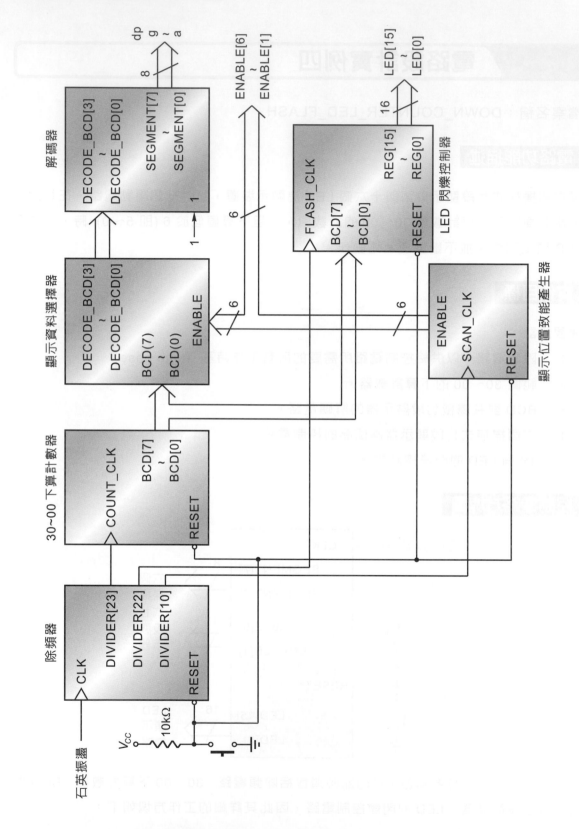

原始程式（source program）：

```
1   /*********************************
2    *  down counter 30-00 and display  *
3    *      in scanning seven segment    *
4    *  led flash when counter less 6    *
5    *  Filename : DOWNCOUNT_30_00_LED   *
6    *********************************/
7
8   module DOWNCOUNT_30_00_LED(CLK, RESET, LED,
9                                ENABLE, SEGMENT);
10
11     input   CLK;
12     input   RESET;
13     output  [6:1]   ENABLE;
14     output  [7:0]   SEGMENT;
15     output  [15:0]  LED;
16
17     reg [7:0]   SEGMENT;
18     reg [6:1]   ENABLE;
19     reg [7:0]   BCD;
20     reg [3:0]   DECODE_BCD;
21     reg [23:0]  DIVIDER;
22     reg [15:0]  REG;
23
24   /*********************
25    * time base generator *
26    *********************/
27
28     always @(posedge CLK or negedge RESET)
29       begin
30         if (!RESET)
31           DIVIDER <= 24'h000000;
32         else
33           DIVIDER <= DIVIDER + 1'b1;
34       end
35
36     assign SCAN_CLK  = DIVIDER[10];
37     assign FLASH_CLK = DIVIDER[22];
38     assign COUNT_CLK = DIVIDER[23];
39
40   /***********************
41    * down counter 30 - 00 *
42    ***********************/
43
44     always @(posedge COUNT_CLK or negedge RESET)
45       begin
```

```
46          if (!RESET)
47            BCD <= 8'h30;
48          else
49            begin
50              if (BCD[3:0] ==   4'h0)
51                begin
52                  BCD[3:0] <= 4'h9;
53                  BCD[7:4] <= BCD[7:4] - 1'b1;
54                end
55              else
56                BCD[3:0] <= BCD[3:0] - 1'b1;
57
58              if (BCD ==8'h00)
59                BCD <= 8'h30;
60            end
61      end
62
63  /***************************
64   * enable display location *
65   ***************************/
66
67    always @(posedge SCAN_CLK or negedge RESET)
68      begin
69        if (!RESET)
70          ENABLE <= 6'b111110;
71        else
72          ENABLE <= {6'b1111, ENABLE[1], ENABLE[2]};
73      end
74
75  /***********************
76   * select display data *
77   ***********************/
78
79    always @(ENABLE or BCD)
80      begin
81        case (ENABLE)
82          6'b111110 : DECODE_BCD = BCD[3:0];
83          default   : DECODE_BCD = BCD[7:4];
84        endcase
85      end
86
87  /*******************************
88   * BCD to seven segment decoder *
89   *******************************/
90
91    always @(DECODE_BCD)
92      begin
```

```
 93          case (DECODE_BCD)
 94            4'h0    : SEGMENT = {1'b1,7'b1000000};    // 0
 95            4'h1    : SEGMENT = {1'b1,7'b1111001};    // 1
 96            4'h2    : SEGMENT = {1'b1,7'b0100100};    // 2
 97            4'h3    : SEGMENT = {1'b1,7'b0110000};    // 3
 98            4'h4    : SEGMENT = {1'b1,7'b0011001};    // 4
 99            4'h5    : SEGMENT = {1'b1,7'b0010010};    // 5
100            4'h6    : SEGMENT = {1'b1,7'b0000010};    // 6
101            4'h7    : SEGMENT = {1'b1,7'b1111000};    // 7
102            4'h8    : SEGMENT = {1'b1,7'b0000000};    // 8
103            4'h9    : SEGMENT = {1'b1,7'b0010000};    // 9
104            default : SEGMENT = {1'b1,7'b1111111};
105          endcase
106       end
107
108  /*********************
109   * 16 bits led flash *
110   *********************/
111
112    always @(posedge FLASH_CLK or negedge RESET)
113      begin
114        if (!RESET)
115          REG <= 16'h00FF;
116        else
117          REG <= ~REG;
118      end
119
120    assign LED = (BCD < 8'h06) ? REG : 16'h0000;
121
122  endmodule
```

重點說明：

1.　行號 1～22 的功能與前面相同。

2.　行號 28～38 為一個除頻器，它的目的在產生控制電路所需要的所有工作時基 (time base)，其工作方塊如下：

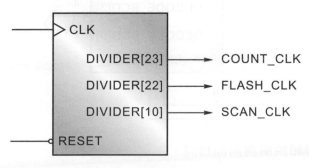

於輸出端的訊號：

(1) COUNT_CLK：做為下算計數器的工作時序。

(2) FLASH_CLK：做為 LED 閃爍的工作時序。

(3) SCAN_CLK：做為七段顯示器的掃描時序。

3. 行號 44～61 為一個下算計數器，它的計數範圍為 30～00，其工作方塊如下：

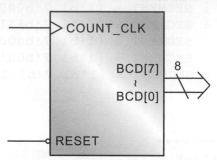

它的設計流程與前面相似，請自行參閱。

4. 行號 67～73 為一個六位數兩個亮的致能電位產生器，它的工作方塊如下：

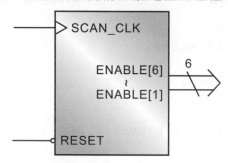

而其設計流程和說明與前面相同。

5. 行號 79～85 為一個資料選擇多工器，它的工作方塊如下：

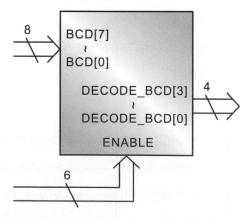

而其設計流程和說明與前面相同。

6. 行號 91～106 為一個 BCD 對共陽極七段顯示器的解碼電路，它的工作方塊為：

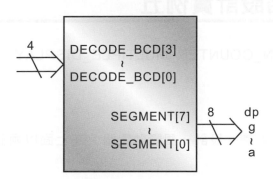

而其設計流程和說明與前面相同。

7. 行號 112～120 為一個 16 個 LED 閃爍控制電路，它的工作方塊即如下圖所示：

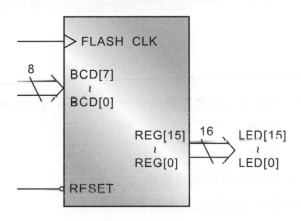

而其設計流程為：

(1) 當電路發生重置 RESET 時，則將 REG 設定成 h00FF，以便 16 個 LED 8 個亮，8 個不亮 (行號 114～115)。

(2) 當 LED 閃爍時序 FLASH_CLK 發生正緣變化時，則將 16 個 LED 的顯示電位反相 (行號 117)。

(3) 如果下算計數值 (行號 120)：

① 大於等於 6 時，則將 16 個 LED 熄滅。

② 小於 6 (即 5～0) 時，則將 16 個 LED 的閃爍狀況送到 LED 顯示電路，以便執行閃爍的工作。

電路設計實例五

檔案名稱：UP_DOWN_COUNTER_MULTIPLE_DISPLAY

電路功能描述

以六個掃描式七段顯示裝置，設計一個驅動電路，在上面以兩個亮的多工顯示方式，當外加按扭 BUTTON：

1. 沒有被按 (即平常顯示) 時，顯示 00～59 的上算計數內容。
2. 被按並放開時，顯示 30～00 下算計數的內容，幾秒後又自動回復顯示 00～59 的上算計數內容。

實作目標

練習設計：

1. 除頻電路，以供給控制電路所需要的所有工作時基 (time base)。
2. 00～59 的上算計數器。
3. 30～00 的下算計數器。
4. BCD 對共陽極七段顯示器的解碼電路。
5. 六個掃描式七段顯示兩個亮的控制電路。
6. 單擊觸發 (one short trigger) 電路。

控制電路方塊圖

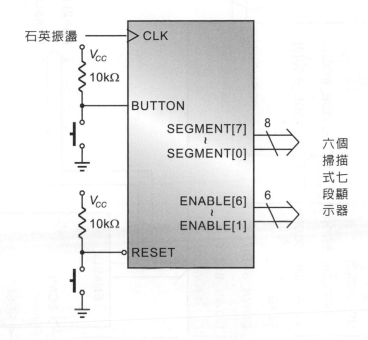

由於我們所設計的控制電路，其內部必須包括除頻電路、00～59 上算計數器、30～00 下算計數器、BCD 對共陽極七段解碼器、兩個位數的掃描控制電路、單擊觸發控制電路……等，因此其詳細的工作方塊如下：

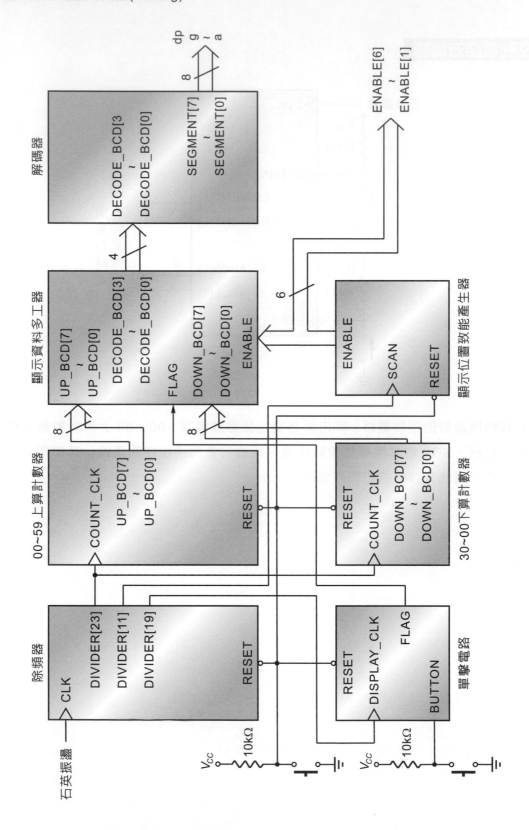

原始程式（source program）：

```
 1   /**********************************
 2   * counter with multiple display : *
 3   *  1. normal : display 00 - 59    *
 4   *  2. when press button :         *
 5   * display 30 - 00 a few second    *
 6   * later return to display 00-59   *
 7   *   Filename : MULTIPLE_DISPLAY    *
 8   **********************************/
 9
10   module MULTIPLE_DISPLAY (CLK, RESET,
11                            ENABLE, SEGMENT, BUTTON);
12
13     input   CLK;
14     input   RESET;
15     input   BUTTON;
16     output  [6:1] ENABLE;
17     output  [7:0] SEGMENT;
18
19     reg [7:0]   SEGMENT;
20     reg [6:1]   ENABLE;
21     reg [7:0]   UP_BCD;
22     reg [7:0]   DOWN_BCD;
23     reg [7:0]   DISPLAY_COUNT;
24     reg [3:0]   DECODE_BCD;
25     reg [23:0]  DIVIDER;
26     reg         FLAG;
27
28   /*********************
29   * time base generator *
30   *********************/
31
32     always @(posedge CLK or negedge RESET)
33       begin
34         if (!RESET)
35           DIVIDER <= 24'h000000;
36         else
37           DIVIDER <= DIVIDER + 1'b1;
38       end
39
40     assign SCAN_CLK    = DIVIDER[11];
41     assign DISPLAY_CLK = DIVIDER[19];
42     assign COUNT_CLK   = DIVIDER[23];
43
44   /*********************
45   * up counter 00 to 59 *
```

```
46      **********************/
47
48        always @(posedge COUNT_CLK or negedge RESET)
49          begin
50            if (!RESET)
51              UP_BCD <= 8'h00;
52            else
53              begin
54                if (UP_BCD[3:0] == 4'h9)
55                  begin
56                    UP_BCD[3:0] <= 4'h0;
57                    UP_BCD[7:4] <= UP_BCD[7:4] + 1'b1;
58                  end
59                else
60                  UP_BCD[3:0] <= UP_BCD[3:0] + 1'b1;
61
62                if (UP_BCD == 8'h59)
63                  UP_BCD      <= 8'h00;
64              end
65          end
66
67   /************************
68    * 30 -- 00 down counter *
69    ************************/
70
71        always @(posedge COUNT_CLK or negedge RESET)
72          begin
73            if (!RESET)
74              DOWN_BCD <= 8'h00;
75            else
76              begin
77                if (DOWN_BCD[3:0] == 4'h0)
78                  begin
79                    DOWN_BCD[3:0] <= 4'h9;
80                    DOWN_BCD[7:4] <= DOWN_BCD[7:4] - 1'b1;
81                  end
82                else
83                  DOWN_BCD[3:0] <= DOWN_BCD[3:0] - 1'b1;
84
85                if (DOWN_BCD == 8'h00)
86                  DOWN_BCD      <= 8'h30;
87              end
88          end
89
90   /*********************
91    * one short circuit *
92    *********************/
```

```
93
94    always @(posedge DISPLAY_CLK or negedge RESET)
95      begin
96        if (!RESET)
97          begin
98            FLAG <= 1'b1;
99            DISPLAY_COUNT <= 8'h00;
100          end
101        else
102          begin
103            if (BUTTON == 1'b0)
104              begin
105                DISPLAY_COUNT <= 8'hFF;
106                FLAG <=1'b0;
107              end
108
109            if (DISPLAY_COUNT > 8'h00)
110              DISPLAY_COUNT <= DISPLAY_COUNT - 1'b1;
111            else
112              FLAG <= 1'b1;
113          end
114      end
115
116  /***************************
117   * enable display location *
118   **************************/
119
120    always @(posedge SCAN_CLK or negedge RESET)
121      begin
122        if (!RESET)
123          ENABLE <= 6'b111110;
124        else
125          ENABLE <= {6'b1111, ENABLE[1], ENABLE[2]};
126      end
127
128  /***********************
129   * select display data *
130   **********************/
131
132    always @(ENABLE or UP_BCD or DOWN_BCD or FLAG )
133      begin
134        if (FLAG)
135          case (ENABLE)
136            6'b111110 : DECODE_BCD = UP_BCD[3:0];
137            default   : DECODE_BCD = UP_BCD[7:4];
138          endcase
139        else
```

```
140          case (ENABLE)
141            6'b111110 : DECODE_BCD = DOWN_BCD[3:0];
142            default   : DECODE_BCD = DOWN_BCD[7:4];
143          endcase
144       end
145
146 /********************************
147 * BCD to seven segment decoder *
148 ********************************/
149
150   always @(DECODE_BCD)
151     begin
152       case (DECODE_BCD)
153         4'h0    : SEGMENT = {1'b1,7'b1000000};    // 0
154         4'h1    : SEGMENT = {1'b1,7'b1111001};    // 1
155         4'h2    : SEGMENT = {1'b1,7'b0100100};    // 2
156         4'h3    : SEGMENT = {1'b1,7'b0110000};    // 3
157         4'h4    : SEGMENT = {1'b1,7'b0011001};    // 4
158         4'h5    : SEGMENT = {1'b1,7'b0010010};    // 5
159         4'h6    : SEGMENT = {1'b1,7'b0000010};    // 6
160         4'h7    : SEGMENT = {1'b1,7'b1111000};    // 7
161         4'h8    : SEGMENT = {1'b1,7'b0000000};    // 8
162         4'h9    : SEGMENT = {1'b1,7'b0010000};    // 9
163         default : SEGMENT = {1'b1,7'b1111111};
164       endcase
165     end
166
167 endmodule
```

重點說明：

1. 行號 1～26 的功能與前面相同。

2. 行號 32～42 為一個除頻電路，它的目的是在產生控制電路所需要的所有工作時序，其電路方塊如下：

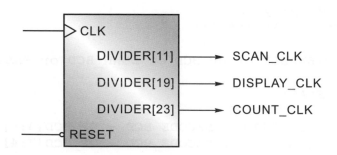

於輸出端各種訊號的功能分別為：

(1) SCAN_CLK：做為七段顯示器的掃描時序。

(2) DISPLAY_CLK：做為單擊電路的工作時序。

(3) COUNT_CLK：做為計數器正常計時的工作時序。

而其設計流程和說明與前面相同，請自行參閱。

3. 行號 48～65 為一個 00～59 上算計數器，其電路方塊如下：

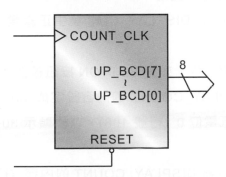

而其設計流程和說明與前面相同，請自行參閱。

4. 行號 71～88 為一個 30～00 下算計數器，其電路方塊如下：

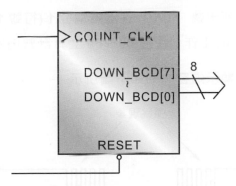

而其設計流程和說明與前面相同，請自行參閱。

5. 行號 94～114 為一個單擊觸發電路，其電路方塊如下：

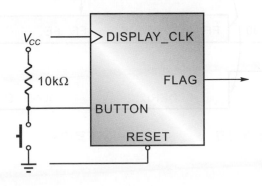

而其設計流程為：

(1) 當系統發生重置 reset 時 (行號 96)：

① 由輸出端 FLAG 送出高電位 1 (行號 98)，以便顯示 00～59 上算計數內容 (行號 134～138)。

② 將顯示計數器 DISPLAY_COUNT 清除為 h00 (行號 99)，以便將來單擊計時電路使用。

(2) 當顯示計數時序 DISPLAY_CLK 發生正緣變化時 (行號 94) 則往下處理。

(3) 行號 103～107 中，如果 BUTTON 按鈕被按時 (為低電位 0)，則將顯示計數器 DISPLAY_COUNT 的內容設定成 hFF (行號 105)，並由輸出端 FLAG 送出低電位 0 (行號 106)，以便顯示 30～00 下算計數內容 (行號 139～143)。

(4) 如果顯示計數器 DISPLAY_COUNT 的內容 (行號 109)：

① 大於 h00 時，表示 BUTTON 曾經被按過，因此繼續將其內容減 1 (行號 110)。

② 否則由輸出端 FLAG 送出高電位 1 (行號 111～112) 以便結束單擊 one short 工作 (恢復 00～59 上算計數內容的顯示)。

它們的動作電位與顯示內容，即如下圖所示：

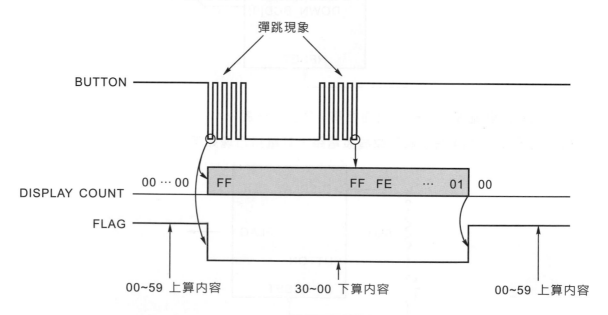

6. 行號 120～126 為兩位數七段顯示器的位置致能掃描電路，其電路方塊如下：

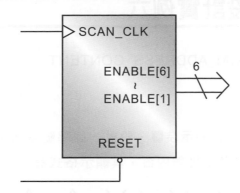

詳細說明請參閱前面電路設計實例二。

7. 行號 132～144 為一個多工選擇器，其電路方塊如下：

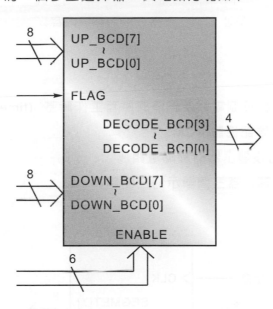

當旗號 FLAG 的電位：

　　(1) 0：選上 30～00 下算計數內容 DOWN_COUNT 輸出。

　　(2) 1：選上 00～59 上算計數內容 UP_COUNT 輸出。

當致能 ENABLE 的電位：

　　(1) "111110"：選上個位數計數值輸出。

　　(2) "111101"：選上十位數計數值輸出。

8. 行號 150～165 為 BCD 對共陽極七段顯示的解碼電路，其詳細說明請參閱前面電路設計實例一。

電路設計實例六

檔案名稱：DISPLAY_ROM_ADDRESS_CONTENT

電路功能描述

以六個掃描式七段顯示電路為顯示裝置，設計一個驅動電路，在上面以三個亮的方式顯示一個唯讀記憶體 ROM 的位址與內容，其顯示格式為：

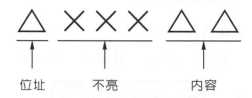

實作目標

練習設計：

1.　除頻電路，以供給控制電路所需要的所有工作時基 (time base)。
2.　一個 16×8 的唯讀記憶體 ROM。
3.　BCD 對共陽極七段顯示器的解碼電路。
4.　六個掃描式七段顯示器三個顯示的控制電路。

控制電路方塊圖

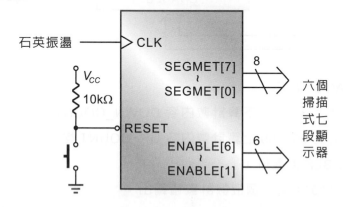

由於我們所設計的控制電路，其內容必須包括除頻器、唯讀記憶體 ROM、BCD 對共陽極七段顯示解碼器、六個位數三個顯示的掃描控制電路……等，因此其詳細的工作方塊如下：

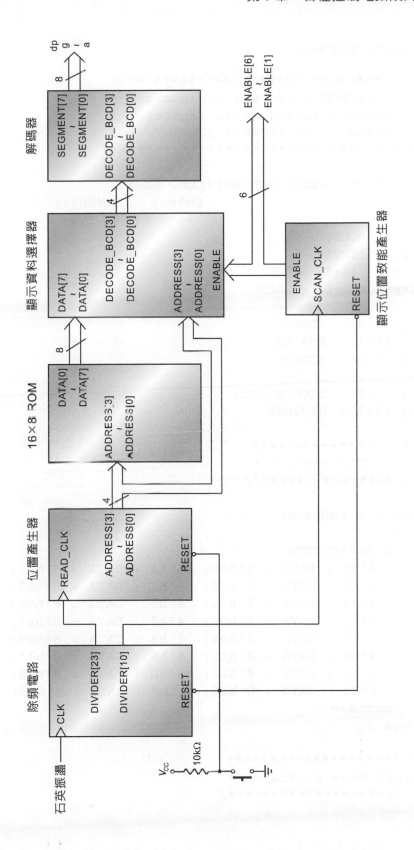

原始程式 (source program)：

```
1   /*************************************
2    * display ROM'S address and content *
3    * in 6digs scanning seven segment   *
4    * Filename : ROM_ADDRESS_CONTENT    *
5    *************************************/
6
7   module ROM_ADDRESS_CONTENT(CLK, RESET,
8                               ENABLE, SEGMENT);
9
10    input   CLK;
11    Input   RESET;
12    output  [6:1] ENABLE;
13    output  [7:0] SEGMENT;
14
15    reg [7:0]   SEGMENT;
16    reg [6:1]   ENABLE;
17    reg [3:0]   ADDRESS;
18    reg [7:0]   DATA;
19    reg [3:0]   DECODE_BCD;
20    reg [23:0]  DIVIDER;
21
22  /*********************
23   * set ROM'S content *
24   *********************/
25
26    always @(ADDRESS)
27      begin
28        case(ADDRESS)
29          4'h0 : DATA = 8'h00;  4'h1 : DATA = 8'h01;
30          4'h2 : DATA = 8'h02;  4'h3 : DATA = 8'h03;
31          4'h4 : DATA = 8'h04;  4'h5 : DATA = 8'h05;
32          4'h6 : DATA = 8'h06;  4'h7 : DATA = 8'h07;
33          4'h8 : DATA = 8'h08;  4'h9 : DATA = 8'h09;
34          4'hA : DATA = 8'h10;  4'hB : DATA = 8'h11;
35          4'hC : DATA = 8'h12;  4'hD : DATA = 8'h13;
36          4'He : DATA = 8'h14;  4'hF : DATA = 8'h15;
37        endcase
38      end
39
40  /***********************
41   * timie base generator *
42   ***********************/
43
```

```
44    always @(posedge CLK or negedge RESET)
45      begin
46        if (!RESET)
47          DIVIDER <= 24'h000000;
48        else
49          DIVIDER <= DIVIDER + 1'b1;
50      end
51
52    assign SCAN_CLK = DIVIDER[10];
53    assign READ_CLK = DIVIDER[23];
54
55   /********************
56    * address generator *
57    *******************/
58
59    always @(posedge READ_CLK or negedge RESET)
60      begin
61        if (!RESET)
62          ADDRESS <= 4'h0;
63        else
64          ADDRESS <= ADDRESS + 1'b1;
65      end
66
67   /**************************
68    * enable display location *
69    *************************/
70
71    always @(posedge SCAN_CLK or negedge RESET)
72      begin
73        if (!RESET)
74          ENABLE <= 6'b111110;
75        else
76          ENABLE <= {ENABLE[2], 3'b111, ENABLE[1], ENABLE[6]};
77      end
78
79   /********************
80    * select display data *
81    *******************/
82
83    always @(ENABLE or DATA or ADDRESS)
84      begin
85        case (ENABLE)
86          6'b111110 : DECODE_BCD = DATA[3:0];
87          6'b111101 : DECODE_BCD = DATA[7:4];
88          default   : DECODE_BCD = ADDRESS;
```

```
 89          endcase
 90       end
 91
 92  /******************************
 93  * hex to seven segment decoder *
 94  ******************************/
 95
 96    always @(DECODE_BCD)
 97      begin
 98        case (DECODE_BCD)
 99          4'h0    : SEGMENT = {1'b1,7'b1000000};    // 0
100          4'h1    : SEGMENT = {1'b1,7'b1111001};    // 1
101          4'h2    : SEGMENT = {1'b1,7'b0100100};    // 2
102          4'h3    : SEGMENT = {1'b1,7'b0110000};    // 3
103          4'h4    : SEGMENT = {1'b1,7'b0011001};    // 4
104          4'h5    : SEGMENT = {1'b1,7'b0010010};    // 5
105          4'h6    : SEGMENT = {1'b1,7'b0000010};    // 6
106          4'h7    : SEGMENT = {1'b1,7'b1111000};    // 7
107          4'h8    : SEGMENT = {1'b1,7'b0000000};    // 8
108          4'h9    : SEGMENT = {1'b1,7'b0010000};    // 9
109          4'hA    : SEGMENT = {1'b1,7'b0001000};    // A
110          4'hB    : SEGMENT = {1'b1,7'b0000011};    // B
111          4'hC    : SEGMENT = {1'b1,7'b1000110};    // C
112          4'hD    : SEGMENT = {1'b1,7'b0100001};    // D
113          4'hE    : SEGMENT = {1'b1,7'b0000110};    // E
114          default : SEGMENT = {1'b1,7'b0001110};    // F
115        endcase
116      end
117
118  endmodule
```

重點說明：

1. 行號 1～20 的功能與前面相同。

2. 行號 26～38 為一個 16×8 的唯讀記憶體 ROM，其方塊圖如下：

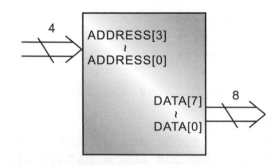

其內部從位址 0～F 依順序儲存 00～15 的資料。

3. 行號 44～53 為一個除頻器，它的工作方塊圖如下：

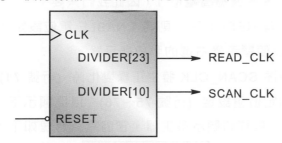

於輸出端的訊號：

(1) READ_CLK：做為讀取唯讀記憶體內容的時序訊號。

(2) SCN_CLK：做為七段顯示器的掃描時序。

其設計流程和說明與前面相同。

4. 行號 59～65 為讀取唯讀記憶體 ROM 內容的位址 ADDRESS 產生器，它的工作方塊圖如下：

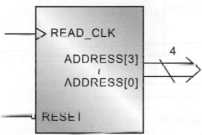

而其計數範圍為 0～F。

5. 行號 71～77 為一個六位數三個顯示的致能電位產生器，其工作方塊圖如下：

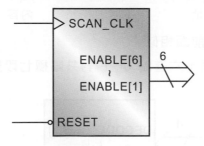

由於我們所要致能的位置依順序為：

ENABLE	(6)	(5)	(4)	(3)	(2)	(1)
	1	1	1	1	1	0
	1	1	1	1	0	1
	1	1	1	1	1	1
	0	1	1	1	1	1

其中位置 3、4、5 永遠為高電位 1，因此我們只要：

(1) 當系統重置 RESET 時，則將 ENABLE 電位設定成 "111110" (行號 73 ～74)，以便顯示最右邊的七段顯示器。

(2) 當掃描時序 SCAN_CLK 發生正緣變化時 (行號 71)，則 ENABLE 內的 0 電位依指定位置設定 (行號 75～76)，以便顯示下一個七段顯示器。

6. 行號 83～90 為一個資料顯示多工器，它的電路方塊如下：

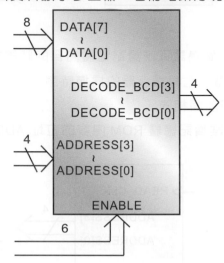

而顯示資料與位址的關係為：

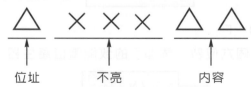

其設計流程和說明與前面相似。

7. 行號 96～116 為一個十六進制 0～F 對共陽極七段顯示的解碼電路，它的工作方塊圖如下：

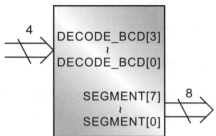

其設計流程和說明與前面相似，唯一不同之處為它的輸入資料為十六進制 (非前面的 BCD 碼)，但它們的編碼原理則完全相同。

電路設計實例七

檔案名稱：RORL_FAST_SLOW_4BITS_SEGMENT_DISPLAY

電路功能描述

以六個掃描式七段顯示電路與十六個 LED 為顯示裝置，設計一個一次四個亮可以向右、向左；速度可以快、慢改變的廣告燈控制電路，並將其目前的移位方向和速度分別顯示出來，其狀況如下：

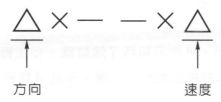

顯示方向時：

　　　H：代表向右邊 (right)
　　　L：代表向左邊 (left)

顯示速度時：

　　　S：代表慢速 (slow)
　　　F：代表快速 (fast)

實作目標

練習設計：

1.　除頻電路，以供給控制電路所需要的所有工作時基 (time base)。
2.　2 對 1 多工器，以便切換電路的移位速度。
3.　四個亮可以向左、向右旋轉的移位記錄器。
4.　六個掃描式七段顯示器，四個顯示的控制電路。
5.　移位方向、速度顯示字型解碼電路。

控制電路方塊圖

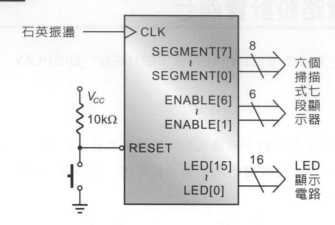

由於我們所設計的控制電路，其內部包括了除頻器、多工器、旋轉移位記錄器、六個掃描式七段顯示器四個顯示的控制電路……等，因此其詳細的工作方塊如下：

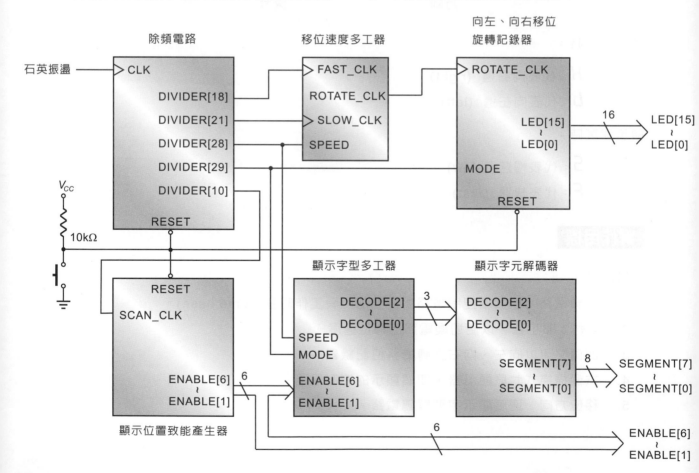

原始程式（source program）：

```
1    /**********************************
2    *     16 bits led 4 on rotate with    *
3    *        seven segment display :      *
4    *          1. SPEED :                  *
5    *             fast : 'F'               *
6    *             slow : 'S'               *
7    *          2.direction :               *
8    *             right : 'H'              *
9    *             left  : 'L'              *
10   * Filename : RORL_FAST_SLOW_SEGMENT *
11   **********************************/
12
13   module RORL_FAST_SLOW_SEGMENT (CLK, RESET,
14                                    LED, SEGMENT, ENABLE);
15
16     input   CLK;
17     input   RESET;
18     output  [7:0]   SEGMENT;
19     output  [6:1]   ENABLE;
20     output  [15:0]  LED;
21
22     reg [7:0]    SEGMENT;
23     reg [6:1]    ENABLE;
24     reg [2:0]    DECODE;
25     reg [15:0]   LED;
26     reg [29:0]   DIVIDER;
27
28   /**********************
29    * time base generator *
30    **********************/
31
32     always@(posedge CLK or negedge RESET)
33       begin
34         if (!RESET)
35           DIVIDER <= 30'o0000000000;
36         else
37           DIVIDER <= DIVIDER + 1'b1;
38       end
39
40     assign SCAN_CLK   = DIVIDER[10];
41     assign FAST_CLK   = DIVIDER[18];
42     assign SLOW_CLK   = DIVIDER[21];
43     assign SPEED      = DIVIDER[28];
```

```
44    assign MODE           = DIVIDER[29];
45    assign ROTATE_CLK = SPEED ? FAST_CLK : SLOW_CLK;
46
47  /***************************
48   *   16 bits led 4 bits on   *
49   *   rotate with direction   *
50   * and speed are changeable *
51   ***************************/
52
53    always @(posedge ROTATE_CLK or negedge RESET)
54      begin
55        if (!RESET)
56          LED <= 16'hF000;
57        else
58          if (MODE)
59            LED <= {LED[0], LED[15:1]};
60          else
61            LED <= {LED[14:0], LED[15]};
62      end
63
64  /***************************
65   * enable display location *
66   ***************************/
67
68    always @(posedge SCAN_CLK or negedge RESET)
69      begin
70        if (!RESET)
71          ENABLE <= 6'b111110;
72        else
73          ENABLE <= {ENABLE[5:1], ENABLE[6]};
74      end
75
76  /*********************
77   * select display data *
78   *********************/
79
80    always @(ENABLE or SPEED or MODE)
81      begin
82        case (ENABLE)
83          6'b111110 : DECODE = {2'b00, SPEED};
84          6'b111101 : DECODE = {3'o5};
85          6'b111011 : DECODE = {3'o4};
86          6'b110111 : DECODE = {3'o4};
87          6'b101111 : DECODE = {3'o5};
88          default   : DECODE = {2'b01, MODE};
```

```
 89        endcase
 90      end
 91
 92  /*************************
 93   * seven segment decoder  *
 94   *************************/
 95
 96    always @(DECODE)
 97      begin
 98        case (DECODE)
 99          3'o0    : SEGMENT = {1'b1, 7'b0010010};    // S
100          3'o1    : SEGMENT = {1'b1, 7'b0001110};    // F
101          3'o2    : SEGMENT = {1'b1, 7'b0001001};    // H
102          3'o3    : SEGMENT = {1'b1, 7'b1000011};    // L
103          3'o4    : SEGMENT = {1'b1, 7'b0111111};    // -
104          default : SEGMENT = {1'b1, 7'b1111111};    // Blank
105        endcase
106      end
107
108  endmodule
```

重點說明：

1. 行號 1～26 的功能與前面相同。

2. 行號 32～44 為一個除頻器，其方塊圖如下：

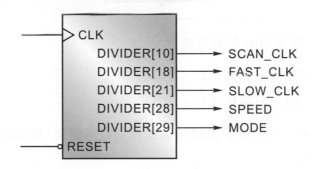

它們的功能分別為：

SCAN_CLK：六個掃描七段顯示器的掃描頻率。

FAST_CLK：廣告燈快速旋轉移位的頻率。

SLOW_CLK：廣告燈慢速旋轉移位的頻率。

SPEED：移位速度快、慢多工器切換頻率。

MODE：移位方向的切換頻率。

3. 行號 45 為廣告燈移位速度的切換電路,其方塊圖如下:

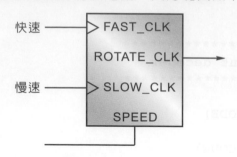

當速度切換訊號 SPEED 的電位為:

0:代表廣告燈慢速旋轉移位。

1:代表廣告燈快速旋轉移位。

4. 行號 53～62 為一個方向可以切換的向左、向右旋轉移位記錄器,其電路方塊圖如下:

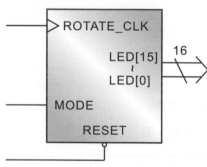

當方向切換訊號 MODE 的電位為:

0:代表廣告燈向左旋轉移位。

1:代表廣告燈向右旋轉移位。

5. 行號 68～90 為六個掃描七段顯示器的掃描顯示電路,程式結構和說明與前面相似,請自行參閱。

6. 行號 96～106 為所要顯示字型的解碼電路,它是配合上述行號 82～89 的指定內容來顯示,顯示位置與內容之間的關係如下:

7-3 指撥開關電路控制篇

Digital Logic Design

電路實例

1. 八個指撥開關的電位狀態顯示。

2. 將一個指撥開關的電位移入暫存器內並顯示在 LED 上。

3. 以兩個指撥開關控制廣告燈的旋轉速度與方向。

4. 以一個指撥開關控制計數器的上、下算計數顯示。

5. 以八個指撥開關(兩個 BCD 值)，設定計數器的起始計數值。

指撥開關電路

指撥開關 (DIPSWITCH) 就是一個可以手動切換的 ON、OFF 開關，如果我們將它們以八個為一組，並各自串上一個 4.7 kΩ 的電阻接到 V_{CC} 時，其控制電路如下所示：

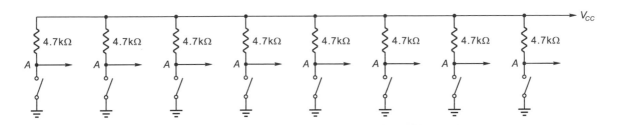

於上面的電路中，任何一個指撥開關的 A 點電位，當我們將指撥開關 DIPSWITCH 搬到：

ON 時 ：A 點的電位為低電位 0。

OFF 時：A 點的電位為高電位 1。

而其外觀如下所示：

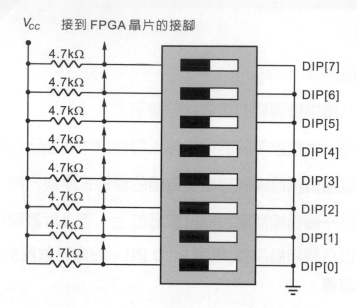

我們分別將上面指撥開關的接腳，分別接到 FPGA 或 CPLD 晶片的接腳上，如此一來我們就可以藉由搬動指撥開關的 ON、OFF 位置，將低電位 0 或高電位 1 送到 FPGA或 CPLD 晶片的接腳去控制晶片內部電路的動作狀況 (FPGA 或 CPLD 晶片接腳位置，則視控制板不同而有所差別，不管如何，我們只要改變 "接腳指定檔案" 的內容即可)。

電路設計實例一

檔案名稱：DIPSWITCH_STATUS

電路功能描述

以八個 LED 為顯示裝置，設計一個電路將目前八個指撥開關的電位狀況顯示在上面。

實作目標

練習設計：

　　一個簡單的指撥開關電位顯示器。

控制電路方塊圖

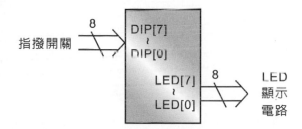

原始程式 (source program)：

```
1   /**********************************
2   *    display dipswitch's status    *
3   *    Filename : DIPSWITCH_STATUS    *
4   **********************************/
5
6   module DIPSWITCH_STATUS (DIP, LED);
7
8     input   [7:0] DIP;
9     output  [7:0] LED;
10
11    assign LED = DIP;
12
13  endmodule
```

重點說明：

1. 行號 1～4 為註解。

2. 行號 6～9 宣告所要設計控制電路的外部接腳為：

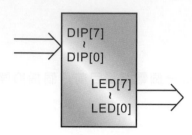

3. 行號 11 為所要規劃的電路，我們只是將八個指撥開關的目前電位送到 LED 電路去顯示，顯然它只是八個為一組的緩衝器。

電路設計實例二

檔案名稱：DIPSWITCH_STATUS_SHIFT_RIGHT_IN

電路功能描述

以十六個 LED 為顯示電路，設計一個驅動電路，將第 0 個指撥開關 DIP0 的電位
以向右移位的方式移入移位記錄器內，並將其移位狀況顯示在上面。

實作目標

練習設計：

1. 除頻電路，以便產生控制電路所需要的各種時基 (time base)。
2. 十六位元的向右移位記錄器。

控制電路方塊圖

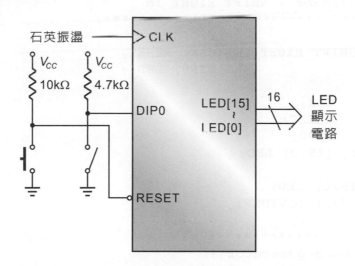

由於我們所要設計控制電路內部必須包括除頻電路、十六位元向右移位暫存器…
…等，因此其詳細電路的工作方塊如下：

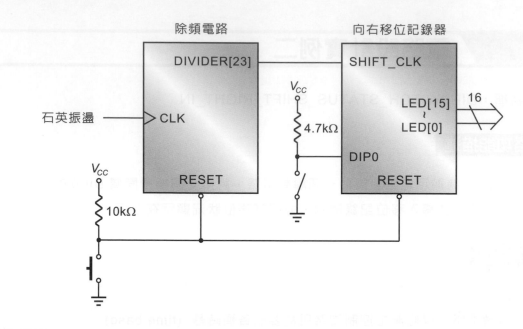

原始程式 (source program)：

```
1    /************************************
2    *      shift dipswitch_0's data     *
3    *    right in and display in led    *
4    *      Filename : SHIFT_RIGHT_IN    *
5    ************************************/
6
7    module SHIFT_RIGHT_IN (CLK, RESET,
8                          DIP0, LED);
9
10     input    CLK;
11     input    RESET;
12     input    DIP0;
13     output   [15:0] LED;
14
15     reg [15:0] LED;
16     reg [23:0] DIVIDER;
17
18   /***********************
19    * time base generator *
20    ***********************/
21
22     always @(posedge CLK or negedge RESET)
23       begin
24         if (!RESET)
25           DIVIDER <= 24'h000000;
26         else
```

```
27            DIVIDER <= DIVIDER + 1'b1;
28      end
29
30   assign SHIFT_CLK = DIVIDER[23];
31
32 /**************************
33  * shift right in circuit *
34  **************************/
35
36   always @(posedge SHIFT_CLK or negedge RESET)
37     begin
38       if (!RESET)
39         LED <= 16'h0000;
40       else
41         LED <= {DIP0, LED[15:1]};
42     end
43
44 endmodule
```

重點說明：

1. 行號 1～5 為註解。

2. 行號 7～13 宣告控制電路對外的控制接腳 (工作方塊圖) 為：

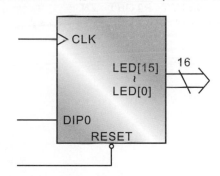

3. 行號 15～16 宣告電路內部各物件的資料型態。

4. 行號 22～30 為一個除頻電路，其工作方塊如下：

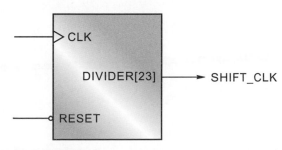

其設計流程和說明與前面相同。

5. 行號 36～42 為一個向右移位記錄器，它的工作方塊如下：

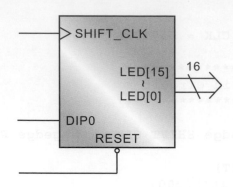

而其設計流程為：

(1) 當電路重置 reset 時，則將十六位元移位暫存器的輸出全部清除為 0 (行號 38～39)。

(2) 當移位時序 SHIFT_CLK 發生正緣變化時 (行號 36)，則將目前指撥開關 DIP0 的電位向右移入十六位元移位暫存器內 (行號 41)。

電路設計實例三

檔案名稱：DIPSWITCH_ROTATE_RIGHT_LEFT_FAST_SLOW

電路功能描述

以十六個 LED 為顯示電路，設計一個驅動電路，將一個由第 1 個與第 0 個指撥開關 DIP[1]、DIP[0] 的電位所控制的可以改變旋轉移位方向及速度的廣告燈內容顯示在上面，其中：

1.　DIP[1] 電位控制旋轉移位的方向，當：
　　　(1) DIP[1]＝0 時，電路向左邊旋轉。
　　　(2) DIP[1]＝1 時，電路向右邊旋轉。
2.　DIP[0] 電位控制旋轉移位的速度，當：
　　　(1) DIP[0]＝0 時，電路快速旋轉。
　　　(2) DIP[0]＝1 時，電路慢速旋轉。

實作目標

練習設計：

1.　除頻電路，以便產生控制電路所需要的各種時序 (time basc)。
2.　多工器，以便控制移位速度。
3.　十六位元可控制旋轉方向的移位記錄器。

控制電路方塊圖

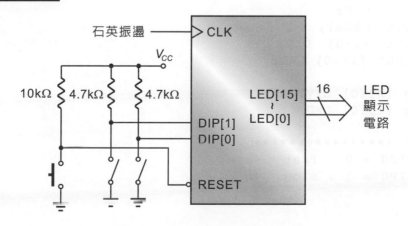

由於我們所要設計控制電路內部必須包括除頻器、多工器、可以控制旋轉移位方向及速度的十六位元移位記錄器，因此其詳細的工作方塊如下：

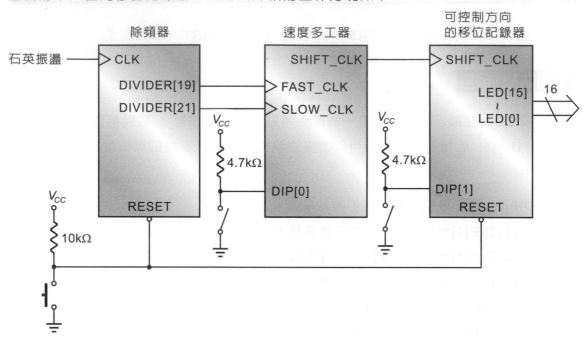

原始程式 (source program)：

```
1   /**********************************
2   *   16 bits led 2 on rotate With   *
3   *      1. DIP0 : fast, slow        *
4   *      2. DIP1 : right, left       *
5   *     Filename : RORL_FAST_SLOW    *
6   **********************************/
7
8   module RORL_FAST_SLOW (CLK, RESET,
9                          DIP, LED);
10
11    input  CLK;
12    input  RESET;
13    input  [1:0] DIP;
14    output [15:0] LED;
15
16    reg [21:0] DIVIDER;
17    reg [15:0] LED;
18
19  /*********************
20   *  DIP0 = 0 : fast  *
21   *  DIP0 = 1 : slow  *
```

```
22    *********************/
23
24      always @(posedge CLK or negedge RESET)
25        begin
26          if (!RESET)
27            DIVIDER <= {20'h00000, 2'b00};
28          else
29            DIVIDER <= DIVIDER + 1'b1;
30        end
31
32     assign FAST_CLK  = DIVIDER[19];
33     assign SLOW_CLK  = DIVIDER[21];
34     assign SHIFT_CLK = DIP[0] ? SLOW_CLK : FAST_CLK;
35
36    /*****************************
37     * DIP1 = 0 : rotate left    *
38     * DIP1 = 1 : rotate right   *
39     *****************************/
40
41      always @(posedge SHIFT_CLK or negedge RESET)
42        begin
43          if (!RESET)
44            LED <= 16'hC000;
45          else
46            if (DIP[1] == 1'b0)
47              LED <= {LED[14:0], LED[15]};
48            else
49              LED <= {LED[0], LED[15:1]};
50        end
51
52    endmodule
```

重點說明：

1. 行號 1～17 的功能與前面相同。

2. 行號 24～33 為一個除頻電路，它的工作方塊如下：

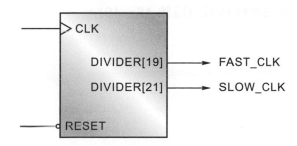

　其目的在產生旋轉移位暫存器的快速 FAST_CLK 與慢速 SLOW_CLK 時序。

3. 行號 34 為一個以第 0 個指撥開關 DIP[0] 為選擇訊號的 2 對 1 多工器,其工作方塊如下:

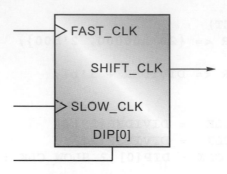

當第 0 個指撥開關 DIP[0] 的電位:

   (1) 0:選擇快速移位時序 FAST_CLK。

   (2) 1:選擇慢速移位時序 SLOW_CLK。

4. 行號 41～50 為一個以第 1 個指撥開關 DIP[1] 為控制訊號的十六位元向左或向右旋轉移位記錄器,它的工作方塊圖如下:

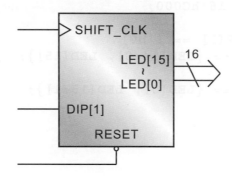

當第 1 個指撥開關 DIP[1] 的電位:

   (1) 0:選擇向左旋轉移位 (行號 46～47)。

   (2) 1:選擇向右旋轉移位 (行號 48～49)。

電路設計實例四

檔案名稱：DIPSWITCH_UP_DOWN_COUNTER

電路功能描述

以六個掃描式七段顯示器為顯示電路，設計一個驅動電路，將一個由第 0 個指撥開關 DIP0 之電位所控制的可以上算或下算的兩位數 00～59 計數器的計數內容顯示在上面，其中：

1. DIP0 = 0 時，計數器執行上算 00～59。
2. DIP0 = 1 時，計數器執行下算 59～00。

實作目標

練習設計：

1. 除頻電路，以便產生控制電路所需要的工作時序 (time base)。
2. BCD 對共陽極七段顯示解碼器。
3. 可以控制上算或下算的兩位數 00～59 計數器。
4. 六個掃描式七段顯示器二個亮的控制電路。

控制電路方塊圖

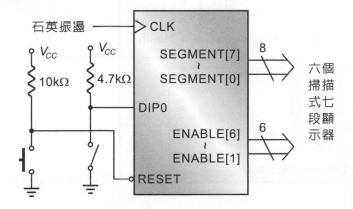

由於我們所要設計控制電路的內部必須包括除頻器，可控制上、下算計數器，七段顯示掃描電路……等，因此其詳細的電路方塊圖如下：

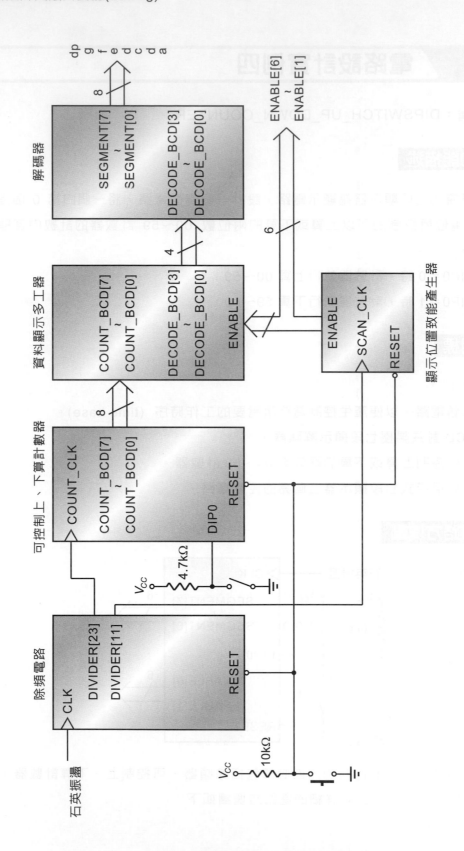

原始程式 (source program)：

```
 1  /**********************************
 2   *        up_down counter which       *
 3   *           decided by DIP0          *
 4   *     Filename : UP_DOWN_COUNTER     *
 5   **********************************/
 6
 7  module UP_DOWN_COUNTER (CLK, RESET, DIP0,
 8                          ENABLE, SEGMENT);
 9
10    input   CLK;
11    input   RESET;
12    input   DIP0;
13    output  [6:1] ENABLE;
14    output  [7:0] SEGMENT;
15
16    reg [7:0]   SEGMENT;
17    reg [6:1]   ENABLE;
18    reg [7:0]   COUNT_BCD;
19    reg [3:0]   DECODE_BCD;
20    reg [23:0]  DIVIDER;
21
22  /**********************
23   * time base generator *
24   **********************/
25
26    always @(posedge CLK or negedge RESET)
27      begin
28        if (!RESET)
29          DIVIDER <= 24'h000000;
30        else
31          DIVIDER <= DIVIDER + 1'b1;
32      end
33
34    assign SCAN_CLK  = DIVIDER[11];
35    assign COUNT_CLK = DIVIDER[23];
36
37  /**********************************
38   * up down counter decided by DIP0 *
39   **********************************/
40
41    always @(posedge COUNT_CLK or negedge RESET)
42      begin
43        if (!RESET)
```

```
44              COUNT_BCD <= 8'h00;
45          else
46            if (DIP0)
47              begin
48                if (COUNT_BCD[3:0] == 4'h0)
49                  begin
50                    COUNT_BCD[3:0] <= 4'h9;
51                    COUNT_BCD[7:4] <= COUNT_BCD[7:4] - 1'b1;
52                  end
53                else
54                  COUNT_BCD[3:0] <= COUNT_BCD[3:0] - 1'b1;
55
56                if (COUNT_BCD == 8'h00)
57                  COUNT_BCD    <= 8'h59;
58              end
59            else
60              begin
61                if (COUNT_BCD[3:0] == 4'h9)
62                  begin
63                    COUNT_BCD[3:0] <= 4'h0;
64                    COUNT_BCD[7:4] <= COUNT_BCD[7:4] + 1'b1;
65                  end
66                else
67                  COUNT_BCD[3:0] <= COUNT_BCD[3:0] + 1'b1;
68
69                if (COUNT_BCD == 8'h59)
70                  COUNT_BCD    <= 8'h00;
71              end
72        end
73
74  /***************************
75   * enable display location *
76   ***************************/
77
78    always @(posedge SCAN_CLK or negedge RESET)
79      begin
80        if (!RESET)
81          ENABLE <= 6'b111110;
82        else
83          ENABLE <= {4'b1111, ENABLE[1], ENABLE[2]};
84      end
85
86  /***********************
87   * select display data *
88   ***********************/
```

```
89
90     always @(ENABLE or COUNT_BCD)
91       begin
92         case (ENABLE)
93           6'b111110 : DECODE_BCD = COUNT_BCD[3:0];
94           default   : DECODE_BCD = COUNT_BCD[7:4];
95         endcase
96       end
97
98  /********************************
99   * BCD to seven segment decoder *
100  ********************************/
101
102    always @(DECODE_BCD)
103      begin
104        case (DECODE_BCD)
105          4'h0    : SEGMENT = {1'b1, 7'b1000000};    //  0
106          4'h1    : SEGMENT = {1'b1, 7'b1111001};    //  1
107          4'h2    : SEGMENT = {1'b1, 7'b0100100};    //  2
108          4'h3    : SEGMENT = {1'b1, 7'b0110000};    //  3
109          4'h4    : SEGMENT = {1'b1, 7'b0011001};    //  4
110          4'h5    : SEGMENT = {1'b1, 7'b0010010};    //  5
111          4'h6    : SEGMENT = {1'b1, 7'b0000010};    //  6
112          4'h7    : SEGMENT = {1'b1, 7'b1111000};    //  7
113          4'h8    : SEGMENT = {1'b1, 7'b0000000};    //  8
114          4'h9    : SEGMENT = {1'b1, 7'b0010000};    //  9
115          default : SEGMENT = {1'b1, 7'b1111111};
116        endcase
117      end
118
119  endmodule
```

重點說明：

1. 行號 1～20 的功能與前面相同。

2. 行號 26～35 為一個除頻電路，它的工作方塊如下：

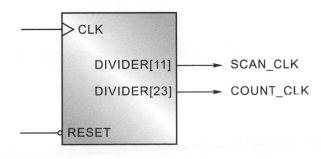

於其輸出端之訊號：

(1) SCAN_CLK：用來做為七段顯示的掃描時序。

(2) COUNT_CLK：用來做為上、下算電路的計數時序。

3. 行號 41～72 為一個由第 0 個指撥開關 DIP0 電位所控制的上、下算計數器，它的工作方塊如下：

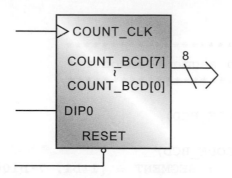

當指撥開關 DIP0 的電位：

(1) 0：計數器執行上算的工作 (行號 59～71)。

(2) 1：計數器執行下算的工作 (行號 46～58)。

而其設計流程和說明與前面相似，請自行參閱。

4. 行號 78～117 的功能與前面相同。

電路設計實例五

檔案名稱：DIPSWITCH_LOADABLE_UP_COUNTER_2DIGS

電路功能描述

以六個掃描式七段顯示器為顯示電路，設計一個驅動電路，將八個指撥開關 DIP[7]～DIP[0] 的電位當成兩個位數上算計數器的起始值 (BCD)，並將其計數狀況顯示在上面，八個指撥開關的位置所代表的意義為：

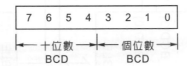

實作目標

練習設計：

1. 除頻電路，以便產生控制電路所需要的工作時序 (time base)。
2. BCD 對共陽極七段顯示解碼器。
3. 可以載入的兩位數 ΔΔ～99 上算計數器。
4. 六個掃描式七段顯示器二個顯示的控制電路。

控制電路方塊圖

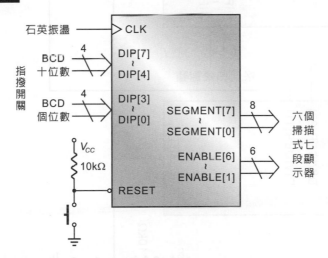

由於我們所要設計控制電路內部必須包括除頻器、兩位數可載入的上算計數器、七段顯示掃描電路……等，因此其詳細的電路方塊圖如下：

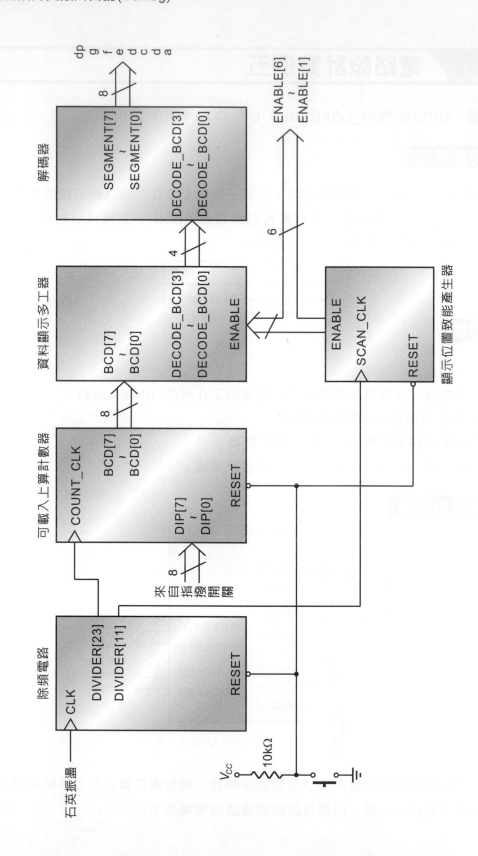

原始程式 (source program)：

```
 1   /*********************************
 2   *   2 digs loadable BCD up counter  *
 3   *   start number set by DIP7_DIP0   *
 4   *   Filename : LOADABLE_UP_COUNTER  *
 5   *********************************/
 6
 7   module LOADABLE_UP_COUNTER (CLK, RESET, DIP,
 8                                ENABLE, SEGMENT);
 9
10     input   CLK;
11     input   RESET;
12     input   [7:0] DIP;
13     output  [6:1] ENABLE;
14     output  [7:0] SEGMENT;
15
16     reg [6:1]   ENABLE;
17     reg [7:0]   SEGMENT;
18     reg [7:0]   BCD;
19     reg [3:0]   DECODE_BCD;
20     reg [23:0]  DIVIDER;
21
22   /*********************
23   * time base generator *
24   *********************/
25
26     always @(posedge CLK or negedge RESET)
27       begin
28         if (!RESET)
29           DIVIDER <= 24'h000000;
30         else
31           DIVIDER <= DIVIDER + 1'b1;
32       end
33
34     assign SCAN_CLK  = DIVIDER[11];
35     assign COUNT_CLK = DIVIDER[23];
36
37   /*********************************
38   *    loadable BCD up counter :      *
39   *    1. DIP 3 downto 0 : BCD'LSD    *
40   *    2. DIP 7 downto 4 : BCD'MSD    *
41   *********************************/
42
43     always @(posedge COUNT_CLK or negedge RESET)
```

```
44        begin
45          if (!RESET)
46            BCD <= DIP;
47          else
48            begin
49              if (BCD[3:0] == 4'h9)
50                begin
51                  BCD[3:0] <= 4'h0;
52                  BCD[7:4] <= BCD[7:4] + 1'b1;
53                end
54              else
55                BCD[3:0] <= BCD[3:0] + 1'b1;
56
57              if (BCD == 8'h99)
58                BCD    <= DIP;
59            end
60        end
61
62  /***************************
63   * enable display location *
64   ***************************/
65
66    always @(posedge SCAN_CLK or negedge RESET)
67      begin
68        if (!RESET)
69          ENABLE<= 6'b111110;
70        else
71          ENABLE<={4'b1111, ENABLE[1], ENABLE[2]};
72      end
73
74  /***********************
75   * select display data *
76   ***********************/
77
78    always @(ENABLE or BCD)
79      begin
80        case (ENABLE)
81          6'b111110 : DECODE_BCD = BCD[3:0];
82          default   : DECODE_BCD = BCD[7:4];
83        endcase
84      end
85
86  /******************************
87   * BCD to seven segment decoder *
88   ******************************/
```

```
 89
 90    always @(DECODE_BCD)
 91      begin
 92        case (DECODE_BCD)
 93          4'h0    : SEGMENT = {1'b1, 7'b1000000};    // 0
 94          4'h1    : SEGMENT = {1'b1, 7'b1111001};    // 1
 95          4'h2    : SEGMENT = {1'b1, 7'b0100100};    // 2
 96          4'h3    : SEGMENT = {1'b1, 7'b0110000};    // 3
 97          4'h4    : SEGMENT = {1'b1, 7'b0011001};    // 4
 98          4'h5    : SEGMENT = {1'b1, 7'b0010010};    // 5
 99          4'h6    : SEGMENT = {1'b1, 7'b0000010};    // 6
100          4'h7    : SEGMENT = {1'b1, 7'b1111000};    // 7
101          4'h8    : SEGMENT = {1'b1, 7'b0000000};    // 8
102          4'h9    : SEGMENT = {1'b1, 7'b0010000};    // 9
103          default : SEGMENT = {1'b1, 7'b1111111};
104        endcase
105      end
106
107    endmodule
```

重點說明：

1. 行號 1～35 的功能與前面相同。

2. 行號 43～60 為一個可以載入的上算計數器，它的工作方塊如下：

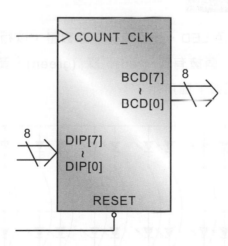

它是一個兩位數的上算計數器，而其開始的計數值則由指撥開關載入 (行號 46 與行號 58)，程式的設計流程與前面相似，請自行參閱。

3. 行號 66～105 的功能與前面相同。

7-4 彩色 LED 點矩陣顯示電路控制篇

Digital Logic Design

1. 固定一個紅色字型顯示。

2. 不斷重覆固定十六個黃色字型顯示。

3. 不斷重覆由下往上移位十四個黃色字型顯示。

4. 紅綠燈速度可變行動小綠人顯示。

5. 多樣化紅色動態圖形顯示。

彩色 LED 點矩陣基本結構

彩色 LED 點矩陣為一組彩色 LED，為了減少接線數量，以行 (column)、列 (row) 方式連接而成的裝置元件，一個擁有紅 (red)、綠 (green)、黃 (yellow) 三種顯示色彩的 8×8 LED 點矩陣結構即如下圖所示：

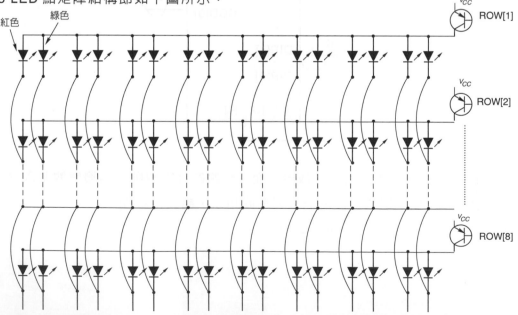

於上面的彩色 LED 點矩陣結構中：

1.　8×8＝64 個紅色 LED，以行 (CRn)、列 (ROWn) 方式連接。

2.　8×8＝64 個綠色 LED，以行 (CRn)、列 (ROWn) 方式連接。

3.　為了提升 LED 的驅動電流，我們在每一組列 (ROW) 的 LED 陽極上加入一個 PNP 電晶體。

4.　要讓第一列、第一行的紅色 LED 發亮時，必須在 ROW[1] 加入低電位 0，同時在 CR[1] 上加入低電位 0。

5.　要讓第一列、第一行的綠色 LED 發亮時，必須在 ROW[1] 加入低電位 0，同時在 CG[1] 上加入低電位 0。

6.　要讓第一列、第一行的點矩陣發出黃色的亮光時，必須在第一列 ROW[1]，第一行的紅色 LED CR[1]、綠色 LED CG[1] 上同時加入低電位 0。

7.　要讓第一列、第一行的紅色 LED 以及第三列，第三行的紅色 LED 同時發亮時，必須以掃描的方式實現，也就是：

　　(1)　在第一列 ROW[1]、第一行的紅色 LED CR[1] 上同時加入低電位 0 將 LED 點亮。

　　(2)　在第三列 ROW[3]、第三行的紅色 LED CR[3] 上同時加入低電位 0 將 LED 點亮 (此時步驟一的 LED 已經不亮)。

　　(3)　重覆第 (1)，(2) 的步驟不斷掃描，並利用人類眼睛視覺暫留 1/16 秒的特性，即可達到兩個 LED 點矩陣同時顯示紅色。

綜合前面的敘述我們可以知道，要控制 LED 點矩陣的方式為：

1.　在列位置 (ROW) 以掃描方式依次讓 LED 的陽極加入驅動電位 (在 ROW 位置依次加入低電位 0)，其狀況如下：

ROW[8]	ROW[7]	ROW[6]	ROW[5]	ROW[4]	ROW[3]	ROW[2]	ROW[1]
1	1	1	1	1	1	1	0
1	1	1	1	1	1	0	1
1	1	1	1	1	0	1	1
1	1	1	1	0	1	1	1
1	1	1	0	1	1	1	1
1	1	0	1	1	1	1	1
1	0	1	1	1	1	1	1
0	1	1	1	1	1	1	1

2. 在相對應的行 (COLUMN) 位置上加入所要顯示的字型 (低電位 0 點亮)

如果我們以 LED 點矩陣的方塊圖來表示時，其狀況如下：

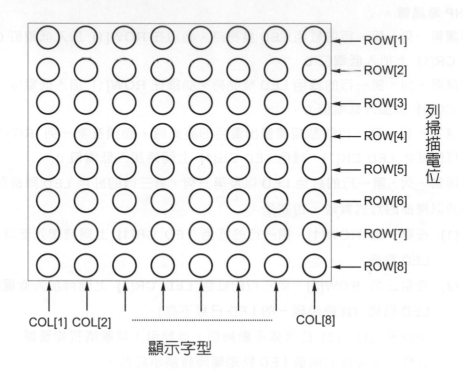

COL[1] COL[2] ·· COL[8]

顯示字型

電路設計實例一

檔案名稱：FIX_DISPLAY_RED_IDIG

電路功能描述

在彩色 LED 點矩陣上顯示一個固定的紅色字型三。

實作目標

練習設計：

1. 除頻器以便產生 LED 點矩陣的掃描時基 (time base)。
2. LED 點矩陣的字型顯示電路。

控制電路方塊圖

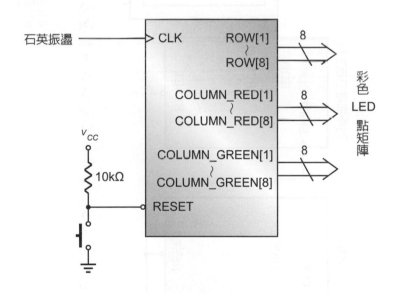

而其內部的詳細方塊如下：

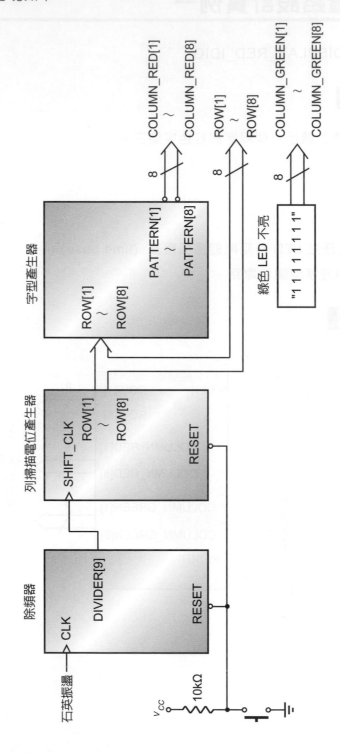

原始程式 (source program)：

```
1   /**********************************
2   *    display 1dig fix character    *
3   *       Filename : FIX_1DIG_RED      *
4   **********************************/
5
6   module FIX_1DIG_RED (CLK, RESET, ROW,
7                          COLUMN_RED, COLUMN_GREEN);
8
9     input   CLK;
10    input   RESET;
11    output  [1:8] ROW;
12    output  [1:8] COLUMN_RED;
13    output  [1:8] COLUMN_GREEN;
14
15    reg [1:8] ROW;
16    reg [1:8] PATTERN;
17    reg [9:0] DIVIDER;
18
19  /**********************
20   * time base generator *
21   **********************/
22
23    always @(posedge CLK or negedge RESET)
24
25      if (!RESET)
26        DIVIDER <= {8'h00, 2'b00};
27      else
28        DIVIDER <= DIVIDER + 1'b1;
29
30    assign SHIFT_CLK = DIVIDER[9];
31
32  /************************
33   * dot matrix led display *
34   ************************/
35
36    always @(posedge SHIFT_CLK or negedge RESET)
37
38      if (!RESET)
39        ROW <= 8'b01111111;
40      else
41        begin
42          ROW <= {ROW[8], ROW[1:7]};
43
```

```
44          case (ROW)
45              8'b01111111 : PATTERN <= 8'b00000000;
46              8'b10111111 : PATTERN <= 8'b00111100;
47              8'b11011111 : PATTERN <= 8'b00000000;
48              8'b11101111 : PATTERN <= 8'b00111100;
49              8'b11110111 : PATTERN <= 8'b00000000;
50              8'b11111011 : PATTERN <= 8'b11111111;
51              8'b11111101 : PATTERN <= 8'b00000000;
52              8'b11111110 : PATTERN <= 8'b00000000;
53              default     : PATTERN <= 8'b00000000;
54          endcase
55        end
56
57   assign COLUMN_GREEN = 8'hFF;
58   assign COLUMN_RED   = ~PATTERN;
59
60 endmodule
```

重點說明：

1. 行號 1～17 的功能與前面相同。

2. 行號 23～30 為一個除頻器，用以產生 LED 點矩陣的列 (ROW) 掃描時序
   SHIFT_CLK，其週期為：

   $$T = 25 \times 10^{-9} \times 2^{10} = 0.0256 \text{ msec}$$

3. 行號 36～42 為一個 LED 點矩陣的列 (ROW) 掃描電位產生器，其電路方塊圖
   如下：

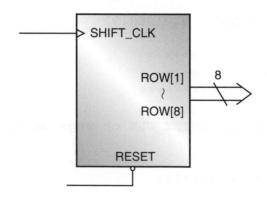

而其設計流程為：

(1) 當硬體電路發生重置 RESET 時，將列掃描的電位設定成 "01111111"，以便加入第一列 ROW[1] LED 點矩陣的陽極電壓 (行號 38～39)。

(2) 當列掃描時序發生正緣變化時 (行號 36)，將掃描電位向右邊旋轉一次 (行號 42)，以便產生加入下一列 LED 點矩陣的陽極電壓。

4. 行號 44～54 則依列掃描電位的指定，從行 (COLUMN) 加入所要顯示的字型。

5. 行號 57～58 則將電路內部的訊號線，分別接到輸出埠去控制彩色 LED 點矩陣，由於我們所要顯示的顏色為紅色，因此綠色 LED 不亮 (行號 57)。

電路設計實例二

檔案名稱：FIX_DISPLAY_16DIGS_YELLOW

電路功能描述

在彩色 LED 點矩陣上，不斷重覆固定顯示黃色的 0～F 等十六個字型。

實作目標

練習設計：

1. 除頻器，以便產生控制 LED 點矩陣所需要的時基 (time base)。

2. 唯讀記憶體 ROM，並在內部儲存所要顯示的字型。

3. LED 點矩陣的字型顯示電路。

控制電路方塊圖

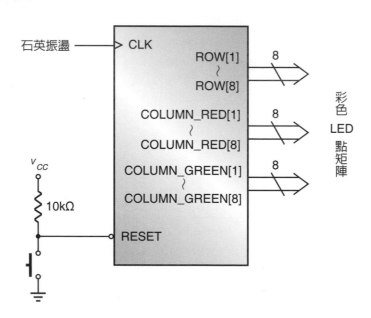

而其內部的詳細方塊如下：

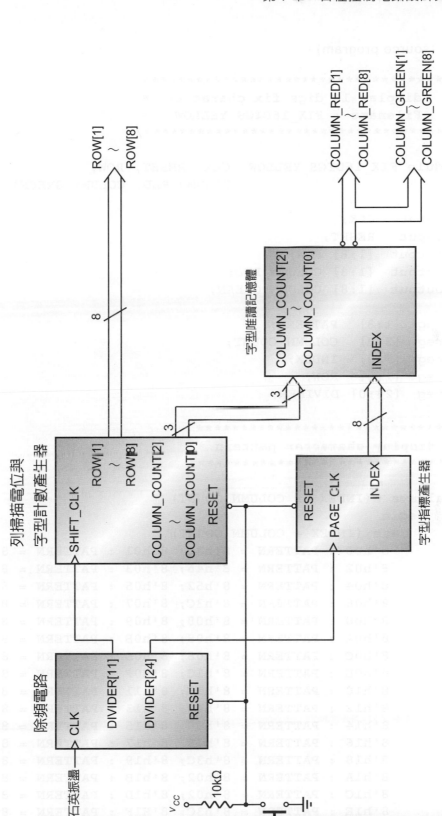

原始程式 (source program)：

```
1    /*********************************
2    *   display 16 digs fix character  *
3    *   Filename : FIX_16DIGS_YELLOW   *
4    *********************************/
5
6    module FIX_16DIGS_YELLOW (CLK, RESET, ROW,
7                              COLUMN_RED, COLUMN_GREEN);
8
9      input   CLK;
10     input   RESET;
11     output  [1:8] ROW;
12     output  [1:8] COLUMN_RED;
13     output  [1:8] COLUMN_GREEN;
14
15     reg  [1:8]   PATTERN;
16     reg  [2:0]   COLUMN_COUNT;
17     reg  [7:0]   INDEX;
18     reg  [1:8]   ROW;
19     reg  [24:0]  DIVIDER;
20
21   /*****************************
22   * display character pattern *
23   *****************************/
24
25     always @(INDEX or COLUMN_COUNT)
26       begin
27         case (INDEX + COLUMN_COUNT)
28           8'h00 : PATTERN = 8'h3C; 8'h01 : PATTERN = 8'h42; //0
29           8'h02 : PATTERN = 8'h46; 8'h03 : PATTERN = 8'h4A;
30           8'h04 : PATTERN = 8'h52; 8'h05 : PATTERN = 8'h62;
31           8'h06 : PATTERN = 8'h3C; 8'h07 : PATTERN = 8'h00;
32           8'h08 : PATTERN = 8'h08; 8'h09 : PATTERN = 8'h18; //1
33           8'h0A : PATTERN = 8'h08; 8'h0B : PATTERN = 8'h08;
34           8'h0C : PATTERN = 8'h08; 8'h0D : PATTERN = 8'h08;
35           8'h0E : PATTERN = 8'h1C; 8'H0F : PATTERN = 8'h00;
36           8'h10 : PATTERN = 8'h3C; 8'h11 : PATTERN = 8'h42; //2
37           8'h12 : PATTERN = 8'h42; 8'h13 : PATTERN = 8'h04;
38           8'h14 : PATTERN = 8'h08; 8'h15 : PATTERN = 8'h10;
39           8'h16 : PATTERN = 8'h7E; 8'h17 : PATTERN = 8'h00;
40           8'h18 : PATTERN = 8'h3C; 8'h19 : PATTERN = 8'h42; //3
41           8'h1A : PATTERN = 8'h02; 8'h1B : PATTERN = 8'h3C;
42           8'h1C : PATTERN = 8'h02; 8'h1D : PATTERN = 8'h42;
43           8'h1E : PATTERN = 8'h3C; 8'H1F : PATTERN = 8'h00;
```

```
44        8'h20 : PATTERN = 8'h1C; 8'h21 : PATTERN = 8'h24; //4
45        8'h22 : PATTERN = 8'h44; 8'h23 : PATTERN = 8'h44;
46        8'h24 : PATTERN = 8'h44; 8'h25 : PATTERN = 8'h7E;
47        8'h26 : PATTERN = 8'h04; 8'h27 : PATTERN = 8'h00;
48        8'h28 : PATTERN = 8'h7C; 8'h29 : PATTERN = 8'h40; //5
49        8'h2A : PATTERN = 8'h40; 8'h2B : PATTERN = 8'h7C;
50        8'h2C : PATTERN = 8'h02; 8'h2D : PATTERN = 8'h42;
51        8'h2E : PATTERN = 8'h3C; 8'H2F : PATTERN = 8'h00;
52        8'h30 : PATTERN = 8'h3C; 8'h31 : PATTERN = 8'h42; //6
53        8'h32 : PATTERN = 8'h40; 8'h33 : PATTERN = 8'h7C;
54        8'h34 : PATTERN = 8'h42; 8'h35 : PATTERN = 8'h42;
55        8'h36 : PATTERN = 8'h3C; 8'h37 : PATTERN = 8'h00;
56        8'h38 : PATTERN = 8'h3E; 8'h39 : PATTERN = 8'h02; //7
57        8'h3A : PATTERN = 8'h02; 8'h3B : PATTERN = 8'h04;
58        8'h3C : PATTERN = 8'h08; 8'h3D : PATTERN = 8'h08;
59        8'h3E : PATTERN = 8'h08; 8'h3F : PATTERN = 8'h00;
60        8'h40 : PATTERN = 8'h3C; 8'h41 : PATTERN = 8'h42; //8
61        8'h42 : PATTERN = 8'h42; 8'h43 : PATTERN = 8'h3C;
62        8'h44 : PATTERN = 8'h42; 8'h45 : PATTERN = 8'h42;
63        8'h46 : PATTERN = 8'h3C; 8'h17 : PATTERN = 8'h00;
64        8'h48 : PATTERN = 8'h3C; 8'h49 : PATTERN = 8'h42; //9
65        8'h4A : PATTERN = 8'h42; 8'h4B : PATTERN = 8'h3E;
66        8'h4C : PATTERN = 8'h02; 8'h4D : PATTERN = 8'h42;
67        8'h4E : PATTERN = 8'h3C; 8'H4F : PATTERN = 8'h00;
68        8'h50 : PATTERN = 8'h3C; 8'h51 : PATTERN = 8'h42; //A
69        8'h52 : PATTERN = 8'h42; 8'h53 : PATTERN = 8'h42;
70        8'h54 : PATTERN = 8'h7E; 8'h55 : PATTERN = 8'h42;
71        8'h56 : PATTERN = 8'h42; 8'h57 : PATTERN = 8'h00;
72        8'h58 : PATTERN = 8'h7C; 8'h59 : PATTERN = 8'h42; //B
73        8'h5A : PATTERN = 8'h42; 8'h5B : PATTERN = 8'h7C;
74        8'h5C : PATTERN = 8'h42; 8'h5D : PATTERN = 8'h42;
75        8'h5E : PATTERN = 8'h7C; 8'H5F : PATTERN = 8'h00;
76        8'h60 : PATTERN = 8'h3C; 8'h61 : PATTERN = 8'h42; //C
77        8'h62 : PATTERN = 8'h42; 8'h63 : PATTERN = 8'h40;
78        8'h64 : PATTERN = 8'h40; 8'h65 : PATTERN = 8'h42;
79        8'h66 : PATTERN = 8'h3C; 8'h67 : PATTERN = 8'h00;
80        8'h68 : PATTERN = 8'h7C; 8'h69 : PATTERN = 8'h42; //D
81        8'h6A : PATTERN = 8'h42; 8'h6B : PATTERN = 8'h42;
82        8'h6C : PATTERN = 8'h42; 8'h6D : PATTERN = 8'h42;
83        8'h6E : PATTERN = 8'h7C; 8'H6F : PATTERN = 8'h00;
84        8'h70 : PATTERN = 8'h7E; 8'h71 : PATTERN = 8'h40; //E
85        8'h72 : PATTERN = 8'h40; 8'h73 : PATTERN = 8'h7C;
86        8'h74 : PATTERN = 8'h40; 8'h75 : PATTERN = 8'h40;
87        8'h76 : PATTERN = 8'h7E; 8'h77 : PATTERN = 8'h00;
88        8'h78 : PATTERN = 8'h7E; 8'h79 : PATTERN = 8'h40; //F
```

```
89          8'h7A : PATTERN = 8'h40; 8'h7B : PATTERN = 8'h7C;
90          8'h7C : PATTERN = 8'h40; 8'h7D : PATTERN = 8'h40;
91          8'h7E : PATTERN = 8'h40; 8'H7F : PATTERN = 8'h00;
92        endcase
93      end
94
95   /************************
96    * time base generator *
97    ************************/
98
99     always @(posedge CLK or negedge RESET)
100      begin
101        if (!RESET)
102          DIVIDER <= {24'h000000, 1'b0};
103        else
104          DIVIDER <= DIVIDER + 1'b1;
105      end
106
107     assign SHIFT_CLK = DIVIDER[11];
108     assign PAGE_CLK  = DIVIDER[24];
109
110   /************************
111    * data index generator *
112    ************************/
113
114     always @(posedge PAGE_CLK or negedge RESET)
115      begin
116        if (!RESET)
117          INDEX <= 8'h00;
118        else
119          begin
120            INDEX <= INDEX + 4'h8;
121
122            if (INDEX == 8'h78)
123              INDEX   <= 8'h00;
124          end
125      end
126
127   /************************
128    * dot matrix led display *
129    ************************/
130
131     always@(posedge SHIFT_CLK or negedge RESET)
132      begin
133        if (!RESET)
```

```
134            begin
135              ROW   <= 8'b01111111;
136              COLUMN_COUNT <= 3'o0;
137            end
138          else
139            begin
140              ROW   <= {ROW[8], ROW[1:7]};
141              COLUMN_COUNT <= COLUMN_COUNT + 1'b1;
142            end
143       end
144
145   assign COLUMN_GREEN = ~PATTERN;
146   assign COLUMN_RED   = ~PATTERN;
147
148  endmodule;
```

重點說明：

1. 行號 1～19 的功能與前面相同。

2. 行號 25～93 為一顆內部已儲存所要顯示（高電位 1 亮，低電位 0 不亮）字型的唯讀記憶體 ROM。

3. 行號 99～108 為一個除頻器，用以產生點矩陣：

    (1) 列掃描頻率 SHIFT_CLK。

    (2) 一個字型的停留週期 (PAGE_CLK)：

    $$T = 25 \times 10^{-9} \times 2^{25} = 0.838 \text{ sec}$$

4. 行號 114～125 為一個顯示字型指標產生器，其電路方塊如下：

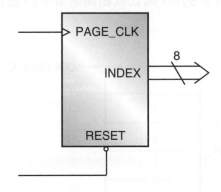

而其設計流程為：

    (1) 當電路發生重置 RESET 時，將記憶體指標 INDEX 清除為 0（行號 116 ～117），以便從記憶體的最前面開始讀取字型。

(2) 當字型顯示一個週期 (約 0.838 sec) 後,將字型指標的內容加 8,以便指向下一個顯示字型 (行號 120)。

(3) 如果字型指標的內容為 h78 時,表示 16 個字型已經全部顯示完畢,因此將其內容清除為 0 以指向最前面的字型,從頭開始顯示 (行號 122~123)。

5. 行號 131~143 為點矩陣字型掃描電路,其電路方塊如下:

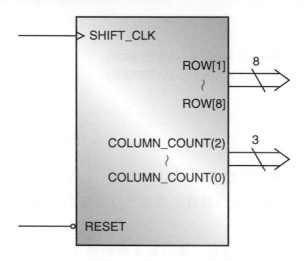

其中:

(1) ROW 為點矩陣列掃描電位的輸出 (參閱前面說明)。

(2) COLUMN_COUNT 為 3 位元的計數器,計數範圍為 $2^3 = 8$ (0~7),它是配合字型指標 INDEX 的內容到唯讀記憶體 ROM 內請取顯示字型,由於一個字型佔用 8 Byte,因此其範圍為 0~7,記憶體內容的實際讀取狀況,即如下圖所示:

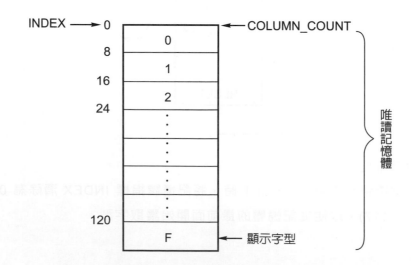

6. 行號 145～146 將電路內部的訊號線，分別接到輸出埠去控制彩色 LED 點矩陣，由於我們所要顯示的顏色為黃色，因此必須將所讀到的記憶體字型內容反相 (電路為 0 亮，實際的字型為 1 亮) 後，同時送到紅色與綠色的 LED 點矩陣上。

電路設計實例三

檔案名稱：BOTTOM_TOP_DISPLAY_14DIGS_YELLOW

電路功能描述

在彩色 LED 點矩陣上不斷的依次顯示 1～E 等十四個黃色字型，並由下往上移位。

實作目標

練習設計：

1. 除頻器，以便產生控制 LED 點矩陣所需要的時基 (time base)。

2. 唯讀記憶體 ROM，並在內部儲存所要顯示的字型。

3. LED 點矩陣的字型顯示電路。

控制電路方塊圖

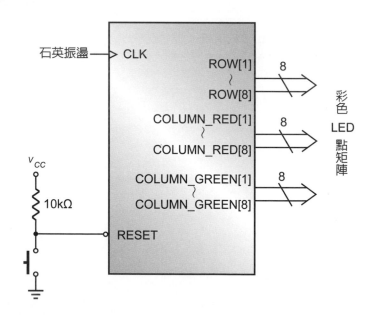

而其內部的詳細方塊與上一個"電路設計實例二"相同。

原始程式 (source program)：

```
 1   /****************************************
 2   *      yellow dot matrix shift from *
 3   * bottom to top ('1' to 'E' 14 digs)  *
 4   *      Filename : BOTTOM_TOP_14DIGS       *
 5   ****************************************/
 6
 7   module BOTTOM_TOP_14DIGS (CLK, RESET, ROW,
 8                             COLUMN_RED, COLUMN_GREEN);
 9
10     input  CLK;
11     input  RESET;
12     output [1:8] ROW;
13     output [1:8] COLUMN_RED;
14     output [1:8] COLUMN_GREEN;
15
16     reg  [1:8]  PATTERN;
17     reg  [2:0]  COLUMN_COUNT;
18     reg  [7:0]  INDEX;
19     reg  [1:8]  ROW;
20     reg  [22:0] DIVIDER;
21
22   /****************************
23   * display character pattern *
24   ****************************/
25
26     always @(INDEX or COLUMN_COUNT)
27       begin
28         case (INDEX + COLUMN_COUNT)
29           8'h00 : PATTERN = 8'h00; 8'h01 : PATTERN = 8'h00;// BLANK
30           8'h02 : PATTERN = 8'h00; 8'h03 : PATTERN = 8'h00;
31           8'h04 : PATTERN = 8'h00; 8'h05 : PATTERN = 8'h00;
32           8'h06 : PATTERN = 8'h00; 8'h07 : PATTERN = 8'h00;
33           8'h08 : PATTERN = 8'h08; 8'h09 : PATTERN = 8'h18;// 1
34           8'h0A : PATTERN = 8'h08; 8'h0B : PATTERN = 8'h08;
35           8'h0C : PATTERN = 8'h08; 8'h0D : PATTERN = 8'h08;
36           8'h0E : PATTERN = 8'h1C; 8'H0F : PATTERN = 8'h00;
37           8'h10 : PATTERN = 8'h3C; 8'h11 : PATTERN = 8'h42;// 2
38           8'h12 : PATTERN = 8'h42; 8'h13 : PATTERN = 8'h04;
39           8'h14 : PATTERN = 8'h08; 8'h15 : PATTERN = 8'h10;
40           8'h16 : PATTERN = 8'h7E; 8'h17 : PATTERN = 8'h00;
41           8'h18 : PATTERN = 8'h3C; 8'h19 : PATTERN = 8'h42;// 3
42           8'h1A : PATTERN = 8'h02; 8'h1B : PATTERN = 8'h3C;
43           8'h1C : PATTERN = 8'h02; 8'h1D : PATTERN = 8'h42;
```

```
44          8'h1E : PATTERN = 8'h3C; 8'H1F : PATTERN = 8'h00;
45          8'h20 : PATTERN = 8'h1C; 8'h21 : PATTERN = 8'h24;// 4
46          8'h22 : PATTERN = 8'h44; 8'h23 : PATTERN = 8'h44;
47          8'h24 : PATTERN = 8'h44; 8'h25 : PATTERN = 8'h7E;
48          8'h26 : PATTERN = 8'h04; 8'h27 : PATTERN = 8'h00;
49          8'h28 : PATTERN = 8'h7C; 8'h29 : PATTERN = 8'h40;// 5
50          8'h2A : PATTERN = 8'h40; 8'h2B : PATTERN = 8'h7C;
51          8'h2C : PATTERN = 8'h02; 8'h2D : PATTERN = 8'h42;
52          8'h2E : PATTERN = 8'h3C; 8'H2F : PATTERN = 8'h00;
53          8'h30 : PATTERN = 8'h3C; 8'h31 : PATTERN = 8'h42;// 6
54          8'h32 : PATTERN = 8'h40; 8'h33 : PATTERN = 8'h7C;
55          8'h34 : PATTERN = 8'h42; 8'h35 : PATTERN = 8'h42;
56          8'h36 : PATTERN = 8'h3C; 8'h37 : PATTERN = 8'h00;
57          8'h38 : PATTERN = 8'h3E; 8'h39 : PATTERN = 8'h02;// 7
58          8'h3A : PATTERN = 8'h02; 8'h3B : PATTERN = 8'h04;
59          8'h3C : PATTERN = 8'h08; 8'h3D : PATTERN = 8'h08;
60          8'h3E : PATTERN = 8'h08; 8'h3F : PATTERN = 8'h00;
61          8'h40 : PATTERN = 8'h3C; 8'h41 : PATTERN = 8'h42;// 8
62          8'h42 : PATTERN = 8'h42; 8'h43 : PATTERN = 8'h3C;
63          8'h44 : PATTERN = 8'h42; 8'h45 : PATTERN = 8'h42;
64          8'h46 : PATTERN = 8'h3C; 8'h47 : PATTERN = 8'h00;
65          8'h48 : PATTERN = 8'h3C; 8'h49 : PATTERN = 8'h42;// 9
66          8'h4A : PATTERN = 8'h42; 8'h4B : PATTERN = 8'h3E;
67          8'h4C : PATTERN = 8'h02; 8'h4D : PATTERN = 8'h42;
68          8'h4E : PATTERN = 8'h3C; 8'H4F : PATTERN = 8'h00;
69          8'h50 : PATTERN = 8'h3C; 8'h51 : PATTERN = 8'h42;// A
70          8'h52 : PATTERN = 8'h42; 8'h53 : PATTERN = 8'h42;
71          8'h54 : PATTERN = 8'h7E; 8'h55 : PATTERN = 8'h42;
72          8'h56 : PATTERN = 8'h42; 8'h57 : PATTERN = 8'h00;
73          8'h58 : PATTERN = 8'h7C; 8'h59 : PATTERN = 8'h42;// B
74          8'h5A : PATTERN = 8'h42; 8'h5B : PATTERN = 8'h7C;
75          8'h5C : PATTERN = 8'h42; 8'h5D : PATTERN = 8'h42;
76          8'h5E : PATTERN = 8'h7C; 8'H5F : PATTERN = 8'h00;
77          8'h60 : PATTERN = 8'h3C; 8'h61 : PATTERN = 8'h42;// C
78          8'h62 : PATTERN = 8'h42; 8'h63 : PATTERN = 8'h40;
79          8'h64 : PATTERN = 8'h40; 8'h65 : PATTERN = 8'h42;
80          8'h66 : PATTERN = 8'h3C; 8'h67 : PATTERN = 8'h00;
81          8'h68 : PATTERN = 8'h7C; 8'h69 : PATTERN = 8'h42;// D
82          8'h6A : PATTERN = 8'h42; 8'h6B : PATTERN = 8'h42;
83          8'h6C : PATTERN = 8'h42; 8'h6D : PATTERN = 8'h42;
84          8'h6E : PATTERN = 8'h7C; 8'H6F : PATTERN = 8'h00;
85          8'h70 : PATTERN = 8'h7E; 8'h71 : PATTERN = 8'h40;// E
86          8'h72 : PATTERN = 8'h40; 8'h73 : PATTERN = 8'h7C;
87          8'h74 : PATTERN = 8'h40; 8'h75 : PATTERN = 8'h40;
88          8'h76 : PATTERN = 8'h7E; 8'h77 : PATTERN = 8'h00;
```

```verilog
89          8'h78 : PATTERN = 8'h00; 8'h79 : PATTERN = 8'h00;//BLANK
90          8'h7A : PATTERN = 8'h00; 8'h7B : PATTERN = 8'h00;
91          8'h7C : PATTERN = 8'h00; 8'h7D : PATTERN = 8'h00;
92          8'h7E : PATTERN = 8'h00; 8'H7F : PATTERN = 8'h00;
93        endcase
94    end
95
96
97  /***********************
98   * time base generator *
99   ***********************/
100
101   always @(posedge CLK or negedge RESET)
102     begin
103       if (!RESET)
104         DIVIDER <= {20'h00000, 3'o0};
105       else
106         DIVIDER <= DIVIDER + 1'b1;
107     end
108
109   assign SHIFT_CLK = DIVIDER[11];
110   assign PAGE_CLK  = DIVIDER[22];
111
112  /************************
113   * data index generator *
114   ***********************/
115
116   always @(posedge PAGE_CLK or negedge RESET)
117     begin
118       if (!RESET)
119         INDEX <= 8'h00;
120       else
121         begin
122           INDEX <= INDEX + 1'b1;
123
124           if (INDEX == 8'h78)
125             INDEX <= 8'h00;
126         end
127     end
128
129  /************************
130   * dot matrix led display *
131   ***********************/
132
133   always@(posedge SHIFT_CLK or negedge RESET)
```

```
134      begin
135        if (!RESET)
136          begin
137            ROW  <= 8'b01111111;
138            COLUMN_COUNT <= 3'o0;
139          end
140        else
141          begin
142            ROW  <= {ROW[8], ROW[1:7]};
143            COLUMN_COUNT <= COLUMN_COUNT + 1'b1;
144          end
145      end
146
147    assign COLUMN_GREEN = ~PATTERN;
148    assign COLUMN_RED   = ~PATTERN;
149
150  endmodule
```

重點說明：

本程式的描述與電路設計實例二幾乎相同，而其唯一不同之處在於行號 122，本實例在進行顯示指標 INDEX 的內容調整時，每次只將它加 1 (實例二加 8)，其原因如下：

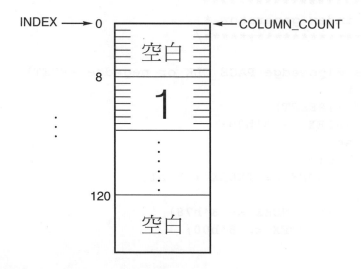

實例二內由於每顯示一個字型後，必須換下一個字型，每一個字型佔 8 Byte，因此顯示指標每次加 8，本實例每顯示一個畫面之後，下一個畫面只是往上移一列 (ROW) 而已，因此於行號 122 內顯示指標 INDEX 只要加 1。

電路設計實例四

檔案名稱：TRAFFIC_GREEN_WALKING_MAN_SPEED

電路功能描述

在彩色 LED 點矩陣上顯示一個正在行走的小綠人，而其行走速度則依倒數計數器的內容來決定 (範圍為 h70～h00)，當：

1. 計數器內容在 h20 以下時則快走。
2. 計數器內容在 h20 以上時則慢走。

實作目標

練習設計：

1. 除頻器，以便產生控制 LED 點矩陣所需要的時基 (time base)。
2. 唯讀記憶體 ROM，並在內部儲存所要顯示的小綠人圖形。
3. 倒數計數器與速度控制器。
4. LED 點矩陣顯示電路。

控制電路方塊圖

與前面實例相同。

而其詳細的內部方塊電路如下：

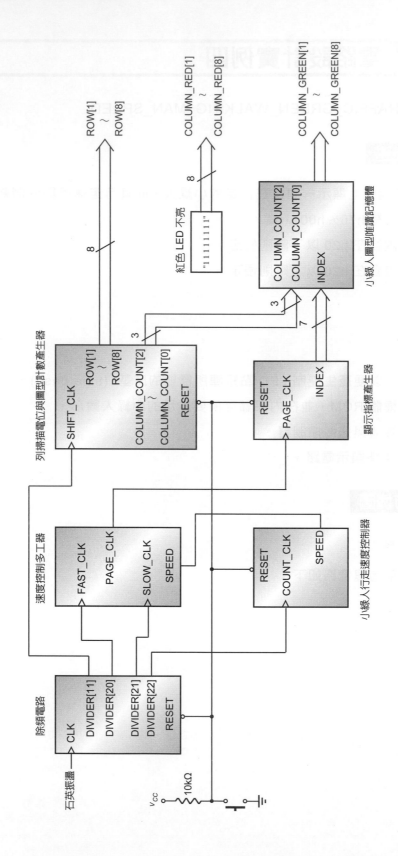

原始程式 (source program)：

```
 1   /************************************
 2    * green walking man in traffic light *
 3    *    Filename : GREEN_WALKING_MAN       *
 4    ***********************************/
 5
 6   module GREEN_WALKING_MAN(CLK, RESET, ROW,
 7                            COLUMN_RED, COLUMN_GREEN);
 8
 9     input  CLK;
10     input  RESET;
11     output [1:8] ROW;
12     output [1:8] COLUMN_RED;
13     output [1:8] COLUMN_GREEN;
14
15     reg  [1:8]  PATTERN;
16     reg  [6:0]  COUNTER;
17     reg  [2:0]  COLUMN_COUNT;
18     reg  [6:0]  INDEX;
19     reg  [1:8]  ROW;
20     reg  [22:0] DIVIDER;
21     reg         SPEED;
22
23   /***************************
24    * display green man pattern *
25    ***************************/
26
27     always @(INDEX or COLUMN_COUNT)
28       begin
29         case (INDEX + COLUMN_COUNT)
30           7'h00 : PATTERN = 8'hCF; 7'h01 : PATTERN = 8'hCF; // 1
31           7'h02 : PATTERN = 8'hE7; 7'h03 : PATTERN = 8'hCB;
32           7'h04 : PATTERN = 8'hAD; 7'h05 : PATTERN = 8'hD7;
33           7'h06 : PATTERN = 8'hBB; 7'h07 : PATTERN = 8'hBD;
34           7'h08 : PATTERN = 8'hCF; 7'h09 : PATTERN = 8'hCF; // 2
35           7'h0A : PATTERN = 8'hE7; 7'h0B : PATTERN = 8'hCB;
36           7'h0C : PATTERN = 8'hAD; 7'h0D : PATTERN = 8'hD7;
37           7'h0E : PATTERN = 8'hDB; 7'H0F : PATTERN = 8'hDF;
38           7'h10 : PATTERN = 8'hCF; 7'h11 : PATTERN = 8'hCF; // 3
39           7'h12 : PATTERN = 8'hE7; 7'h13 : PATTERN = 8'hCB;
40           7'h14 : PATTERN = 8'hE3; 7'h15 : PATTERN = 8'hD7;
41           7'h16 : PATTERN = 8'hD3; 7'h17 : PATTERN = 8'hDB;
42           7'h18 : PATTERN = 8'hCF; 7'h19 : PATTERN = 8'hCF; // 4
43           7'h1A : PATTERN = 8'hE7; 7'h1B : PATTERN = 8'hCB;
44           7'h1C : PATTERN = 8'hE3; 7'h1D : PATTERN = 8'hD7;
```

```
45          7'h1E : PATTERN = 8'hD3;  7'H1F : PATTERN = 8'hDB;
46          7'h20 : PATTERN = 8'hCF;  7'h21 : PATTERN = 8'hCF;  // 5
47          7'h22 : PATTERN = 8'hE7;  7'h23 : PATTERN = 8'hCB;
48          7'h24 : PATTERN = 8'hC7;  7'h25 : PATTERN = 8'hE7;
49          7'h26 : PATTERN = 8'hE3;  7'h27 : PATTERN = 8'hEB;
50          7'h28 : PATTERN = 8'hCF;  7'h29 : PATTERN = 8'hCF;  // 6
51          7'h2A : PATTERN = 8'hE7;  7'h2B : PATTERN = 8'hC7;
52          7'h2C : PATTERN = 8'hC7;  7'h2D : PATTERN = 8'hE7;
53          7'h2E : PATTERN = 8'hE7;  7'H2F : PATTERN = 8'hE7;
54          7'h30 : PATTERN = 8'hCF;  7'h31 : PATTERN = 8'hCF;  // 7
55          7'h32 : PATTERN = 8'hE7;  7'h33 : PATTERN = 8'hCF;
56          7'h34 : PATTERN = 8'hE7;  7'h35 : PATTERN = 8'hE7;
57          7'h36 : PATTERN = 8'hC7;  7'h37 : PATTERN = 8'hE7;
58          7'h38 : PATTERN = 8'hCF;  7'h39 : PATTERN = 8'hCF;  // 8
59          7'h3A : PATTERN = 8'hE7;  7'h3B : PATTERN = 8'hEB;
60          7'h3C : PATTERN = 8'hC7;  7'h3D : PATTERN = 8'hE7;
61          7'h3E : PATTERN = 8'hC7;  7'h3F : PATTERN = 8'hCB;
62          7'h40 : PATTERN = 8'hCF;  7'h41 : PATTERN = 8'hCF;  // 9
63          7'h42 : PATTERN = 8'hE7;  7'h43 : PATTERN = 8'hCB;
64          7'h44 : PATTERN = 8'hC3;  7'h45 : PATTERN = 8'hE7;
65          7'h46 : PATTERN = 8'hC7;  7'h47 : PATTERN = 8'hDB;
66          7'h48 : PATTERN = 8'hCF;  7'h49 : PATTERN = 8'hCF;  // 10
67          7'h4A : PATTERN = 8'hE7;  7'h4B : PATTERN = 8'hCB;
68          7'h4C : PATTERN = 8'hA5;  7'h4D : PATTERN = 8'hE7;
69          7'h4E : PATTERN = 8'h3C;  7'HD7 : PATTERN = 8'hDB;
70          7'h50 : PATTERN = 8'hCF;  7'h51 : PATTERN = 8'hCF;  // 11
71          7'h52 : PATTERN = 8'hE7;  7'h53 : PATTERN = 8'hCB;
72          7'h54 : PATTERN = 8'hA5;  7'h55 : PATTERN = 8'hC7;
73          7'h56 : PATTERN = 8'hD7;  7'h57 : PATTERN = 8'h9B;
74          7'h58 : PATTERN = 8'hCF;  7'h59 : PATTERN = 8'hCF;  // 12
75          7'h5A : PATTERN = 8'hE7;  7'h5B : PATTERN = 8'h81;
76          7'h5C : PATTERN = 8'hA5;  7'h5D : PATTERN = 8'hC7;
77          7'h5E : PATTERN = 8'h9B;  7'H5F : PATTERN = 8'hBD;
78      endcase
79    end
80
81 /***********************
82 * time base generator *
83 ***********************/
84
85   always @(posedge CLK or negedge RESET)
86     begin
87       if (!RESET)
88         DIVIDER <= {20'h00000, 3'o0};
89       else
90         DIVIDER <= DIVIDER + 1'b1;
```

```
 91        end
 92
 93    assign SHIFT_CLK  =  DIVIDER[11];
 94    assign FAST_CLK   =  DIVIDER[20];
 95    assign SLOW_CLK   =  DIVIDER[21];
 96    assign COUNT_CLK  =  DIVIDER[22];
 97    assign PAGE_CLK   =  SPEED ? SLOW_CLK : FAST_CLK;
 98
 99  /************************
100   * data index generator *
101   ************************/
102
103    always @(posedge PAGE_CLK or negedge RESET)
104      begin
105        if (!RESET)
106          INDEX <= {6'o00, 1'b0};
107        else
108          begin
109            INDEX <= INDEX + 4'h8;
110
111            if (INDEX == 7'h58)
112              INDEX    <= 7'h00;
113          end
114      end
115
116  /************************
117   * walking speed control *
118   ************************/
119
120    always @(posedge COUNT_CLK or negedge RESET)
121      begin
122        if (!RESET)
123          begin
124            COUNTER <= {3'o7, 4'h0};
125            SPEED   <= 1'b1;
126          end
127        else
128          begin
129            if (COUNTER == 7'h00)
130              COUNTER    <= {3'o7, 4'h0};
131            else
132              COUNTER <= COUNTER - 1'b1;
133
134            if (COUNTER < 7'h20)
135              SPEED      <= 1'b0;
136            else
```

```
137              SPEED <= 1'b1;
138         end
139    end
140
141  /**************************
142   * dot matrix led display *
143   **************************/
144
145   always@(posedge SHIFT_CLK or negedge RESET)
146     begin
147       if (!RESET)
148         begin
149           ROW  <= 8'b01111111;
150           COLUMN_COUNT <= 3'o0;
151         end
152       else
153         begin
154           ROW  <= {ROW[8], ROW[1:7]};
155           COLUMN_COUNT <= COLUMN_COUNT + 1'b1;
156         end
157     end
158
159   assign COLUMN_GREEN = PATTERN;
160   assign COLUMN_RED   = 8'hFF;
161
162  endmodule
```

重點說明：

1. 行號 1～21 的功能與前面相同。

2. 行號 27～79 為一個唯讀記憶體，內部儲存了 12 張小綠人走路的分解圖形 (讀者可以自行將分解圖形點出來看看)。

3. 行號 85～96 為除頻電路，用以產生控制點矩陣顯示所需要的所有時基 (time base)，其電路方塊如下：

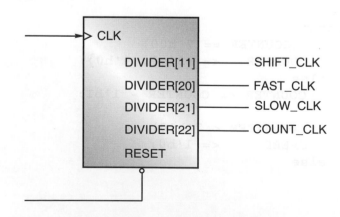

其中：

　　(1)　SHIFT_CLK：點矩陣的列掃描時序。

　　(2)　FAST_CLK：小綠人快速顯示時序。

　　(3)　SLOW_CLK：小綠人慢速顯示時序。

　　(4)　COUNT_CLK：倒數計數器的計數時序。

4.　行號 97 為一個畫面顯示週期產生器，其動作方塊如下：

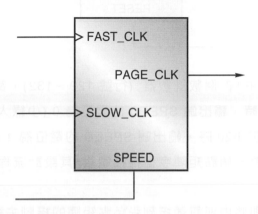

當選擇訊號 SPEED 的電位：

　0：選擇快速時序　FAST_CLK

　1：選擇慢速時序　SLOW_CLK

5.　行號 103～114 為一個顯示指標產生器，其方塊圖如下：

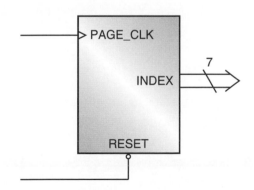

其設計流程與前面的實例二相同，請自己參閱。

6. 行號 120～139 為一個小綠人行走的速度控制器,其電路方塊圖如下:

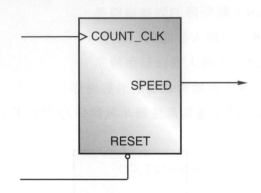

它是一個 h70～h00 的倒數計數器 (行號 129～132),當計數器的內容:

(1) 小於 h20 時,輸出端 SPEED 的電位為 0 (小綠人快速行走)。

(2) 大於或等於 h20 時,輸出端 SPEED 的電位為 1 (小綠人慢速行走)。

7. 行號 145～157 為一個點矩陣字型掃描電路,其設計流程和說明與前面實例二相同,請自行參閱。

8. 行號 159～160 則將內部訊號接到彩色點矩陣的接腳去控制。

電路設計實例五

檔案名稱：DYNAMIC_PATTERN_DISPLAY_RED

電路功能描述

在彩色 LED 點矩陣上顯示一連串的動態畫面 (紅色)。

實作目標

練習設計：

1. 除頻器，以便產生控制 LED 點矩陣所需要的時基 (time base)。

2. 唯讀記憶體 ROM，並在內部儲存所要顯示的動態圖型。

3. LED 點矩陣顯示電路。

控制電路方塊圖

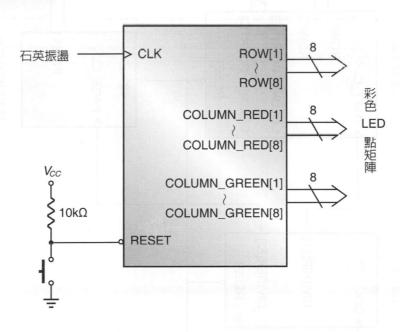

而其內部的詳細方塊圖如下：

數位邏輯設計與晶片實務(Verilog)

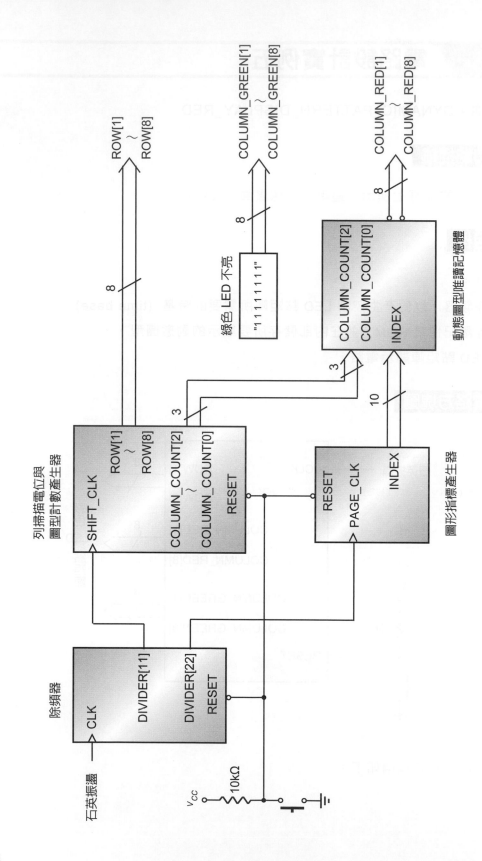

7-148

原始程式 (source program)：

```
1   /*********************************
2    * red dynamic pattern display    *
3    * Filename : DYNAMIC_DISPLAY_RED *
4    *********************************/
5
6   module DYNAMIC_DISPLAY_RED (CLK, RESET, ROW,
7                               COLUMN_RED, COLUMN_GREEN);
8
9     input  CLK;
10    input  RESET;
11    output [1:8] ROW;
12    output [1:8] COLUMN_RED;
13    output [1:8] COLUMN_GREEN;
14
15    reg [1:8]  PATTERN;
16    reg [2:0]  COLUMN_COUNT;
17    reg [9:0]  INDEX;
18    reg [1:8]  ROW;
19    reg [22:0] DIVIDER;
20
21  /***************************
22   * display dynamic pattern *
23   ***************************/
24
25    always @(INDEX or COLUMN_COUNT)
26      begin
27        case (INDEX + COLUMN_COUNT)
28          10'h000 : PATTERN = 8'h00; 10'h001 : PATTERN = 8'h00;//1
29          10'h002 : PATTERN = 8'h00; 10'h003 : PATTERN = 8'h00;
30          10'h004 : PATTERN = 8'h00; 10'h005 : PATTERN = 8'h00;
31          10'h006 : PATTERN = 8'h00; 10'h007 : PATTERN = 8'h00;
32          10'h008 : PATTERN = 8'h00; 10'h009 : PATTERN = 8'h00;//2
33          10'h00A : PATTERN = 8'h00; 10'h00B : PATTERN = 8'h18;
34          10'h00C : PATTERN = 8'h18; 10'h00D : PATTERN = 8'h00;
35          10'h00E : PATTERN = 8'h00; 10'h00F : PATTERN = 8'h00;
36          10'h010 : PATTERN = 8'h00; 10'h011 : PATTERN = 8'h00;//3
37          10'h012 : PATTERN = 8'h3C; 10'h013 : PATTERN = 8'h24;
38          10'h014 : PATTERN = 8'h24; 10'h015 : PATTERN = 8'h3C;
39          10'h016 : PATTERN = 8'h00; 10'h017 : PATTERN = 8'h00;
40          10'h018 : PATTERN = 8'h00; 10'h019 : PATTERN = 8'h7E;//4
41          10'h01A : PATTERN = 8'h42; 10'h01B : PATTERN = 8'h42;
42          10'h01C : PATTERN = 8'h42; 10'h01D : PATTERN = 8'h42;
43          10'h01E : PATTERN = 8'h7E; 10'h01F : PATTERN = 8'h00;
```

```
44          10'h020 :  PATTERN =  8'hFF;  10'h021 :  PATTERN =  8'h81;//5
45          10'h022 :  PATTERN =  8'h81;  10'h023 :  PATTERN =  8'h81;
46          10'h024 :  PATTERN =  8'h81;  10'h025 :  PATTERN =  8'h81;
47          10'h026 :  PATTERN =  8'h81;  10'h027 :  PATTERN =  8'hFF;
48          10'h028 :  PATTERN =  8'h00;  10'h029 :  PATTERN =  8'h7E;//6
49          10'h02A :  PATTERN =  8'h42;  10'h02B :  PATTERN =  8'h42;
50          10'h02C :  PATTERN =  8'h42;  10'h02D :  PATTERN =  8'h42;
51          10'h02E :  PATTERN =  8'h7E;  10'h02F :  PATTERN =  8'h00;
52          10'h030 :  PATTERN =  8'h00;  10'h031 :  PATTERN =  8'h00;//7
53          10'h032 :  PATTERN =  8'h3C;  10'h033 :  PATTERN =  8'h24;
54          10'h034 :  PATTERN =  8'h24;  10'h035 :  PATTERN =  8'h3C;
55          10'h036 :  PATTERN =  8'h00;  10'h037 :  PATTERN =  8'h00;
56          10'h038 :  PATTERN =  8'h00;  10'h039 :  PATTERN =  8'h00;//8
57          10'h03A :  PATTERN =  8'h00;  10'h03B :  PATTERN =  8'h18;
58          10'h03C :  PATTERN =  8'h18;  10'h03D :  PATTERN =  8'h00;
59          10'h03E :  PATTERN =  8'h00;  10'h03F :  PATTERN =  8'h00;
60          10'h040 :  PATTERN =  8'h00;  10'h041 :  PATTERN =  8'h00;//9
61          10'h042 :  PATTERN =  8'h00;  10'h043 :  PATTERN =  8'h00;
62          10'h044 :  PATTERN =  8'h00;  10'h045 :  PATTERN =  8'h00;
63          10'h046 :  PATTERN =  8'h00;  10'h047 :  PATTERN =  8'h00;
64          10'h048 :  PATTERN =  8'h00;  10'h049 :  PATTERN =  8'h00;//1
65          10'h04A :  PATTERN =  8'h00;  10'h04B :  PATTERN =  8'h08;
66          10'h04C :  PATTERN =  8'h10;  10'h04D :  PATTERN =  8'h00;
67          10'h04E :  PATTERN =  8'h00;  10'h04F :  PATTERN =  8'h00;
68          10'h050 :  PATTERN =  8'h00;  10'h051 :  PATTERN =  8'h00;//1
69          10'h052 :  PATTERN =  8'h04;  10'h053 :  PATTERN =  8'h08;
70          10'h054 :  PATTERN =  8'h10;  10'h055 :  PATTERN =  8'h20;
71          10'h056 :  PATTERN =  8'h00;  10'h057 :  PATTERN =  8'h00;
72          10'h058 :  PATTERN =  8'h00;  10'h059 :  PATTERN =  8'h02;//1
73          10'h05A :  PATTERN =  8'h04;  10'h05B :  PATTERN =  8'h08;
74          10'h05C :  PATTERN =  8'h10;  10'h05D :  PATTERN =  8'h20;
75          10'h05E :  PATTERN =  8'h40;  10'h05F :  PATTERN =  8'h00;
76          10'h060 :  PATTERN =  8'h01;  10'h061 :  PATTERN =  8'h02;//1
77          10'h062 :  PATTERN =  8'h04;  10'h063 :  PATTERN =  8'h08;
78          10'h064 :  PATTERN =  8'h10;  10'h065 :  PATTERN =  8'h20;
79          10'h066 :  PATTERN =  8'h40;  10'h067 :  PATTERN =  8'h80;
80          10'h068 :  PATTERN =  8'h01;  10'h069 :  PATTERN =  8'h02;//1
81          10'h06A :  PATTERN =  8'h04;  10'h06B :  PATTERN =  8'h18;
82          10'h06C :  PATTERN =  8'h18;  10'h06D :  PATTERN =  8'h20;
83          10'h06E :  PATTERN =  8'h40;  10'h06F :  PATTERN =  8'h80;
84          10'h070 :  PATTERN =  8'h01;  10'h071 :  PATTERN =  8'h02;//1
85          10'h072 :  PATTERN =  8'h24;  10'h073 :  PATTERN =  8'h18;
86          10'h074 :  PATTERN =  8'h18;  10'h075 :  PATTERN =  8'h24;
87          10'h076 :  PATTERN =  8'h40;  10'h077 :  PATTERN =  8'h80;
88          10'h078 :  PATTERN  =  8'h01; 10'h079 :  PATTERN =  8'h42;//1
```

```
 89          10'h07A : PATTERN =  8'h24; 10'h07B : PATTERN =  8'h18;
 90          10'h07C : PATTERN =  8'h18; 10'h07D : PATTERN =  8'h24;
 91          10'h07E : PATTERN =  8'h42; 10'h07F : PATTERN =  8'h80;
 92          10'h080 : PATTERN =  8'h81; 10'h081 : PATTERN =  8'h42;//17
 93          10'h082 : PATTERN =  8'h24; 10'h083 : PATTERN =  8'h18;
 94          10'h084 : PATTERN =  8'h18; 10'h085 : PATTERN =  8'h24;
 95          10'h086 : PATTERN =  8'h42; 10'h087 : PATTERN =  8'h81;
 96          10'h088 : PATTERN =  8'h02; 10'h089 : PATTERN =  8'h84;//18
 97          10'h08A : PATTERN =  8'h48; 10'h08B : PATTERN =  8'h38;
 98          10'h08C : PATTERN =  8'h1C; 10'h08D : PATTERN =  8'h12;
 99          10'h08E : PATTERN =  8'h21; 10'h08F : PATTERN =  8'h40;
100          10'h090 : PATTERN =  8'h04; 10'h091 : PATTERN =  8'h08;//19
101          10'h092 : PATTERN =  8'h90; 10'h093 : PATTERN =  8'h5C;
102          10'h094 : PATTERN =  8'h3A; 10'h095 : PATTERN =  8'h09;
103          10'h096 : PATTERN =  8'h10; 10'h097 : PATTERN =  8'h20;
104          10'h098 : PATTERN =  8'h10; 10'h099 : PATTERN =  8'h20;//20
105          10'h09A : PATTERN =  8'h10; 10'h09B : PATTERN =  8'h1A;
106          10'h09C : PATTERN =  8'hBD; 10'h09D : PATTERN =  8'h28;
107          10'h09E : PATTERN =  8'h04; 10'h09F : PATTERN =  8'h08;
108          10'h0A0 : PATTERN =  8'h20; 10'h0A1 : PATTERN =  8'h42;//21
109          10'h0A2 : PATTERN =  8'h25; 10'h0A3 : PATTERN =  8'h18;
110          10'h0A4 : PATTERN =  8'h18; 10'h0A5 : PATTERN =  8'hA4;
111          10'h0A6 : PATTERN =  8'h42; 10'h0A7 : PATTERN =  8'h04;
112          10'h0A8 : PATTERN =  8'h40; 10'h0A9 : PATTERN =  8'h43;//22
113          10'h0AA : PATTERN =  8'h24; 10'h0AB : PATTERN =  8'h1C;
114          10'h0AC : PATTERN =  8'h18; 10'h0AD : PATTERN =  8'h24;
115          10'h0AE : PATTERN =  8'hC2; 10'h0AF : PATTERN =  8'h02;
116          10'h0B0 : PATTERN =  8'h81; 10'h0B1 : PATTERN =  8'h42;//23
117          10'h0B2 : PATTERN =  8'h24; 10'h0B3 : PATTERN =  8'h18;
118          10'h0B4 : PATTERN =  8'h18; 10'h0B5 : PATTERN =  8'h24;
119          10'h0B6 : PATTERN =  8'h42; 10'h0B7 : PATTERN =  8'h81;
120          10'h0B8 : PATTERN =  8'h02; 10'h0B9 : PATTERN =  8'h84;//24
121          10'h0BA : PATTERN =  8'h48; 10'h0BB : PATTERN =  8'h38;
122          10'h0BC : PATTERN =  8'h1C; 10'h0BD : PATTERN =  8'h12;
123          10'h0BE : PATTERN =  8'h21; 10'h0BF : PATTERN =  8'h40;
124          10'h0C0 : PATTERN =  8'h04; 10'h0C1 : PATTERN =  8'h08;//25
125          10'h0C2 : PATTERN =  8'h90; 10'h0C3 : PATTERN =  8'h5C;
126          10'h0C4 : PATTERN =  8'h3A; 10'h0C5 : PATTERN =  8'h09;
127          10'h0C6 : PATTERN =  8'h10; 10'h0C7 : PATTERN =  8'h20;
128          10'h0C8 : PATTERN =  8'h10; 10'h0C9 : PATTERN =  8'h20;//26
129          10'h0CA : PATTERN =  8'h10; 10'h0CB : PATTERN =  8'h1A;
130          10'h0CC : PATTERN =  8'hBD; 10'h0CD : PATTERN =  8'h28;
131          10'h0CE : PATTERN =  8'h04; 10'h0CF : PATTERN =  8'h08;
132          10'h0D0 : PATTERN =  8'h20; 10'h0D1 : PATTERN =  8'h42;//27
133          10'h0D2 : PATTERN =  8'h25; 10'h0D3 : PATTERN =  8'h18;
```

```
134          10'h0D4 : PATTERN = 8'h18; 10'h0D5 : PATTERN = 8'hA4;
135          10'h0D6 : PATTERN = 8'h42; 10'h0D7 : PATTERN = 8'h04;
136          10'h0D8 : PATTERN = 8'h40; 10'h0D9 : PATTERN = 8'h43;//2
137          10'h0DA : PATTERN = 8'h24; 10'h0DB : PATTERN = 8'h1C;
138          10'h0DC : PATTERN = 8'h18; 10'h0DD : PATTERN = 8'h24;
139          10'h0DE : PATTERN = 8'hC2; 10'h0DF : PATTERN = 8'h02;
140          10'h0E0 : PATTERN = 8'h81; 10'h0E1 : PATTERN = 8'h42;//2
141          10'h0E2 : PATTERN = 8'h24; 10'h0E3 : PATTERN = 8'h18;
142          10'h0E4 : PATTERN = 8'h18; 10'h0E5 : PATTERN = 8'h24;
143          10'h0E6 : PATTERN = 8'h42; 10'h0E7 : PATTERN = 8'h81;
144          10'h0E8 : PATTERN = 8'h02; 10'h0E9 : PATTERN = 8'h84;//3
145          10'h0EA : PATTERN = 8'h48; 10'h0EB : PATTERN = 8'h38;
146          10'h0EC : PATTERN = 8'h1C; 10'h0ED : PATTERN = 8'h12;
147          10'h0EE : PATTERN = 8'h21; 10'h0EF : PATTERN = 8'h40;
148          10'h0F0 : PATTERN = 8'h04; 10'h0F1 : PATTERN = 8'h08;//3
149          10'h0F2 : PATTERN = 8'h90; 10'h0F3 : PATTERN = 8'h5C;
150          10'h0F4 : PATTERN = 8'h3A; 10'h0F5 : PATTERN = 8'h09;
151          10'h0F6 : PATTERN = 8'h10; 10'h0F7 : PATTERN = 8'h20;
152          10'h0F8 : PATTERN = 8'h10; 10'h0F9 : PATTERN = 8'h20;//3.
153          10'h0FA : PATTERN = 8'h10; 10'h0FB : PATTERN = 8'h1A;
154          10'h0FC : PATTERN = 8'hBD; 10'h0FD : PATTERN = 8'h28;
155          10'h0FE : PATTERN = 8'h04; 10'h0FF : PATTERN = 8'h08;
156          10'h100 : PATTERN = 8'h20; 10'h101 : PATTERN = 8'h42;//3.
157          10'h102 : PATTERN = 8'h25; 10'h103 : PATTERN = 8'h18;
158          10'h104 : PATTERN = 8'h18; 10'h105 : PATTERN = 8'hA4;
159          10'h106 : PATTERN = 8'h42; 10'h107 : PATTERN = 8'h04;
160          10'h108 : PATTERN = 8'h40; 10'h109 : PATTERN = 8'h43;//4
161          10'h10A : PATTERN = 8'h24; 10'h10B : PATTERN = 8'h1C;
162          10'h10C : PATTERN = 8'h18; 10'h10D : PATTERN = 8'h24;
163          10'h10E : PATTERN = 8'hC2; 10'h10F : PATTERN = 8'h02;
164          10'h110 : PATTERN = 8'h81; 10'h111 : PATTERN = 8'h42;//3.
165          10'h112 : PATTERN = 8'h24; 10'h113 : PATTERN = 8'h18;
166          10'h114 : PATTERN = 8'h18; 10'h115 : PATTERN = 8'h24;
167          10'h116 : PATTERN = 8'h42; 10'h117 : PATTERN = 8'h81;
168          10'h118 : PATTERN = 8'h02; 10'h119 : PATTERN = 8'h84;//3
169          10'h11A : PATTERN = 8'h48; 10'h11B : PATTERN = 8'h38;
170          10'h11C : PATTERN = 8'h1C; 10'h11D : PATTERN = 8'h12;
171          10'h11E : PATTERN = 8'h21; 10'h11F : PATTERN = 8'h40;
172          10'h120 : PATTERN = 8'h04; 10'h121 : PATTERN = 8'h08;//3'
173          10'h122 : PATTERN = 8'h90; 10'h123 : PATTERN = 8'h5C;
174          10'h124 : PATTERN = 8'h3A; 10'h125 : PATTERN = 8'h09;
175          10'h126 : PATTERN = 8'h10; 10'h127 : PATTERN = 8'h20;
176          10'h128 : PATTERN = 8'h10; 10'h129 : PATTERN = 8'h20;//3
177          10'h12A : PATTERN = 8'h10; 10'h12B : PATTERN = 8'h1A;
178          10'h12C : PATTERN = 8'hBD; 10'h12D : PATTERN = 8'h28;
```

```
179        10'h12E : PATTERN = 8'h04; 10'h12F : PATTERN = 8'h08;
180        10'h130 : PATTERN = 8'h20; 10'h131 : PATTERN = 8'h42;//39
181        10'h132 : PATTERN = 8'h25; 10'h133 : PATTERN = 8'h18;
182        10'h134 : PATTERN = 8'h18; 10'h135 : PATTERN = 8'hA4;
183        10'h136 : PATTERN = 8'h42; 10'h137 : PATTERN = 8'h04;
184        10'h138 : PATTERN = 8'h40; 10'h139 : PATTERN = 8'h43;//40
185        10'h13A : PATTERN = 8'h24; 10'h13B : PATTERN = 8'h1C;
186        10'h13C : PATTERN = 8'h18; 10'h13D : PATTERN = 8'h24;
187        10'h13E : PATTERN = 8'hC2; 10'h13F : PATTERN = 8'h02;
188        10'h140 : PATTERN = 8'h81; 10'h141 : PATTERN = 8'h42;//41
189        10'h142 : PATTERN = 8'h24; 10'h143 : PATTERN = 8'h18;
190        10'h144 : PATTERN = 8'h18; 10'h145 : PATTERN = 8'h24;
191        10'h146 : PATTERN = 8'h42; 10'h147 : PATTERN = 8'h81;
192        10'h148 : PATTERN = 8'h40; 10'h149 : PATTERN = 8'h21;//42
193        10'h14A : PATTERN = 8'h12; 10'h14B : PATTERN = 8'h1C;
194        10'h14C : PATTERN = 8'h38; 10'h14D : PATTERN = 8'h48;
195        10'h14E : PATTERN = 8'h84; 10'h14F : PATTERN = 8'h02;
196        10'h150 : PATTERN = 8'h20; 10'h151 : PATTERN = 8'h12;//43
197        10'h152 : PATTERN = 8'h09; 10'h153 : PATTERN = 8'h3A;
198        10'h154 : PATTERN = 8'h5C; 10'h155 : PATTERN = 8'h90;
199        10'h156 : PATTERN = 8'h08; 10'h157 : PATTERN = 8'h04;
200        10'h158 : PATTERN = 8'h08; 10'h159 : PATTERN = 8'h04;//44
201        10'h15A : PATTERN = 8'h48; 10'h15B : PATTERN = 8'hB8;
202        10'h15C : PATTERN = 8'h1D; 10'h15D : PATTERN = 8'h12;
203        10'h15E : PATTERN = 8'h20; 10'h15F : PATTERN = 8'h10;
204        10'h160 : PATTERN = 8'h04; 10'h161 : PATTERN = 8'h42;//45
205        10'h162 : PATTERN = 8'hC4; 10'h163 : PATTERN = 8'h18;
206        10'h164 : PATTERN = 8'h18; 10'h165 : PATTERN = 8'h25;
207        10'h166 : PATTERN = 8'h42; 10'h167 : PATTERN = 8'h20;
208        10'h168 : PATTERN = 8'h02; 10'h169 : PATTERN = 8'hC2;//46
209        10'h16A : PATTERN = 8'h24; 10'h16B : PATTERN = 8'h18;
210        10'h16C : PATTERN = 8'h18; 10'h16D : PATTERN = 8'h24;
211        10'h16E : PATTERN = 8'h43; 10'h16F : PATTERN = 8'h40;
212        10'h170 : PATTERN = 8'h81; 10'h171 : PATTERN = 8'h42;//47
213        10'h172 : PATTERN = 8'h24; 10'h173 : PATTERN = 8'h18;
214        10'h174 : PATTERN = 8'h18; 10'h175 : PATTERN = 8'h24;
215        10'h176 : PATTERN = 8'h42; 10'h177 : PATTERN = 8'h81;
216        10'h178 : PATTERN = 8'h40; 10'h179 : PATTERN = 8'h21;//48
217        10'h17A : PATTERN = 8'h12; 10'h17B : PATTERN = 8'h1C;
218        10'h17C : PATTERN = 8'h38; 10'h17D : PATTERN = 8'h48;
219        10'h17E : PATTERN = 8'h84; 10'h17F : PATTERN = 8'h02;
220        10'h180 : PATTERN = 8'h20; 10'h181 : PATTERN = 8'h10;//49
221        10'h182 : PATTERN = 8'h09; 10'h183 : PATTERN = 8'h3A;
222        10'h184 : PATTERN = 8'h5C; 10'h185 : PATTERN = 8'h90;
223        10'h186 : PATTERN = 8'h08; 10'h187 : PATTERN = 8'h04;
```

```
224        10'h188 : PATTERN = 8'h08; 10'h189 : PATTERN = 8'h04;//5
225        10'h18A : PATTERN = 8'h48; 10'h18B : PATTERN = 8'hB8;
226        10'h18C : PATTERN = 8'h1D; 10'h18D : PATTERN = 8'h12;
227        10'h18E : PATTERN = 8'h20; 10'h18F : PATTERN = 8'h10;
228        10'h190 : PATTERN = 8'h04; 10'h191 : PATTERN = 8'h42;//5
229        10'h192 : PATTERN = 8'hC4; 10'h193 : PATTERN = 8'h18;
230        10'h194 : PATTERN = 8'h18; 10'h195 : PATTERN = 8'h25;
231        10'h196 : PATTERN = 8'h42; 10'h197 : PATTERN = 8'h20;
232        10'h198 : PATTERN = 8'h02; 10'h199 : PATTERN = 8'hC2;//5
233        10'h19A : PATTERN = 8'h24; 10'h19B : PATTERN = 8'h18;
234        10'h19C : PATTERN = 8'h18; 10'h19D : PATTERN = 8'h24;
235        10'h19E : PATTERN = 8'h43; 10'h19F : PATTERN = 8'h40;
236        10'h1A0 : PATTERN = 8'h81; 10'h1A1 : PATTERN = 8'h42;//5
237        10'h1A2 : PATTERN = 8'h24; 10'h1A3 : PATTERN = 8'h18;
238        10'h1A4 : PATTERN = 8'h18; 10'h1A5 : PATTERN = 8'h24;
239        10'h1A6 : PATTERN = 8'h42; 10'h1A7 : PATTERN = 8'h81;
240        10'h1A8 : PATTERN = 8'h40; 10'h1A9 : PATTERN = 8'h21;//5
241        10'h1AA : PATTERN = 8'h12; 10'h1AB : PATTERN = 8'h1C;
242        10'h1AC : PATTERN = 8'h38; 10'h1AD : PATTERN = 8'h48;
243        10'h1AE : PATTERN = 8'h84; 10'h1AF : PATTERN = 8'h20;
244        10'h1B0 : PATTERN = 8'h20; 10'h1B1 : PATTERN = 8'h10;//5
245        10'h1B2 : PATTERN = 8'h09; 10'h1B3 : PATTERN = 8'h3A;
246        10'h1B4 : PATTERN = 8'h5C; 10'h1B5 : PATTERN = 8'h90;
247        10'h1B6 : PATTERN = 8'h08; 10'h1B7 : PATTERN = 8'h04;
248        10'h1B8 : PATTERN = 8'h08; 10'h1B9 : PATTERN = 8'h04;//5
249        10'h1BA : PATTERN = 8'h48; 10'h1BB : PATTERN = 8'hB8;
250        10'h1BC : PATTERN = 8'h1D; 10'h1BD : PATTERN = 8'h12;
251        10'h1BE : PATTERN = 8'h20; 10'h1BF : PATTERN = 8'h10;
252        10'h1C0 : PATTERN = 8'h04; 10'h1C1 : PATTERN = 8'h42;//5
253        10'h1C2 : PATTERN = 8'hC4; 10'h1C3 : PATTERN = 8'h18;
254        10'h1C4 : PATTERN = 8'h18; 10'h1C5 : PATTERN = 8'h25;
255        10'h1C6 : PATTERN = 8'h42; 10'h1C7 : PATTERN = 8'h20;
256        10'h1C8 : PATTERN = 8'h02; 10'h1C9 : PATTERN = 8'hC2;//5
257        10'h1CA : PATTERN = 8'h24; 10'h1CB : PATTERN = 8'h18;
258        10'h1CC : PATTERN = 8'h18; 10'h1CD : PATTERN = 8'h24;
259        10'h1CE : PATTERN = 8'h43; 10'h1CF : PATTERN = 8'h40;
260        10'h1D0 : PATTERN = 8'h81; 10'h1D1 : PATTERN = 8'h42;//5
261        10'h1D2 : PATTERN = 8'h24; 10'h1D3 : PATTERN = 8'h18;
262        10'h1D4 : PATTERN = 8'h18; 10'h1D5 : PATTERN = 8'h24;
263        10'h1D6 : PATTERN = 8'h42; 10'h1D7 : PATTERN = 8'h81;
264        10'h1D8 : PATTERN = 8'h40; 10'h1D9 : PATTERN = 8'h21;//6
265        10'h1DA : PATTERN = 8'h12; 10'h1DB : PATTERN = 8'h1C;
266        10'h1DC : PATTERN = 8'h38; 10'h1DD : PATTERN = 8'h48;
267        10'h1DE : PATTERN = 8'h84; 10'h1DF : PATTERN = 8'h02;
268        10'h1E0 : PATTERN = 8'h20; 10'h1E1 : PATTERN = 8'h10;//6
```

```
269      10'h1E2 : PATTERN = 8'h09; 10'h1E3 : PATTERN = 8'h3A;
270      10'h1E4 : PATTERN = 8'h5C; 10'h1E5 : PATTERN = 8'h90;
271      10'h1E6 : PATTERN = 8'h08; 10'h1E7 : PATTERN = 8'h04;
272      10'h1E8 : PATTERN = 8'h08; 10'h1E9 : PATTERN = 8'h04;//62
273      10'h1EA : PATTERN = 8'h48; 10'h1EB : PATTERN = 8'hB8;
274      10'h1EC : PATTERN = 8'h1D; 10'h1ED : PATTERN = 8'h12;
275      10'h1EE : PATTERN = 8'h20; 10'h1EF : PATTERN = 8'h10;
276      10'h1F0 : PATTERN = 8'h04; 10'h1F1 : PATTERN = 8'h42;//63
277      10'h1F2 : PATTERN = 8'hC4; 10'h1F3 : PATTERN = 8'h18;
278      10'h1F4 : PATTERN = 8'h18; 10'h1F5 : PATTERN = 8'h25;
279      10'h1F6 : PATTERN = 8'h42; 10'h1F7 : PATTERN = 8'h20;
280      10'h1F8 : PATTERN = 8'h02; 10'h1F9 : PATTERN = 8'hC2;//64
281      10'h1FA : PATTERN = 8'h24; 10'h1FB : PATTERN = 8'h18;
282      10'h1FC : PATTERN = 8'h18; 10'h1FD : PATTERN = 8'h24;
283      10'h1FE : PATTERN = 8'h43; 10'h1FF : PATTERN = 8'h40;
284      10'h200 : PATTERN = 8'h81; 10'h201 : PATTERN = 8'h42;//65
285      10'h202 : PATTERN = 8'h24; 10'h203 : PATTERN = 8'h18;
286      10'h204 : PATTERN = 8'h18; 10'h205 : PATTERN = 8'h24;
287      10'h206 : PATTERN = 8'h42; 10'h207 : PATTERN = 8'h81;
288      10'h208 : PATTERN = 8'h01; 10'h209 : PATTERN = 8'h42;//66
289      10'h20A : PATTERN = 8'h24; 10'h20B : PATTERN = 8'h18;
290      10'h20C : PATTERN = 8'h18; 10'h20D : PATTERN = 8'h24;
291      10'h20E : PATTERN = 8'h42; 10'h20F : PATTERN = 8'h80;
292      10'h210 : PATTERN = 8'h01; 10'h211 : PATTERN = 8'h02;//67
293      10'h212 : PATTERN = 8'h24; 10'h213 : PATTERN = 8'h18;
294      10'h214 : PATTERN = 8'h18; 10'h215 : PATTERN = 8'h24;
295      10'h216 : PATTERN = 8'h40; 10'h217 : PATTERN = 8'h80;
296      10'h218 : PATTERN = 8'h01; 10'h219 : PATTERN = 8'h02;//68
297      10'h21A : PATTERN = 8'h04; 10'h21B : PATTERN = 8'h18;
298      10'h21C : PATTERN = 8'h18; 10'h21D : PATTERN = 8'h20;
299      10'h21E : PATTERN = 8'h40; 10'h21F : PATTERN = 8'h80;
300      10'h220 : PATTERN = 8'h01; 10'h221 : PATTERN = 8'h02;//69
301      10'h222 : PATTERN = 8'h04; 10'h223 : PATTERN = 8'h08;
302      10'h224 : PATTERN = 8'h10; 10'h225 : PATTERN = 8'h20;
303      10'h226 : PATTERN = 8'h40; 10'h227 : PATTERN = 8'h80;
304      10'h228 : PATTERN = 8'h00; 10'h229 : PATTERN = 8'h02;//70
305      10'h22A : PATTERN = 8'h04; 10'h22B : PATTERN = 8'h08;
306      10'h22C : PATTERN = 8'h10; 10'h22D : PATTERN = 8'h20;
307      10'h22E : PATTERN = 8'h40; 10'h22F : PATTERN = 8'h00;
308      10'h230 : PATTERN = 8'h00; 10'h231 : PATTERN = 8'h00;//71
309      10'h232 : PATTERN = 8'h04; 10'h233 : PATTERN = 8'h08;
310      10'h234 : PATTERN = 8'h10; 10'h235 : PATTERN = 8'h20;
311      10'h236 : PATTERN = 8'h00; 10'h237 : PATTERN = 8'h00;
312      10'h238 : PATTERN = 8'h00; 10'h239 : PATTERN = 8'h00;//72
313      10'h23A : PATTERN = 8'h00; 10'h23B : PATTERN = 8'h08;
```

```
314        10'h23C : PATTERN = 8'h10; 10'h23D : PATTERN = 8'h00;
315        10'h23E : PATTERN = 8'h00; 10'h23F : PATTERN = 8'h00;
316        10'h248 : PATTERN = 8'h00; 10'h249 : PATTERN = 8'h00;//7
317        10'h24A : PATTERN = 8'h00; 10'h24B : PATTERN = 8'h00;
318        10'h24C : PATTERN = 8'h00; 10'h24D : PATTERN = 8'h00;
319        10'h244 : PATTERN = 8'h00; 10'h24F : PATTERN = 8'h00;
320      endcase
321    end
322
323 /***********************
324  * time base generator *
325  ***********************/
326
327   always @(posedge CLK or negedge RESET)
328     begin
329       if (!RESET)
330         DIVIDER <= {20'h00000, 3'o0};
331       else
332         DIVIDER <= DIVIDER + 1'b1;
333     end
334
335   assign SHIFT_CLK = DIVIDER[11];
336   assign PAGE_CLK  = DIVIDER[22];
337
338 /***********************
339  * data index generator *
340  ***********************/
341
342   always @(posedge PAGE_CLK or negedge RESET)
343     begin
344       if (!RESET)
345         INDEX <= {9'o000, 1'b0};
346       else
347         begin
348           INDEX <= INDEX + 4'h8;
349
350           if (INDEX == 10'h240)
351             INDEX <= {9'o000, 1'b0};
352         end
353     end
354
355 /************************
356  * dot matrix led display *
357  ************************/
358
```

```
359    always@(posedge SHIFT_CLK or negedge RESET)
360      begin
361        if (!RESET)
362          begin
363            ROW  <= 8'b01111111;
364            COLUMN_COUNT <= 3'o0;
365          end
366        else
367          begin
368            ROW  <= {ROW[8], ROW[1:7]};
369            COLUMN_COUNT <= COLUMN_COUNT + 1'b1;
370          end
371      end
372
373  assign COLUMN_GREEN = 8'hFF;
374  assign COLUMN_RED   = ~PATTERN;
375
376 endmodule;
```

重點說明：

程式設計流程與說明和前面電路設計實例二幾乎相同，其唯一不同之處為本實例儲存
在唯讀記憶體 ROM 內部的動態圖型較為複雜 (但好看太多了)，請自行比對在此不再
贅述。

7-5 鍵盤編碼與顯示電路 控制篇

Digital Logic Design

電路實例

1. 顯示一個按鍵碼在七段顯示電路。

2. 以滾動方式顯示六個按鍵碼在七段顯示電路。

3. 顯示一個按鍵碼在彩色 LED 點矩陣電路。

4. 顯示按鍵碼並設定 LED ON 的數量。

5. 顯示按鍵碼並設定八種變化的廣告燈。

鍵盤的基本結構

鍵盤為一組,為了減少接線數量以行 (colum)、列 (row) 方式連接而成的開關元件,一個 4×4 的鍵盤結構,即如下圖所示:

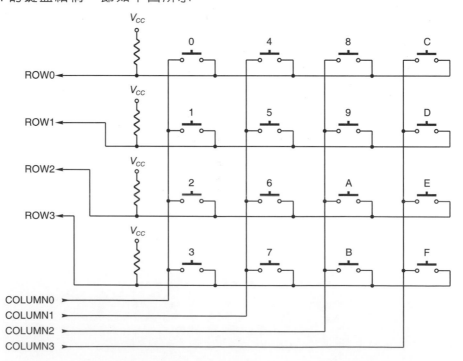

於上面的鍵盤結構中我們可以發現到，事實上每一個按鍵只是一個 ON、OFF 的無段開關，當我們沒有按下按鍵時它是開路 OFF 的，一旦我們按下按鍵時它就會接通 ON，由於每個按鍵有兩條接線，4×4＝16 個按鍵就會有 32 條接線，為了要節省由於接線所帶來的控制接點，通常我們都採用行 (COLUMN)、列 (ROW) 方式來連接，如此一來原先按鍵個數為 4×4，其控制接線就變成 4＋4。於上面的鍵盤結構中我們如何去辨認哪一個按鍵被按呢？其執行步驟依順序為：

1.　由 COLUMN3～COLUMN0 送出 "1110" 的電位後，再從 ROW3～ROW0 將電位取回，如果 ROW3～ROW0 的電位為：

ROW3～ROW0				被按的按鍵
1	1	1	1	沒有
1	1	1	0	'0'
1	1	0	1	'1'
1	0	1	1	'2'
0	1	1	1	'3'

2.　由 COLUMN3～COLUMN0 送出 "1101" 的電位後，再從 ROW3～ROW0 將電位取回，如果 ROW3～ROW0 的電位為：

ROW3～ROW0				被按的按鍵
1	1	1	1	沒有
1	1	1	0	'4'
1	1	0	1	'5'
1	0	1	1	'6'
0	1	1	1	'7'

3. 由 COLUMN3～COLUMN0 送出 "1011" 的電位後，再從 ROW3～ROW0 將電位取回，如果 ROW3～ROW0 的電位為：

ROW3～ROW0				被按的按鍵
1	1	1	1	沒有
1	1	1	0	'8'
1	1	0	1	'9'
1	0	1	1	'A'
0	1	1	1	'B'

4. 由 COLUMN3～COLUMN0 送出 "0111" 的電位後，再從 ROW3～ROW0 將電位取回，如果 ROW3～ROW0 的電位為：

ROW3～ROW0				被按的按鍵
1	1	1	1	沒有
1	1	1	0	'C'
1	1	0	1	'D'
1	0	1	1	'E'
0	1	1	1	'F'

綜合上面 1～4 點的說明我們可以知道，只要我們不斷從 COLUMN3～COLUMN0 送出 "1110"、"1101"、"1011"、"0111" 的掃描電位，再從 ROW3～ROW0 取回電位判斷，即可知道 4×4 鍵盤上有哪些按鍵被按下。

一旦偵測出那一個鍵被按之後，接下來的工作就是如何對此按鍵編碼 (encode) 以及彈跳訊號 (bouncer) 的處理工作，它們的處理方式請參閱後面電路設計實例一的敘述。

電路設計實例一

檔案名稱：KEYBOARD_1DIG_SEGMENT

電路功能描述

以鍵盤為輸入工具，將使用者所鍵入的鍵碼顯示在一個位數的七段顯示器上。

實作目標

練習設計：

1.　4×4 的鍵盤控制器，其包括：

　(1)　鍵盤按鍵偵測電路。

　(2)　鍵盤編碼 (encode) 電路。

　(3)　按鍵反彈跳 (debouncer) 電路。

2.　一個位數七段顯示控制電路。

控制電路方塊圖

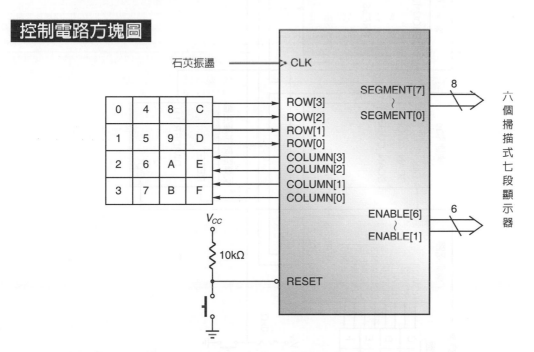

上圖只是整個控制電路對外接腳的外觀，由於其功能較為複雜，因此我們可以將內部電路再細分成數個小電路，而它們詳細的電路如下所示：

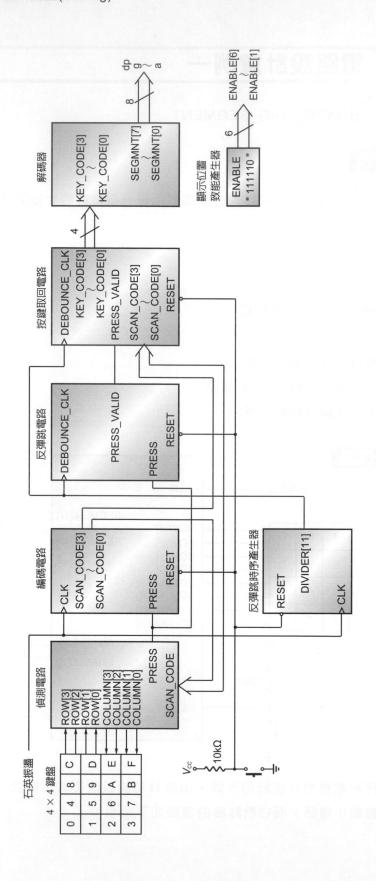

原始程式 (source program)：

```
 1   /*****************************************
 2   *       fetch key code and display in    *
 3   *       scanning seven segment (1dig)    *
 4   *    Filename : KEYBOARD_1DIG_SEGMENT    *
 5   *****************************************/
 6
 7   module KEYBOARD_1DIG_SEGMENT (CLK, RESET, COLUMN,
 8                                  ROW, ENABLE, SEGMENT);
 9
10     input    CLK;
11     input    RESET;
12     input    [3:0] ROW;
13     output   [3:0] COLUMN;
14     output   [6:1] ENABLE;
15     output   [7:0] SEGMENT;
16
17     reg [3:0]    COLUMN;
18     reg [3:0]    DEBOUNCE_COUNT;
19     reg [3:0]    SCAN_CODE;
20     reg [3:0]    KEY_CODE;
21     reg [7:0]    SEGMENT;
22     reg [11:0]   DIVIDER;
23     reg PRESS;
24
25   /**********************
26   * time base generator *
27   **********************/
28
29     always @(posedge CLK or negedge RESET)
30       begin
31         if (!RESET)
32           DIVIDER <= 12'h000;
33         else
34           DIVIDER <= DIVIDER + 1'b1;
35       end
36
37     assign DEBOUNCE_CLK = DIVIDER[11];
38
39   /***********************
40   *scanning code generator *
41   ***********************/
42
```

```verilog
43      always @(posedge CLK or negedge RESET)
44        begin
45          if (!RESET)
46            SCAN_CODE <= 4'h0;
47          else if (PRESS)
48            SCAN_CODE <= SCAN_CODE + 1'b1;
49        end
50
51  /********************
52   * scanning keyboard *
53   ********************/
54
55       always @(SCAN_CODE,ROW)
56         begin
57           case (SCAN_CODE[3:2])
58             2'b00 : COLUMN = 4'b1110;
59             2'b01 : COLUMN = 4'b1101;
60             2'b10 : COLUMN = 4'b1011;
61             2'b11 : COLUMN = 4'b0111;
62           endcase
63           case (SCAN_CODE[1:0])
64             2'b00 : PRESS = ROW[0];
65             2'b01 : PRESS = ROW[1];
66             2'b10 : PRESS = ROW[2];
67             2'b11 : PRESS = ROW[3];
68           endcase
69         end
70
71  /********************
72   * debouncer circuit *
73   ********************/
74
75       always @(posedge DEBOUNCE_CLK or negedge RESET)
76         begin
77           if (!RESET)
78             DEBOUNCE_COUNT <= 4'h0;
79           else if (PRESS)
80             DEBOUNCE_COUNT <= 4'h0;
81           else if (DEBOUNCE_COUNT <= 4'hE)
82             DEBOUNCE_COUNT <= DEBOUNCE_COUNT + 1'b1;
83         end
84
85       assign PRESS_VALID = (DEBOUNCE_COUNT == 4'hD) ?
86                             1'b1 : 1'b0;
```

```
87
88   /******************
89    * fetch key code *
90    ******************/
91
92     always @(posedge DEBOUNCE_CLK or negedge RESET)
93       begin
94         if (!RESET)
95           KEY_CODE <= 4'h0;
96         else if (PRESS_VALID)
97           KEY_CODE <= SCAN_CODE;
98       end
99
100  /********************************
101   * BCD to seven segment decoder *
102   ********************************/
103
104    always @(KEY_CODE)
105      begin
106        case (KEY_CODE)
107          4'h0 : SEGMENT = {1'b1,7'b1000000};    //  0
108          4'h1 : SEGMENT = {1'b1,7'b1111001};    //  1
109          4'h2 : SEGMENT = {1'b1,7'b0100100};    //  2
110          4'h3 : SEGMENT = {1'b1,7'b0110000};    //  3
111          4'h4 : SEGMENT = {1'b1,7'b0011001};    //  4
112          4'h5 : SEGMENT = {1'b1,7'b0010010};    //  5
113          4'h6 : SEGMENT = {1'b1,7'b0000010};    //  6
114          4'h7 : SEGMENT = {1'b1,7'b1111000};    //  7
115          4'h8 : SEGMENT = {1'b1,7'b0000000};    //  8
116          4'h9 : SEGMENT = {1'b1,7'b0010000};    //  9
117          4'hA : SEGMENT = {1'b1,7'b0001000};    //  A
118          4'hB : SEGMENT = {1'b1,7'b0000011};    //  B
119          4'hC : SEGMENT = {1'b1,7'b1000110};    //  C
120          4'hD : SEGMENT = {1'b1,7'b0100001};    //  D
121          4'hE : SEGMENT = {1'b1,7'b0000110};    //  E
122          4'hF : SEGMENT = {1'b1,7'b0001110};    //  F
123        endcase
124      end
125
126    assign ENABLE = 6'b111110;
127
128  endmodule
```

重點說明：

1. 行號 1～5 為註解。

2. 行號 7～15 宣告所要設計控制電路的外部接腳為：

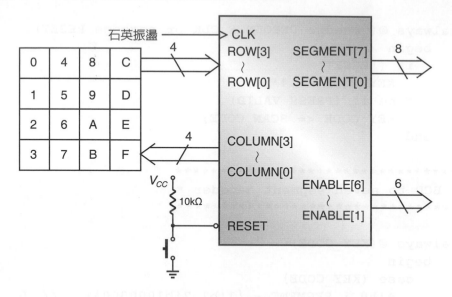

3. 行號 17～23 宣告控制電路內部所需用到各物件的資料型態。

4. 行號 29～37 為一個反彈跳的時序產生器，其工作方塊圖如下：

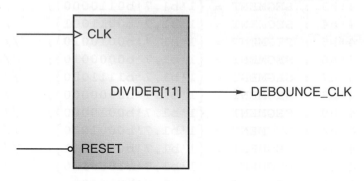

它是一個除頻電路，而其輸出端的訊號週期為：

$$T = 25 \times 10^{-9} \times 2^{12} = 0.1 \text{ msec}$$

此週期為 0.1 msec 的訊號我們拿來作為：

(1) 消除反彈跳的時序（行號 75～85）。

(2) 取回使用者所按下的鍵碼（行號 92～98）。

而其詳細動作後面會有討論。

5. 行號 43～49 為一個掃描數碼產生器，其工作方塊圖如下：

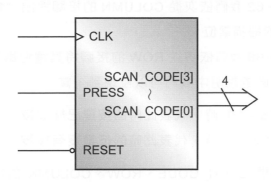

而其設計流程為：

(1) 行號 45～46 當電路 RESET 時，則將掃描碼計數器的內容清除為 h0，以便從頭開始計數。

(2) 行號 43、47 當計數時序 CLK 發生正緣變化且 PRESS 的接腳電位為 1 時 (表示目前鍵盤的按鍵沒有被按)，則將掃描計數器的內容加 1 (行號 48)。

因此只要鍵盤上的按鍵沒有被按時，於本電路的輸出端即可得到不斷加 1，且計數範圍為 0～F 的掃描數碼 (每一個數碼代表 4×4 鍵盤上的某一個按鍵，當我們按下鍵盤上的某一個按鍵時，由於 PRESS 的接腳電位會變成低電位 0 (後面會說明)，因此掃描計數器就會停止計數，此時於掃描計數器的輸出就是目前我們所按下那一個按鍵的鍵碼。

6. 行號 55～69 為一個按鍵偵測硬體，其電路方塊圖如下：

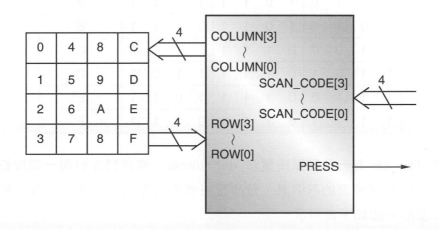

其動作原理請參閱前面鍵盤的基本結構 (依掃描計數器 SCAN_CODE 的內容):

(1) 行號 57〜62 我們依次從 COLUMN 的接腳送出 "1110"、"1101"、"1011"、 "0111" 的掃描電位。

(2) 行號 63〜68 我們依次從 ROW 的接腳將其電位取回,並儲存在 PRESS 內,由前面的說明中我們可以發現到,當

PRESS＝0 時,代表此時的按鍵已經被按。

PRESS＝1 時,代表此時的按鍵沒有被按。

如果我們將掃描碼 SACN_CODE、ROW、COLUMN 的電位做個比對,即可知 道它們與按鍵中間的關係如下:

SCAN_CODE				COLUMN				ROW				被按的按鍵
3	2	1	0	3	2	1	0	3	2	1	0	
0	0	0	0	1	1	1	0	1	1	1	0	'0'
0	0	0	1	1	1	1	0	1	1	0	1	'1'
0	0	1	0	1	1	1	0	1	0	1	1	'2'
0	0	1	1	1	1	1	0	0	1	1	1	'3'
0	1	0	0	1	1	0	1	1	1	1	0	'4'
0	1	0	1	1	1	0	1	1	1	0	1	'5'
0	1	1	0	1	1	0	1	1	0	1	1	'6'
0	1	1	1	1	1	0	1	0	1	1	1	'7'
1	0	0	0	1	0	1	1	1	1	1	0	'8'
1	0	0	1	1	0	1	1	1	1	0	1	'9'
1	0	1	0	1	0	1	1	1	0	1	1	'A'
1	0	1	1	1	0	1	1	0	1	1	1	'B'
1	1	0	0	0	1	1	1	1	1	1	0	'C'
1	1	0	1	0	1	1	1	1	1	0	1	'D'
1	1	1	0	0	1	1	1	1	0	1	1	'E'
1	1	1	1	0	1	1	1	0	1	1	1	'F'

7. 行號 75〜85 為一個反彈跳電路 debouncer,當我們在偵測一個按鈕是否被按 時,由於按鍵表面的不平滑、有灰塵或者施力點的不平衡……等,其接觸點的 瞬間波形,即如下圖所示:

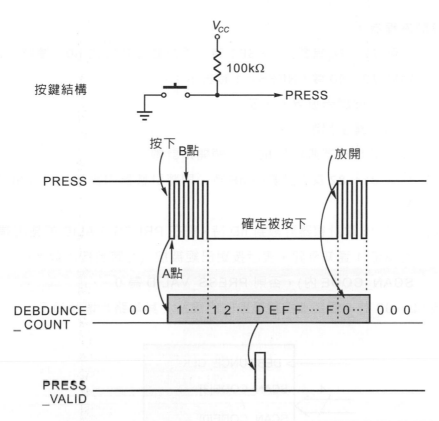

於上圖中，由於彈跳的時間約在 8msec～15msec (視按鍵的材質而定)，此段時間往往會造成電路的誤判，因而產生只按一次硬體會偵測到按下很多次，解決因彈跳而產生誤動作的方式有很多種，在這裡我們採用的方式為，設計一個 4 位元計數器，如果偵測到低電位時 (如上圖之 A 點) 表示鍵盤已經被按，計數器就會開始計數 (h0 ～hF)，如果在這段時間突然偵測到高電位 1 時 (如上圖之 B 點)，此即表示發生了彈跳 bouncer，因此我們將計數器清除為 h0 並重新開始計數，當計數器計數到 hD 時，我們就送出一個高電位通知外界，表示鍵盤的按鍵的確已經被按下。

反彈跳電路的方塊圖如下：

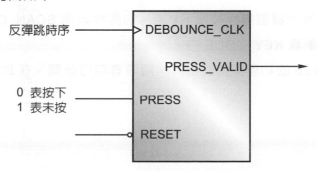

其設計流程為：

(1) 行號 77～78 當電路 RESET 時，將計數器清除為 h0，準備開始計數。

(2) 行號 79～80 當 PRESS＝1 時表示：

① 按鍵未被按下。或

② 產生彈跳。

因此計數器被清除為 h0，從頭開始計數。

(3) 行號 81～82 當未計數到 hF 時，則將計數器內容加一 (到 hF 則停止計數)。

(4) 行號 85 當計數器計數到 hD 時，則在 PRESS_VALID 的輸出端送出一個高電位 1 通知外界，表示按鍵已經被按 (此時被按的鍵碼在 SCAN_CODE 內)，否則 PRESS_VALID 為 0。

8. 行號 92～98 為一個將被按鍵碼取回的電路，其電路方塊圖如下：

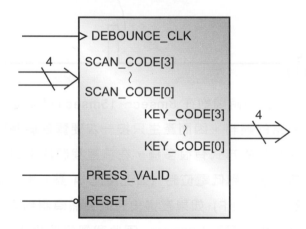

而其設計流程為：

(1) 行號 94～95 當電路 RESET 時，則將鍵盤緩衝器 KEY_CODE 清除為 h0。

(2) 行號 92、96～97 當 DEBOUNCE_CLK 產生正緣變化且 PRESS_VALID ＝1 (表示鍵盤的確被按下) 時，則將掃描碼 SCAN_CODE 取回，存入鍵盤緩衝器 KEY_CODE 內。

9. 行號 104～126 的功能與前面相同，請讀者自行參閱，在此不重覆敘述。

電路設計實例二

檔案名稱：KEYBOARD_6DIGS_SEGMENT

電路功能描述

以鍵盤為輸入工具，將使用者所鍵入的鍵碼以向左移位的方式，依順序顯示在六個位數的掃描式七段顯示器上。

實作目標

練習設計：

1. 4×4 的鍵盤控制器，其包括：

   (1) 鍵盤按鍵偵測電路。

   (2) 鍵盤編碼 (encode) 電路。

   (3) 按鍵反彈跳 (debouncer) 電路。

2. 六個位數七段顯示控制電路。

3. 六個可以向左移位的鍵盤顯示緩衝器。

控制電路方塊圖

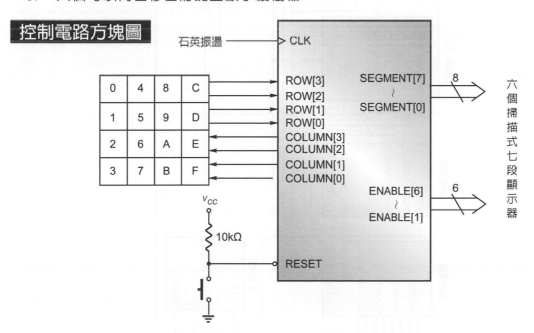

上圖只是整個控制電路對外接腳的外觀，由於其功能較為複雜，因此我們可以將內部電路再詳細分成數個小電路，而它們的詳細電路即如下面所示：

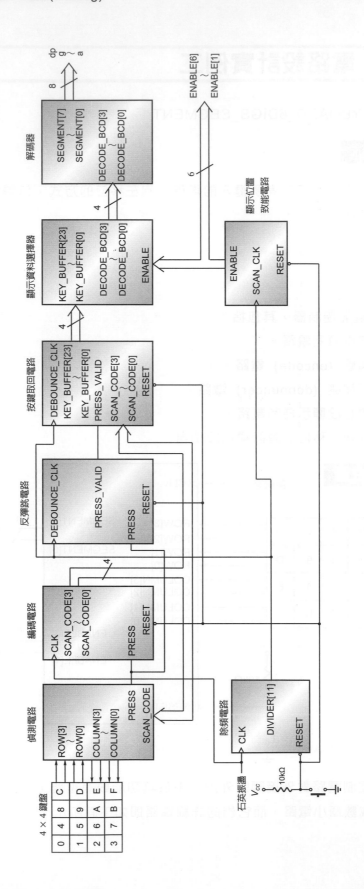

原始程式 (source program)：

```
1    /**************************************
2    *    fetch key code and display in     *
3    *    scanning seven segment (6digs)    *
4    *  Filename : KEYBOARD_6DIGS_SEGMENT   *
5    **************************************/
6
7    module KEYBOARD_6DIGS_SEGMENT (CLK, RESET, ROW,
8                                   COLUMN, ENABLE, SEGMENT);
9
10     input   CLK;
11     input   RESET;
12     input   [3:0] ROW;
13     output  [3:0] COLUMN;
14     output  [6:1] ENABLE;
15     output  [7:0] SEGMENT;
16
17     reg [3:0]   COLUMN;
18     reg [3:0]   DEBOUNCE_COUNT;
19     reg [3:0]   SCAN_CODE;
20     reg [3:0]   DECODE_BCD;
21     reg [6:1]   ENABLE;
22     reg [7:0]   SEGMENT;
23     reg [23:0]  KEY_BUFFER;
24     reg [11:0]  DIVIDER;
25     reg PRESS;
26
27   /**********************
28    * time base generator *
29    **********************/
30
31     always @(posedge CLK or negedge RESET)
32       begin
33         if (!RESET)
34           DIVIDER <= 12'h000;
35         else
36           DIVIDER <= DIVIDER + 1'b1;
37       end
38
39     assign DEBOUNCE_CLK = DIVIDER[11];
40     assign SCAN_CLK     = DIVIDER[11];
41
42   /**************************
43    * scanning code generator *
44    **************************/
```

```verilog
45
46    always @(posedge CLK or negedge RESET)
47      begin
48        if (!RESET)
49          SCAN_CODE <= 4'h0;
50        else if (PRESS)
51          SCAN_CODE <= SCAN_CODE + 1'b1;
52      end
53
54  /*********************
55   * scanning keyboard *
56   *********************/
57
58    always @(SCAN_CODE, ROW)
59      begin
60        case (SCAN_CODE[3:2])
61          2'b00 : COLUMN = 4'b1110;
62          2'b01 : COLUMN = 4'b1101;
63          2'b10 : COLUMN = 4'b1011;
64          2'b11 : COLUMN = 4'b0111;
65        endcase
66        case (SCAN_CODE[1:0])
67          2'b00 : PRESS = ROW[0];
68          2'b01 : PRESS = ROW[1];
69          2'b10 : PRESS = ROW[2];
70          2'b11 : PRESS = ROW[3];
71        endcase
72      end
73
74  /*********************
75   * debouncer circuit *
76   *********************/
77
78    always @(posedge DEBOUNCE_CLK or negedge RESET)
79      begin
80        if (!RESET)
81          DEBOUNCE_COUNT <= 4'h0;
82        else if (PRESS)
83          DEBOUNCE_COUNT <= 4'h0;
84        else if (DEBOUNCE_COUNT <= 4'hE)
85          DEBOUNCE_COUNT <= DEBOUNCE_COUNT + 1'b1;
86      end
87
88    assign PRESS_VALID = (DEBOUNCE_COUNT == 4'hD) ?
89                          1'b1 : 1'b0;
90
```

```
91   /********************************
92    * fetch key code store in buffer *
93    ********************************/
94
95     always @( posedge DEBOUNCE_CLK or negedge RESET)
96       begin
97         if (!RESET)
98           KEY_BUFFER <= 24'h000000;
99         else if (PRESS_VALID)
100          KEY_BUFFER <= {KEY_BUFFER[19:0], SCAN_CODE};
101      end
102
103  /**************************
104   * enable display location *
105   **************************/
106
107    always @( posedge SCAN_CLK or negedge RESET)
108      begin
109        if (!RESET)
110          ENABLE <= 6'b111110;
111        else
112          ENABLE <= {ENABLE[5:1], ENABLE[6]};
113      end
114
115  /**********************
116   * select display data *
117   **********************/
118
119    always @(ENABLE or KEY_BUFFER)
120      begin
121        case (ENABLE)
122          6'b111110 : DECODE_BCD = KEY_BUFFER[3:0];
123          6'b111101 : DECODE_BCD = KEY_BUFFER[7:4];
124          6'b111011 : DECODE_BCD = KEY_BUFFER[11:8];
125          6'b110111 : DECODE_BCD = KEY_BUFFER[15:12];
126          6'b101111 : DECODE_BCD = KEY_BUFFER[19:16];
127          6'b011111 : DECODE_BCD = KEY_BUFFER[23:20];
128        endcase
129      end
130
131  /******************************
132   * hex to seven segment decoder *
133   ******************************/
134
135    always @(DECODE_BCD)
136      begin
```

```
137          case (DECODE_BCD)
138            4'h0 : SEGMENT = {1'b1,7'b1000000};    //  0
139            4'h1 : SEGMENT = {1'b1,7'b1111001};    //  1
140            4'h2 : SEGMENT = {1'b1,7'b0100100};    //  2
141            4'h3 : SEGMENT = {1'b1,7'b0110000};    //  3
142            4'h4 : SEGMENT = {1'b1,7'b0011001};    //  4
143            4'h5 : SEGMENT = {1'b1,7'b0010010};    //  5
144            4'h6 : SEGMENT = {1'b1,7'b0000010};    //  6
145            4'h7 : SEGMENT = {1'b1,7'b1111000};    //  7
146            4'h8 : SEGMENT = {1'b1,7'b0000000};    //  8
147            4'h9 : SEGMENT = {1'b1,7'b0010000};    //  9
148            4'hA : SEGMENT = {1'b1,7'b0001000};    //  A
149            4'hB : SEGMENT = {1'b1,7'b0000011};    //  B
150            4'hC : SEGMENT = {1'b1,7'b1000110};    //  C
151            4'hD : SEGMENT = {1'b1,7'b0100001};    //  D
152            4'hE : SEGMENT = {1'b1,7'b0000110};    //  E
153            4'hF : SEGMENT = {1'b1,7'b0001110};    //  F
154          endcase
155        end
156
157 endmodule
```

重點說明：

1. 行號 1～25 的功能與前面相同。

2. 行號 31～40 為一個產生週期為 0.1 msec 的時序，請參閱前面的說明。

3. 行號 46～72 為一個按鍵編碼電路，當輸出 PRESS 的電位：

   0：表示有按鍵被按 (未排除彈跳)

   1：表示沒有按鍵被按

   而其被按的鍵碼則存在 SCAN_CODE 內，整個設計流程的說明與前面電路設計
   實例一相同。

4. 行號 78～89 為一個反彈跳電路，當其輸出端 PRESS_VALID 的電位：

   0：表示沒有按鍵被按

   1：表示有按鍵被按 (已經排除彈跳)

   而其設計流程與電路設計實例一的說明完全相同。

5. 行號 95～101 為一個將被按下的鍵碼取回,並依順序存入六個字元 (24 bits) 的鍵盤緩衝區內,其電路方塊圖如下:

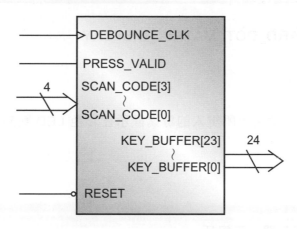

而其設計流程為:

   (1) 行號 97～98 當硬體 RESET 時,則將 24 bits 的鍵盤緩衝區全部清除為 0。

   (2) 行號 95、99 如果 DEBOUNCE CLK 發生正緣變化且 PRESS_VALID = 1 (表示有按鍵被按) 時,則將掃描碼 SCAN_CODE 取回,並依順序儲存 (向左移位 4 位元) 到 24 位元的鍵盤緩衝區 KEY_BUFFER 內 (行號 100)。

6. 行號 107～155 將鍵盤緩衝器內 6 筆資料,依順序顯示在六個七段顯示器,其設計流程與前面相同,請自行參閱。

電路設計實例三

檔案名稱：KEYBOARD_DOT_MATRIX_DISPLAY

電路功能描述

以鍵盤為輸入工具，將使用者所鍵入的鍵碼顯示在彩色 LED 點矩陣上。

實作目標

練習設計：

1. 4×4 的鍵盤控制器，其包括：

    (1) 鍵盤按鍵偵測電路。

    (2) 鍵盤編碼 (encode) 電路。

    (3) 按鍵反彈跳 (debouncer) 電路。

2. 唯讀記憶體 ROM，並在內部儲存所有按鍵 0～F 的顯示字型。

3. LED 點矩陣的字型顯示電路。

控制電路方塊圖

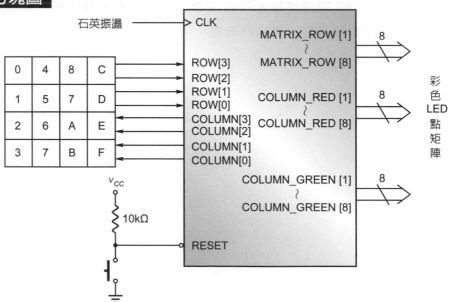

而其詳細的內部方塊圖如下：

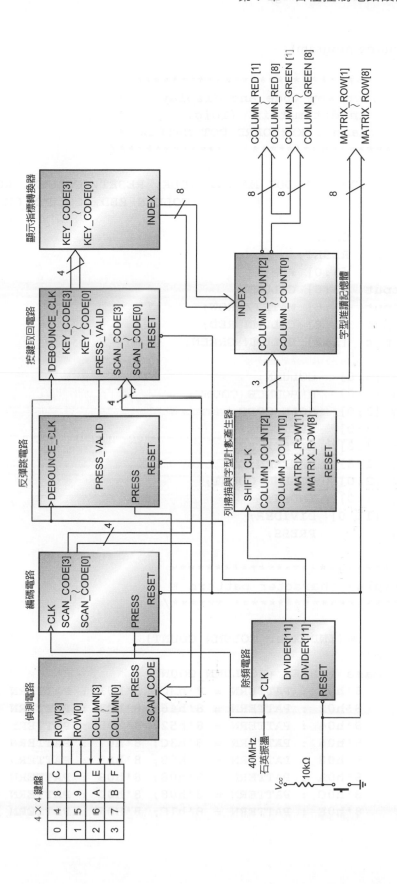

原始程式 (source program)：

```
1   /*********************************
2   *    fetch key code and display    *
3   *        in dot matrix  (1dig)        *
4   *  Filename : KEYBOARD_DOT_MATRIX  *
5   *********************************/
6
7   module KEYBOARD_DOT_MATRIX (CLK, RESET, COLUMN, ROW, MATRIX_ROW,
8                                 COLUMN_RED, COLUMN_GREEN);
9
10    input    CLK;
11    input    RESET;
12    input    [3:0] ROW;
13    output   [3:0] COLUMN;
14    output   [1:8] MATRIX_ROW;
15    output   [1:8] COLUMN_RED;
16    output   [1:8] COLUMN_GREEN;
17
18    reg [3:0]    COLUMN;
19    reg [3:0]    DEBOUNCE_COUNT;
20    reg [3:0]    SCAN_CODE;
21    reg [3:0]    KEY_CODE;
22    reg [1:8]    MATRIX_ROW;
23    reg [1:8]    PATTERN;
24    reg [2:0]    COLUMN_COUNT;
25    reg [7:0]    INDEX;
26    reg [11:0]   DIVIDER;
27    reg          PRESS;
28
29  /***************************
30  * display character pattern *
31  ***************************/
32
33    always @(INDEX or COLUMN_COUNT)
34      begin
35        case (INDEX + COLUMN_COUNT)
36           8'h00 : PATTERN = 8'h3C; 8'h01 : PATTERN = 8'h42;  // 0
37           8'h02 : PATTERN = 8'h46; 8'h03 : PATTERN = 8'h4A;
38           8'h04 : PATTERN = 8'h52; 8'h05 : PATTERN = 8'h62;
39           8'h06 : PATTERN = 8'h3C; 8'h07 : PATTERN = 8'h00;
40           8'h08 : PATTERN = 8'h08; 8'h09 : PATTERN = 8'h18;  // 1
41           8'h0A : PATTERN = 8'h08; 8'h0B : PATTERN = 8'h08;
42           8'h0C : PATTERN = 8'h08; 8'h0D : PATTERN = 8'h08;
43           8'h0E : PATTERN = 8'h1C; 8'H0F : PATTERN = 8'h00;
```

```
44      8'h10 : PATTERN = 8'h3C; 8'h11 : PATTERN = 8'h42;  // 2
45      8'h12 : PATTERN = 8'h42; 8'h13 : PATTERN = 8'h04;
46      8'h14 : PATTERN = 8'h08; 8'h15 : PATTERN = 8'h10;
47      8'h16 : PATTERN = 8'h7E; 8'h17 : PATTERN = 8'h00;
48      8'h18 : PATTERN = 8'h3C; 8'h19 : PATTERN = 8'h42;  // 3
49      8'h1A : PATTERN = 8'h02; 8'h1B : PATTERN = 8'h3C;
50      8'h1C : PATTERN = 8'h02; 8'h1D : PATTERN = 8'h42;
51      8'h1E : PATTERN = 8'h3C; 8'H1F : PATTERN = 8'h00;
52      8'h20 : PATTERN = 8'h1C; 8'h21 : PATTERN = 8'h24;  // 4
53      8'h22 : PATTERN = 8'h44; 8'h23 : PATTERN = 8'h44;
54      8'h24 : PATTERN = 8'h44; 8'h25 : PATTERN = 8'h7E;
55      8'h26 : PATTERN = 8'h04; 8'h27 : PATTERN = 8'h00;
56      8'h28 : PATTERN = 8'h7C; 8'h29 : PATTERN = 8'h40;  // 5
57      8'h2A : PATTERN = 8'h40; 8'h2B : PATTERN = 8'h7C;
58      8'h2C : PATTERN = 8'h02; 8'h2D : PATTERN = 8'h42;
59      8'h2E : PATTERN = 8'h3C; 8'H2F : PATTERN = 8'h00;
60      8'h30 : PATTERN = 8'h3C; 8'h31 : PATTERN = 8'h42;  // 6
61      8'h32 : PATTERN = 8'h40; 8'h33 : PATTERN = 8'h7C;
62      8'h34 : PATTERN = 8'h42; 8'h35 : PATTERN = 8'h42;
63      8'h36 : PATTERN = 8'h3C; 8'h37 : PATTERN = 8'h00;
64      8'h38 : PATTERN = 8'h3E; 8'h39 : PATTERN = 8'h02;  // 7
65      8'h3A : PATTERN = 8'h02; 8'h3B : PATTERN = 8'h04;
66      8'h3C : PATTERN = 8'h08; 8'h3D : PATTERN = 8'h08;
67      8'h3E : PATTERN = 8'h08; 8'h3F : PATTERN = 8'h00;
68      8'h40 : PATTERN = 8'h3C; 8'h41 : PATTERN = 8'h42;  // 8
69      8'h42 : PATTERN = 8'h42; 8'h43 : PATTERN = 8'h3C;
70      8'h44 : PATTERN = 8'h42; 8'h45 : PATTERN = 8'h42;
71      8'h46 : PATTERN = 8'h3C; 8'h47 : PATTERN = 8'h00;
72      8'h48 : PATTERN = 8'h3C; 8'h49 : PATTERN = 8'h42;  // 9
73      8'h4A : PATTERN = 8'h42; 8'h4B : PATTERN = 8'h3E;
74      8'h4C : PATTERN = 8'h02; 8'h4D : PATTERN = 8'h42;
75      8'h4E : PATTERN = 8'h3C; 8'H4F : PATTERN = 8'h00;
76      8'h50 : PATTERN = 8'h3C; 8'h51 : PATTERN = 8'h42;  // A
77      8'h52 : PATTERN = 8'h42; 8'h53 : PATTERN = 8'h42;
78      8'h54 : PATTERN = 8'h7E; 8'h55 : PATTERN = 8'h42;
79      8'h56 : PATTERN = 8'h42; 8'h57 : PATTERN = 8'h00;
80      8'h58 : PATTERN = 8'h7C; 8'h59 : PATTERN = 8'h42;  // B
81      8'h5A : PATTERN = 8'h42; 8'h5B : PATTERN = 8'h7C;
82      8'h5C : PATTERN = 8'h42; 8'h5D : PATTERN = 8'h42;
83      8'h5E : PATTERN = 8'h7C; 8'H5F : PATTERN = 8'h00;
84      8'h60 : PATTERN = 8'h3C; 8'h61 : PATTERN = 8'h42;  // C
85      8'h62 : PATTERN = 8'h42; 8'h63 : PATTERN = 8'h40;
86      8'h64 : PATTERN = 8'h40; 8'h65 : PATTERN = 8'h42;
87      8'h66 : PATTERN = 8'h3C; 8'h67 : PATTERN = 8'h00;
88      8'h68 : PATTERN = 8'h7C; 8'h69 : PATTERN = 8'h42;  // D
```

```
89            8'h6A : PATTERN = 8'h42; 8'h6B : PATTERN = 8'h42;
90            8'h6C : PATTERN = 8'h42; 8'h6D : PATTERN = 8'h42;
91            8'h6E : PATTERN = 8'h7C; 8'H6F : PATTERN = 8'h00;
92            8'h70 : PATTERN = 8'h7E; 8'h71 : PATTERN = 8'h40;   // E
93            8'h72 : PATTERN = 8'h40; 8'h73 : PATTERN = 8'h7C;
94            8'h74 : PATTERN = 8'h40; 8'h75 : PATTERN = 8'h40;
95            8'h76 : PATTERN = 8'h7E; 8'h77 : PATTERN = 8'h00;
96            8'h78 : PATTERN = 8'h7E; 8'h79 : PATTERN = 8'h40;   // F
97            8'h7A : PATTERN = 8'h40; 8'h7B : PATTERN = 8'h7C;
98            8'h7C : PATTERN = 8'h40; 8'h7D : PATTERN = 8'h40;
99            8'h7E : PATTERN = 8'h40; 8'H7F : PATTERN = 8'h00;
100        endcase
101      end
102
103
104   /***********************
105    * time base generator *
106    ***********************/
107
108     always @(posedge CLK or negedge RESET)
109       begin
110         if (!RESET)
111           DIVIDER <= 12'h000;
112         else
113           DIVIDER <= DIVIDER + 1'b1;
114       end
115
116     assign DEBOUNCE_CLK = DIVIDER[11];
117     assign SHIFT_CLK    = DIVIDER[11];
118
119   /**************************
120    * scanning code generator *
121    **************************/
122
123     always @(posedge CLK or negedge RESET)
124       begin
125         if (!RESET)
126           SCAN_CODE <= 4'h0;
127         else if (PRESS)
128           SCAN_CODE <= SCAN_CODE + 1'b1;
129       end
130
131   /********************
132    * scanning keyboard *
133    ********************/
```

```
134
135    always @(SCAN_CODE, ROW)
136      begin
137        case (SCAN_CODE[3:2])
138          2'b00 : COLUMN = 4'b1110;
139          2'b01 : COLUMN = 4'b1101;
140          2'b10 : COLUMN = 4'b1011;
141          2'b11 : COLUMN = 4'b0111;
142        endcase
143        case (SCAN_CODE[1:0])
144          2'b00 : PRESS = ROW[0];
145          2'b01 : PRESS = ROW[1];
146          2'b10 : PRESS = ROW[2];
147          2'b11 : PRESS = ROW[3];
148        endcase
149      end
150
151  /**********************
152   * debouncer circuit *
153   *********************/
154
155    always @(posedge DEBOUNCE_CLK or negedge RESET)
156      begin
157        if (!RESET)
158          DEBOUNCE_COUNT <= 4'h0;
159        else if (PRESS)
160          DEBOUNCE_COUNT <= 4'h0;
161        else if (DEBOUNCE_COUNT <= 4'hE)
162          DEBOUNCE_COUNT <= DEBOUNCE_COUNT + 1'b1;
163      end
164
165    assign PRESS_VALID = (DEBOUNCE_COUNT == 4'hD) ?
166                          1'b1 : 1'b0;
167
168  /******************
169   * fetch key code *
170   *****************/
171
172    always @(posedge DEBOUNCE_CLK or negedge RESET)
173      begin
174        if (!RESET)
175          KEY_CODE <= 4'h0;
176        else if (PRESS_VALID)
177          KEY_CODE <= SCAN_CODE;
178      end
```

```
179
180    /*******************************
181     * convert key code into index *
182     *******************************/
183
184      always @(KEY_CODE)
185        begin
186          case (KEY_CODE)
187            4'h0 : INDEX = 8'h00;      //  0
188            4'h1 : INDEX = 8'h08;      //  1
189            4'h2 : INDEX = 8'h10;      //  2
190            4'h3 : INDEX = 8'h18;      //  3
191            4'h4 : INDEX = 8'h20;      //  4
192            4'h5 : INDEX = 8'h28;      //  5
193            4'h6 : INDEX = 8'h30;      //  6
194            4'h7 : INDEX = 8'h38;      //  7
195            4'h8 : INDEX = 8'h40;      //  8
196            4'h9 : INDEX = 8'h48;      //  9
197            4'hA : INDEX = 8'h50;      //  A
198            4'hB : INDEX = 8'h58;      //  B
199            4'hC : INDEX = 8'h60;      //  C
200            4'hD : INDEX = 8'h68;      //  D
201            4'hE : INDEX = 8'h70;      //  E
202            4'hF : INDEX = 8'h78;      //  F
203          endcase
204        end
205
206    /**************************
207     * dot matrix led display *
208     **************************/
209
210      always@(posedge SHIFT_CLK or negedge RESET)
211        begin
212          if (!RESET)
213            begin
214              MATRIX_ROW    <= 8'b01111111;
215              COLUMN_COUNT <= 3'o0;
216            end
217          else
218            begin
219              MATRIX_ROW   <= {MATRIX_ROW[8], MATRIX_ROW[1:7]};
220              COLUMN_COUNT <= COLUMN_COUNT + 1'b1;
221            end
222        end
223
```

```
224      assign COLUMN_GREEN = ~PATTERN;
225      assign COLUMN_RED   = ~PATTERN;
226
227  endmodule
```

重點說明：

1.　行號 1～27 的功能與前面相同。

2.　行號 33～101 為一個唯讀記憶體，內部儲存 0～F 的字型。

3.　行號 108～117 為除頻電路，以便產生：

　　(1)　SHIFT_CLK：點矩陣列掃描時序。

　　(2)　DEBOUNCE_CLK：鍵盤反彈跳時序。

4.　行號 123～149 為一個按鍵編碼電路，設計流程與說明請參閱本章前面實例一的敘述。

5.　行號 155～166 為一個反彈跳電路，設計流程與說明請參閱本章前面實例一的敘述。

6.　行號 172～178 為一個將被按鍵碼取回的電路，設計流程與說明請參閱本章前面實例一的敘述。

7.　行號 184～204 為一個將被按鍵碼轉換成點矩陣所要顯示字型的指標 INDEX，以便將來從唯讀記憶體將所要顯示的字型讀回。

8.　行號 210～225 為一個點矩陣字型掃描電路，設計流程與說明請參閱前面彩色 LED 點矩陣控制篇的電路設計實例。

電路設計實例四

檔案名稱：KEYBOARD_SET_LED_ON_SEGMENT

電路功能描述

以鍵盤為輸入工具，將使用者所鍵入的 0～F 鍵碼顯示在七段顯示器上，並用它們來設定 LED 的顯示數量。

實作目標

練習設計：

1. 4×4 的鍵盤控制器，其包括：

    (1) 鍵盤按鍵偵測電路。

    (2) 鍵盤編碼 (encode) 電路。

    (3) 按鍵反彈跳 (debouncer) 電路。

2. 一個位數七段顯示控制電路。

3. LED 點亮數量控制電路。

控制電路圖

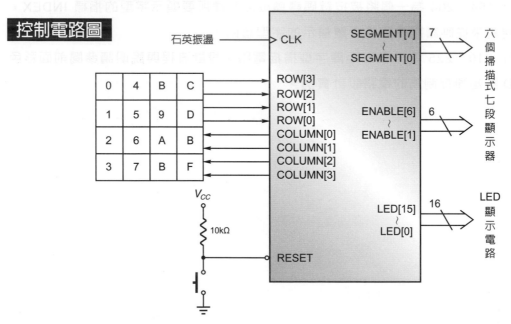

上圖只是整個控制電路對外接腳的外觀，由於其功能較為複雜，因此我們可以將內部電路再詳細分成數個小電路，而它們詳細的電路即如下圖所示：

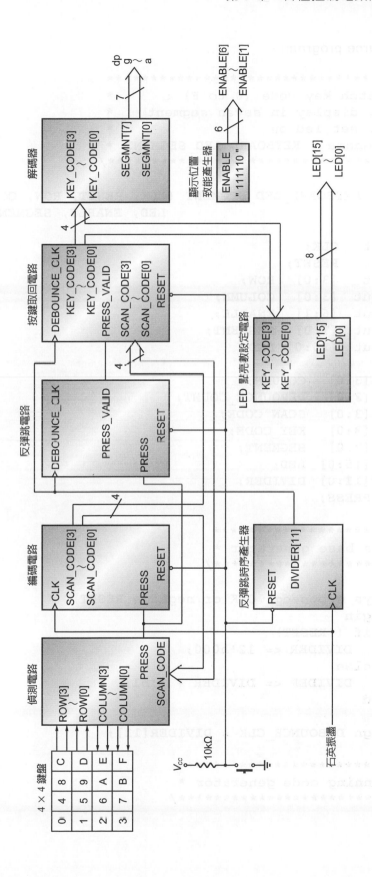

原始程式（source program）：

```
1   /**********************************
2    *   fetch key code (0 to F) :       *
3    *   1. display in seven segment     *
4    *   2. set led on                   *
5    * Filename : KEYBOARD_LED_SEGMENT *
6    **********************************/
7
8   module KEYBOARD_LED_SEGMENT (CLK, RESET, ROW, COLUMN,
9                                      LED, ENABLE, SEGMENT);
10
11    input   CLK;
12    input   RESET;
13    input   [3:0]   ROW;
14    output  [3:0]   COLUMN;
15    output  [6:1]   ENABLE;
16    output  [7:0]   SEGMENT;
17    output  [15:0]  LED;
18
19    reg [3:0]   COLUMN;
20    reg [3:0]   DEBOUNCE_COUNT;
21    reg [3:0]   SCAN_CODE;
22    reg [3:0]   KEY_CODE;
23    reg [7:0]   SEGMENT;
24    reg [15:0]  LED;
25    reg [11:0]  DIVIDER;
26    reg PRESS;
27
28  /*********************
29   * time base generator *
30   *********************/
31
32    always @(posedge CLK or negedge RESET)
33      begin
34        if (!RESET)
35          DIVIDER <= 12'h000;
36        else
37          DIVIDER <= DIVIDER + 1'b1;
38      end
39
40    assign DEBOUNCE_CLK = DIVIDER[11];
41
42  /************************
43   * scanning code generator *
44   ************************/
45
```

```
46    always @(posedge CLK or negedge RESET)
47      begin
48        if (!RESET)
49          SCAN_CODE <= 4'h0;
50        else if (PRESS)
51          SCAN_CODE <= SCAN_CODE + 1'b1;
52      end
53
54  /*********************
55   * scanning keyboard *
56   *********************/
57
58    always @(SCAN_CODE,ROW)
59      begin
60        case (SCAN_CODE[3:2])
61          2'b00 : COLUMN = 4'b1110;
62          2'b01 : COLUMN = 4'b1101;
63          2'b10 : COLUMN = 4'b1011;
64          2'b11 : COLUMN = 4'b0111;
65        endcase
66        case (SCAN_CODE[1:0])
67          2'b00 : PRESS = ROW[0];
68          2'b01 : PRESS = ROW[1];
69          2'b10 : PRESS = ROW[2];
70          2'b11 : PRESS = ROW[3];
71        endcase
72      end
73
74  /*********************
75   * debouncer circuit *
76   *********************/
77
78    always @(posedge DEBOUNCE_CLK or negedge RESET)
79      begin
80        if (!RESET)
81          DEBOUNCE_COUNT <= 4'h0;
82        else if (PRESS)
83          DEBOUNCE_COUNT <= 4'h0;
84        else if (DEBOUNCE_COUNT <= 4'hE)
85          DEBOUNCE_COUNT <= DEBOUNCE_COUNT + 1'b1;
86      end
87
88    assign PRESS_VALID = (DEBOUNCE_COUNT == 4'hD) ?
89                            1'b1 : 1'b0;
90
91  /******************
92   * fetch key code *
```

```
 93     ******************/
 94
 95       always @(posedge DEBOUNCE_CLK or negedge RESET)
 96         begin
 97           if (!RESET)
 98             KEY_CODE <= 4'h0;
 99           else if (PRESS_VALID)
100             KEY_CODE <= SCAN_CODE;
101         end
102
103   /***************************************
104    * convert key code into led on number *
105    ***************************************/
106
107       always @(KEY_CODE)
108         begin
109           case (KEY_CODE)
110             4'h0 : LED = 16'h0000;   // 0
111             4'h1 : LED = 16'h0001;   // 1
112             4'h2 : LED = 16'h0003;   // 2
113             4'h3 : LED = 16'h0007;   // 3
114             4'h4 : LED = 16'h000F;   // 4
115             4'h5 : LED = 16'h001F;   // 5
116             4'h6 : LED = 16'h003F;   // 6
117             4'h7 : LED = 16'h007F;   // 7
118             4'h8 : LED = 16'h00FF;   // 8
119             4'h9 : LED = 16'h01FF;   // 9
120             4'hA : LED = 16'h03FF;   // A
121             4'hB : LED = 16'h07FF;   // B
122             4'hC : LED = 16'h0FFF;   // C
123             4'hD : LED = 16'h1FFF;   // D
124             4'hE : LED = 16'h3FFF;   // E
125             4'hF : LED = 16'h7FFF;   // F
126           endcase
127         end
128
129   /******************************
130    * hex to seven segment decoder *
131    ******************************/
132
133       always @(KEY_CODE)
134         begin
135           case (KEY_CODE)
136             4'h0 : SEGMENT = {1'b1,7'b1000000};   // 0
137             4'h1 : SEGMENT = {1'b1,7'b1111001};   // 1
138             4'h2 : SEGMENT = {1'b1,7'b0100100};   // 2
139             4'h3 : SEGMENT = {1'b1,7'b0110000};   // 3
```

```
140              4'h4 : SEGMENT = {1'b1,7'b0011001};    // 4
141              4'h5 : SEGMENT = {1'b1,7'b0010010};    // 5
142              4'h6 : SEGMENT = {1'b1,7'b0000010};    // 6
143              4'h7 : SEGMENT = {1'b1,7'b1111000};    // 7
144              4'h8 : SEGMENT = {1'b1,7'b0000000};    // 8
145              4'h9 : SEGMENT = {1'b1,7'b0010000};    // 9
146              4'hA : SEGMENT = {1'b1,7'b0001000};    // A
147              4'hB : SEGMENT = {1'b1,7'b0000011};    // B
148              4'hC : SEGMENT = {1'b1,7'b1000110};    // C
149              4'hD : SEGMENT = {1'b1,7'b0100001};    // D
150              4'hE : SEGMENT = {1'b1,7'b0000110};    // E
151              4'hF : SEGMENT = {1'b1,7'b0001110};    // F
152          endcase
153        end
154
155    assign ENABLE = 6'b111110;
156
157  endmodule
```

重點說明：

程式設計流程與結構和本章電路設計實例一相似，而其唯一不同點為本實例多了一個
將被按鍵碼轉換成點亮 LED 數量的電路 (行號 107～127)，其工作方塊圖如下：

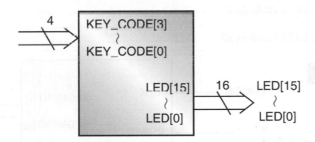

而被按鍵碼 0～F 與點亮 LED 數量中間的關係為：

0：LED 皆不亮　　　　　1：LED 1 個亮

2：LED 2 個亮　　　　　3：LED 3 個亮

4：LED 4 個亮　　　　　5：LED 5 個亮

6：LED 6 個亮　　　　　7：LED 7 個亮

8：LED 8 個亮　　　　　9：LED 9 個亮

A：LED 10 個亮　　　　B：LED 11 個亮

C：LED 12 個亮　　　　D：LED 13 個亮

E：LED 14 個亮　　　　F：LED 15 個亮

電路設計實例五

檔案名稱：KEYBOARD_SEGMENT_LED_MODE8_SEGMENT

電路功能描述

以鍵盤為輸入工具，將使用者所鍵入的 1～8 資料顯示在七段顯示器上。並且以 1～8 的鍵碼來控制 LED 八種不同的廣告燈變化；當按鍵不在 1～8 之間時，廣告燈的變化維持不變。

實作目標

練習設計：

1. 4×4 的鍵盤控制器，其包括：

   (1) 鍵盤按鍵偵測電路。

   (2) 鍵盤編碼 (encode) 電路。

   (3) 按鍵反彈跳 (debouncer) 電路。

2. 一個位數七段顯示控制電路。

3. 八種變化的廣告燈控制電路。

控制電路方塊圖

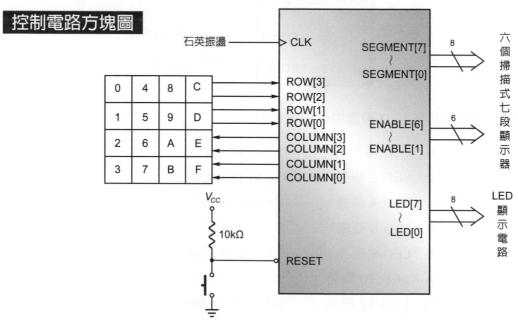

而其內部詳細的電路方塊圖如下：

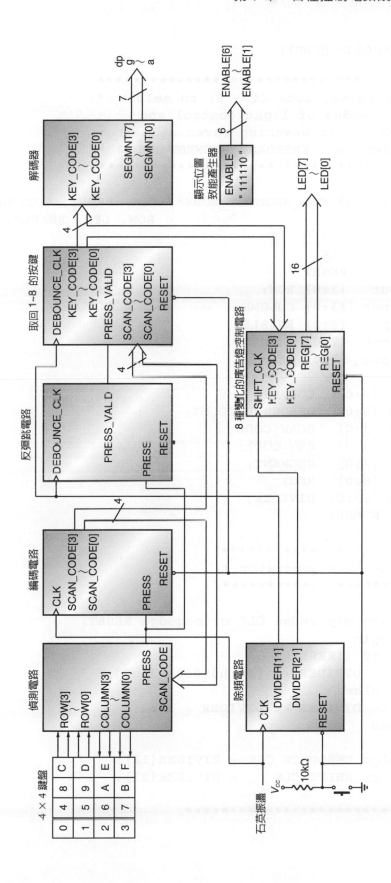

原始程式 (source program)：

```
1   /**************************************
2    *   fetch key code (1 - 8) to select  *
3    *     8 modes of light control and     *
4    * display in scanning seven segment *
5    * Filename : KEYBOARD_SEGMENT_MODE8 *
6    **************************************/
7
8   module KEYBOARD_SEGMENT_MODE8 (CLK, RESET, COLUMN,
9                                   ROW, LED, ENABLE, SEGMENT);
10
11    input   CLK;
12    input   RESET;
13    input   [3:0] ROW;
14    output  [3:0] COLUMN;
15    output  [6:1] ENABLE;
16    output  [7:0] SEGMENT;
17    output  [7:0] LED;
18
19    reg [3:0]   COLUMN;
20    reg [3:0]   DEBOUNCE_COUNT;
21    reg [3:0]   SCAN_CODE;
22    reg [3:0]   KEY_CODE;
23    reg [7:0]   SEGMENT;
24    reg [8:0]   REG;
25    reg [22:0]  DIVIDER;
26    reg PRESS;
27
28  /**********************
29   * time base generator *
30   **********************/
31
32    always @(posedge CLK or negedge RESET)
33      begin
34       if (!RESET)
35          DIVIDER <= {20'h00000, 3'o0};
36       else
37          DIVIDER <= DIVIDER + 1'b1;
38      end
39
40    assign DEBOUNCE_CLK = DIVIDER[11];
41    assign SHIFT_CLK    = DIVIDER[21];
42
43  /**************************
```

```
44   * scanning code generator *
45   **************************/
46
47     always @(posedge CLK or negedge RESET)
48       begin
49         if (!RESET)
50           SCAN_CODE <= 4'h0;
51         else if (PRESS)
52           SCAN_CODE <= SCAN_CODE + 1'b1;
53       end
54
55   /*********************
56    * scanning keyboard *
57    *********************/
58
59     always @(SCAN_CODE,ROW)
60       begin
61         case (SCAN_CODE[3:2])
62           2'b00 : COLUMN = 4'b1110;
63           2'b01 : COLUMN = 4'b1101;
64           2'b10 : COLUMN = 4'b1011;
65           2'b11 : COLUMN = 4'b0111;
66         endcase
67         case (SCAN_CODE[1:0])
68           2'b00 : PRESS = ROW[0];
69           2'b01 : PRESS = ROW[1];
70           2'b10 : PRESS = ROW[2];
71           2'b11 : PRESS = ROW[3];
72         endcase
73       end
74
75   /*********************
76    * debouncer circuit *
77    *********************/
78
79     always @(posedge DEBOUNCE_CLK or negedge RESET)
80       begin
81         if (!RESET)
82           DEBOUNCE_COUNT <= 4'h0;
83         else if (PRESS)
84           DEBOUNCE_COUNT <= 4'h0;
85         else if (DEBOUNCE_COUNT <= 4'hE)
86           DEBOUNCE_COUNT <= DEBOUNCE_COUNT + 1'b1;
87       end
88
```

```verilog
89      assign PRESS_VALID = (DEBOUNCE_COUNT == 4'hD) ?
90                              1'b1 : 1'b0;
91
92  /*******************
93   * fetch key code *
94   *******************/
95
96      always @(posedge DEBOUNCE_CLK or negedge RESET)
97        begin
98          if (!RESET)
99            KEY_CODE <= 4'h1;
100         else if (PRESS_VALID)
101           if (SCAN_CODE < 4'h9 && SCAN_CODE > 4'h0)
102             KEY_CODE <= SCAN_CODE;
103       end
104
105 /********************************
106  * BCD to seven segment decoder *
107  ********************************/
108
109     always @(KEY_CODE)
110       begin
111         case (KEY_CODE)
112           4'h1    : SEGMENT = {1'b1,7'b1111001};    // 1
113           4'h2    : SEGMENT = {1'b1,7'b0100100};    // 2
114           4'h3    : SEGMENT = {1'b1,7'b0110000};    // 3
115           4'h4    : SEGMENT = {1'b1,7'b0011001};    // 4
116           4'h5    : SEGMENT = {1'b1,7'b0010010};    // 5
117           4'h6    : SEGMENT = {1'b1,7'b0000010};    // 6
118           4'h7    : SEGMENT = {1'b1,7'b1111000};    // 7
119           4'h8    : SEGMENT = {1'b1,7'b0000000};    // 8
120           default : SEGMENT = {1'b1,7'b1111111};    // blank
121         endcase
122       end
123
124 /************************
125  * 16 bits light control *
126  ************************/
127
128     always @(posedge SHIFT_CLK or negedge RESET)
129       begin
130         if (!RESET)
131           REG <= {8'h00,1'b0};
132         else
133           begin
```

```
134            if (KEY_CODE == 4'h1)
135               case (REG)
136                  {1'b0,8'h00} : REG <= {1'b0,8'h80};
137                  {1'b0,8'h80} : REG <= {1'b0,8'hC0};
138                  {1'b0,8'hC0} : REG <= {1'b0,8'hE0};
139                  {1'b0,8'hE0} : REG <= {1'b0,8'hF0};
140                  {1'b0,8'hF0} : REG <= {1'b0,8'hF8};
141                  {1'b0,8'hF8} : REG <= {1'b0,8'hFC};
142                  {1'b0,8'hFC} : REG <= {1'b0,8'hFE};
143                  {1'b0,8'hFE} : REG <= {1'b0,8'hFF};
144                  {1'b0,8'hFF} : REG <= {1'b1,8'hFE};
145                  {1'b1,8'hFE} : REG <= {1'b1,8'hFC};
146                  {1'b1,8'hFC} : REG <= {1'b1,8'hF8};
147                  {1'b1,8'hF8} : REG <= {1'b1,8'hF0};
148                  {1'b1,8'hF0} : REG <= {1'b1,8'hE0};
149                  {1'b1,8'hE0} : REG <= {1'b1,8'hC0};
150                  {1'b1,8'hC0} : REG <= {1'b1,8'h80};
151                  {1'b1,8'h80} : REG <= {1'b0,8'h00};
152                  default      : REG <= {1'b0,8'h00};
153               endcase
154            else if (KEY_CODE == 4'h2)
155               case (REG)
156                  {1'b0,8'h00} : REG <= {1'b0,8'h81};
157                  {1'b0,8'h81} : REG <= {1'b0,8'hC3};
158                  {1'b0,8'hC3} : REG <= {1'b0,8'hE7};
159                  {1'b0,8'hE7} : REG <= {1'b0,8'hFF};
160                  {1'b0,8'hFF} : REG <= {1'b1,8'hE7};
161                  {1'b1,8'hE7} : REG <= {1'b1,8'hC3};
162                  {1'b1,8'hC3} : REG <= {1'b1,8'h81};
163                  {1'b1,8'h81} : REG <= {1'b0,8'h00};
164                  default      : REG <= {1'b0,8'h00};
165               endcase
166            else if (KEY_CODE == 4'h3)
167               case (REG)
168                  {1'b0,8'hC0} : REG <= {1'b0,8'h60};
169                  {1'b0,8'h60} : REG <= {1'b0,8'h30};
170                  {1'b0,8'h30} : REG <= {1'b0,8'h18};
171                  {1'b0,8'h18} : REG <= {1'b0,8'h0C};
172                  {1'b0,8'h0C} : REG <= {1'b0,8'h06};
173                  {1'b0,8'h06} : REG <= {1'b0,8'h03};
174                  {1'b0,8'h03} : REG <= {1'b1,8'h06};
175                  {1'b1,8'h06} : REG <= {1'b1,8'h0C};
176                  {1'b1,8'h0C} : REG <= {1'b1,8'h18};
177                  {1'b1,8'h18} : REG <= {1'b1,8'h30};
178                  {1'b1,8'h30} : REG <= {1'b1,8'h60};
```

```verilog
179                {1'b1,8'h60} : REG <= {1'b0,8'hC0};
180                default      : REG <= {1'b0,8'hC0};
181            endcase
182        else if (KEY_CODE == 4'h4)
183            case (REG)
184                {1'b0,8'h0F} : REG <= {1'b0,8'hF0};
185                {1'b0,8'hF0} : REG <= {1'b0,8'h0F};
186                default      : REG <= {1'b0,8'h0F};
187            endcase
188        else if (KEY_CODE == 4'h5)
189            case (REG)
190                {1'b0,8'h00} : REG <= {1'b0,8'hFF};
191                {1'b0,8'hFF} : REG <= {1'b0,8'h00};
192                default      : REG <= {1'b0,8'h00};
193            endcase
194        else if (KEY_CODE == 4'h6)
195            case (REG)
196                {1'b0,8'h00} : REG <= {1'b0,8'h18};
197                {1'b0,8'h18} : REG <= {1'b0,8'h3C};
198                {1'b0,8'h3C} : REG <= {1'b0,8'h7E};
199                {1'b0,8'h7E} : REG <= {1'b0,8'hFF};
200                {1'b0,8'hFF} : REG <= {1'b1,8'h7E};
201                {1'b1,8'h7E} : REG <= {1'b1,8'h3C};
202                {1'b1,8'h3C} : REG <= {1'b1,8'h18};
203                {1'b1,8'h18} : REG <= {1'b0,8'h00};
204                default      : REG <= {1'b0,8'h00};
205            endcase
206        else if (KEY_CODE == 4'h7)
207            case (REG)
208                {1'b0,8'h00} : REG <= {1'b0,8'hC0};
209                {1'b0,8'hC0} : REG <= {1'b0,8'h30};
210                {1'b0,8'h30} : REG <= {1'b0,8'h0C};
211                {1'b0,8'h0C} : REG <= {1'b0,8'h03};
212                {1'b0,8'h03} : REG <= {1'b0,8'h00};
213                default      : REG <= {1'b0,8'h00};
214            endcase
215        else
216            case (REG)
217                {1'b0,8'h00} : REG <= {1'b0,8'h03};
218                {1'b0,8'h03} : REG <= {1'b0,8'h0C};
219                {1'b0,8'h0C} : REG <= {1'b0,8'h30};
220                {1'b0,8'h30} : REG <= {1'b0,8'hC0};
221                {1'b0,8'hC0} : REG <= {1'b0,8'h00};
222                default      : REG <= {1'b0,8'h00};
223            endcase
```

```
224            end
225       end
226
227    assign LED      = REG[7:0];
228    assign ENABLE   = 6'b111110;
229
230  endmodule
```

重點說明：

　　程式設計流程與原理為前面 LED 顯示控制電路篇電路設計實例六與本章電路設計實
　　例一的綜合體，我們只是將使用者從鍵盤按下的 1～8 鍵碼拿來控制八種 LED 的旋
　　轉變化而已，詳細說明請參閱前面兩者的敘述。